水害列島日本の挑戦

ウィズコロナの時代の地球温暖化への処方箋

気候変動による水害研究会 著　　日経コンストラクション 編

はじめに

地球温暖化の影響と考えられる水害・土砂災害の激甚化がとどまるところを知りません。2020年も、7月の梅雨前線による豪雨災害により、熊本県南部の球磨川流域を中心に、多くの尊い人命が失われました。この流域では、ダムを前提とした治水計画が策定されていましたが、2009年の政権交代に伴い川辺川ダム建設事業が中止され、ダムによらない治水の検討が進められる中、今回の大水害に見舞われてしまいました。誠に残念なことです。

その後、9月には大型で非常に強い台風10号が九州西方沖を北上し、気象庁や国土交通省からあらかじめ「これまで経験したことのないような特別警報級の強さの台風であり、最大級の警戒が必要」と注意喚起する会見が再三行われ、これに呼応して事前の避難など各地でこれまでにない取り組みが行われました。

こうした相次ぐ災害の発生に加え、今年は新型コロナウイルスにより国難とも言うべき大きな影響を受けています。国民生活を支えるため現場で新型コロナウイルスと闘っておられる医療分野をはじめ様々な分野の皆様に心から敬意を表します。とりわけ、「重要インフラの維持管理」、「公共工事」、「災害時の応急対応や復旧・復興」など、コロナ禍の中で継続しなければならない業務の実施に全力で努めてこられた国土交通省、地方公共団体、さらにはそれを支えてきた建設産業の皆様に心から感謝を申し上げます。

さて、2018年3月に、国土交通省でともに水害・土砂災害対策に取り組んだ仲間とともに、「激甚化する水害」(日経BP)を出版し、地球温暖化に伴う気候変動がもたらす激甚な水害・土砂災害に対して、今後必要な対策を早急に講じるとともに、ソフト・ハード両面にわたりしっかり備えをするよう警鐘を鳴らしました。その反響は大変大きなものがありました。

しかし、その後も2018年には西日本の豪雨災害や関西国際空港が高潮により水没した

写真　気候変動による水害研究会のメンバー（写真：都築雅人）

台風21号災害、2019年には房総半島台風（台風15号）による千葉県の暴風災害、東日本台風（台風19号）による東日本の大水害、さらには2020年も激甚な水害・土砂災害が発生する等、歴史に残る大きな災害が毎年続いています。地球温暖化の脅威は益々私たちの身近に迫っているのです。

これらの災害においては、新幹線の車両基地の水没や空港滑走路の水没、バスやタクシー等の大量水没、タワーマンションの電気室・機械室等の水没、工場からの油や危険物質の流出、医療機関や高齢者施設の水没等、これまで経験したことのないような多種多様で深刻な事態が多数発生しました。さらにはコロナ禍を考慮した災害対応が求められる等、様々な課題が浮き彫りとなりました。

本書は、前回の「激甚化する水害」の出版から2年半がたち、水害列島日本においてとどまることのない激甚な水害・土砂災害に対してさらなる警戒強化を呼びかけるとともに、ウィズコロナの時代においてさらに多様化、複雑化する水害・土砂災害への対応ついて、最新の取り組みの状況を踏まえ、挑戦すべき今後の方向性について提言等をとりまとめたものです。

今後一層激甚化する水害・土砂災害対策への貴重な処方箋となれば幸いです。

2020年11月

気候変動による水害研究会

CONTENTS

1章

激甚化が止まらない

1-1 広域に降る猛烈な雨

1 平成30年(2018年)7月豪雨(西日本豪雨)

４日間の断続的な豪雨で犠牲者は平成最大

2018年6月29日に発生した台風7号は、日本海に進んで温帯低気圧になった後、7月5日には停滞していた梅雨前線と一体になった。そして、日本付近に暖かく非常に湿った空気を供給し続けた結果、7月5日から8日にかけて、西日本から東海地方を中心とした広い範囲に記録的な大雨を降らせた。いわゆる西日本豪雨だ。この大雨により、1府10県に大雨特別警報が発令された。

愛媛県、岡山県、広島県等で河川の氾濫や土砂災害が相次ぎ、1府13県で245人の死者・行方不明者が出た。水害・土砂災害の犠牲者数は、「昭和57年（1982年）7月豪雨と台風10号」以来200人を超え、平成で最大を記録した。家屋被害は全壊6767棟、床上浸水7173棟、停電約7万5300戸、上水道の断水26万3593戸に及んだ。さらに、鉄道の運休は32事業者115路線、高速道路の通行止めは17路線19区間に達した。また、河川堤防の決壊は国管理河川で2カ所、県管理河川で25カ所、土砂災害は1道2府29県で2581件生じた。

写真2　**2階まで浸水した家屋**

高梁川と小田川の堤防に囲まれた閉鎖型の氾濫原に流れ込んだ氾濫水は行き場を失い、浸水深は最大約5mに達したと推定されている。多くの住民が逃げ遅れて家屋内に取り残され、51人もの犠牲者が出た（写真：内閣府）

写真1　**小田川の氾濫による浸水**

小田川の氾濫による浸水面積は約1200ha、浸水戸数は約4600棟に及んだ。浸水範囲はハザードマップに示された浸水想定区域とほぼ一致している（写真：国土交通省）

写真3　**決壊した小田川の堤防**

高梁川の高い水位の影響を受けたバックウォーター現象により、小田川の堤防は支川高馬川の合流点下流で約100mにわたり決壊した。小田川とその支川を合わせると、8カ所で堤防が決壊し、4カ所で堤防を越水した（写真：国土交通省）

バックウォーター現象で甚大な被害、小田川

岡山県倉敷市真備町には、小田川が高梁川に合流する一帯に低平地が広がっており、バックウォーター現象によりこれまで度々浸水が発生している。水害リスクが高い地域であったものの、鉄道の開通や道路の整備等により市街化が急激に進んだ（写真1～3）。

計画を大きく上回る洪水がダムを襲う、肱川

計画を大きく上回る豪雨に見舞われた愛媛県肱川水系の野村ダム、鹿野川ダムでは、事前放流により洪水調節容量を通常よりも大きく確保し、操作規則に基づいて洪水調節を行った（写真4）。それでも、増加し続けるダム流入量に対して、やむなく緊急放流（異常洪水時防災操作※）に移行した。ダム流入量を上回る放流は行われなかったものの、ダム下流の河川の流下能力を超える洪水となり被害が発生した（写真5）。西日本豪雨では国土交通省が所管する全国のダムのうち、213カ所のダムで防災操作（洪水調節）を行った。さらにそのうち8カ所のダムでは、緊急放流を実施した。

繰り返す土砂災害、広島県等

広島県では、死者74人という激甚な被害をもたらした平成26年（2014年）8月広島土砂災害の傷跡が癒えぬ間に、再び記録的な豪雨が襲った。その結果、流木を伴う土石流等が同時多発的に発生した（写真6）。この土砂災害によって、多数の家屋が被害を受けるとともに、県内で87人が命を落とす事態に至ったのだ。

写真4　**緊急放流を行い満杯となった鹿野川ダム**

鹿野川ダムでは、ダム運用開始以降最大であった流入量2244m^3/sをはるかに超える3800m^3/sの流入があった（写真：国土交通省）

写真5
西予市野村地区の浸水

野村ダム下流の西予市野村地区では、1996年までに河川改修を実施済みであったが、肱川の氾濫により浸水面積約70ha、床上浸水約570戸、床下浸水約80戸の被害が発生した（写真：国土交通省）

写真6　**広島県坂町の市街地での土砂・洪水氾濫**

この土砂・洪水氾濫により国道31号とJR呉線が不通となり、56棟の人家が被害を受けた（写真：国土交通省）

写真7　**土砂崩壊に巻き込まれた高知自動車道の橋桁**

土砂崩壊に伴い、高知自動車道の新宮IC～大豊IC間の上り線で立川橋の橋桁が落下した。この区間は下り線を利用した対面通行が開始されるまで1週間不通となった（写真：都築 安和）

※緊急放流（異常洪水時防災操作）　計画を上回るような大きな出水によりダムの洪水調節容量を使い切る可能性が高まった際に、放流量を徐々に増加させ、流入量と同じ流量を放流する操作。

水道施設の被災と災害廃棄物の負担

水道、電気といったライフラインの被災や大量に発生する災害廃棄物は、日常生活への復帰を遅らせ、被災住民に大きな負担を強いる。西日本豪雨では、岡山・広島・愛媛の3県を中心に、断水や停電が大規模に発生してしまった（写真8）。また、災害廃棄物の撤去・処理にも多くの時間を費やす羽目になった（写真9）。

写真8　**水没した水道用水の送水ポンプと応急給水を受ける住民**

広島県三原市を流れる沼田川の氾濫により広島県企業局の本郷取水場のポンプが水没し、約7万6千世帯、約18万人の水道用水に影響が出た。給水区域の一つである三原市では全域での給水再開に約3週間を要した。その間、住民は応急給水で飲料水等を確保しなければならず不便を強いられた（写真：上は広島県企業局水道課、下は水資源機構）

写真9　**肱川の氾濫がもたらした災害廃棄物の山**

愛媛県大洲市の様子。浸水は各地で大量の災害廃棄物をもたらし、その処理が被災者に重くのしかかった。岡山・広島・愛媛の3県での発生量は、推計で約200万トンに達した。この量は、平成25年（2013年）10月伊豆大島豪雨災害（23万トン）、平成26年（2014年）8月広島土砂災害（52万トン）、平成27年（2015年）9月関東・東北豪雨災害（5万2千トン：常総市分）といった過去の水害・土砂災害に比べて格段に多い（写真：環境省災害廃棄物フォトチャンネル）

氾濫区域内の危険物がリスクを拡大

浸水区域内に危険物を取り扱う工場等が存在すると、浸水により重大事故が発生するリスクが高まる。2018年には岡山県高梁川流域でアルミ工場が爆発、佐賀県六角川流域で油が流出、2019年には福島県阿武隈川流域や長野県千曲川流域でシアン化合物が流出する等、危険物による被害が相次いだ（写真10、11）。

写真10　**アルミ工場の爆発により損傷した工場施設や家屋**

岡山県総社市では西日本豪雨により浸水したアルミ工場で爆発が発生し、近隣の住宅に損傷を与えた（写真：上は日経クロステック、下は消防防災科学センター）

写真11　**六角川の浸水による油の流出**

九州北部を襲った令和元年（2019年）8月豪雨では、佐賀県の六角川の近くにあった鉄工所が浸水。約11万リットルもの油が流出した（写真：国土交通省）

1-1 広域に降る猛烈な雨

2 令和元年(2019年)東日本台風

多発した堤防決壊で被害は甚大に

2019年10月12日に伊豆半島に上陸した後、関東地方を通過した令和元年（2019年）東日本台風（台風19号）は、13日未明に東北地方の東海上に抜けるまでに、静岡県や新潟県、関東甲信地方、東北地方を中心とした広い範囲に記録的な大雨をもたらした。この大雨により、1都12県に大雨特別警報が発令された。

関東・東北地方を中心に河川の氾濫や土砂災害が相次ぎ、1都12県で86人の死者・行方不明者を出した。家屋被害は全壊3273棟、床上浸水7666棟、停電52万1540戸、上水道の断水約16万7968戸に及んだ。

加えて、鉄道の運休は83事業者254路線、高速道路の被災による通行止めは13路線15区間に至った。河川堤防の決壊は国管理河川で14カ所、県管理河川で128カ所、土砂災害は1都19県で952件発生した。142カ所の堤防決壊は、大災害となった2018年の西日本豪雨災害(27カ所)、平成27年(2015年)9月関東・東北豪雨災害（24カ所）に比べても格段に多い。

鉄道施設にも大きな被害、 千曲川

東日本台風により信濃川水系（千曲川〜信濃川）は全川を通じて既往最高水位を観測。長野県内では、千曲川の国管理区間で堤防決壊1カ所、越水・溢水14カ所、支川の県管理区間で堤防決壊6カ所、越水・溢水21カ所が発生した（写真1、2）。死者5人、家屋の損壊6904棟・浸水1412棟が生じるとともに、鉄道など重要インフラに大きな被害が生じた(写真3、4)。

写真1　**千曲川の氾濫による浸水**

立ヶ花観測所（長野県中野市）で計画高水位を6時間も超過する大出水を招いた千曲川。長野市穂保地先で、堤防からの越水や決壊によって氾濫が生じた。この氾濫による浸水範囲は約9.5km²に及ぶ(写真:国土地理院)

写真2　**CCTVカメラが捉えた千曲川堤防決壊箇所の越水**

10月13日午前0時55分ごろ、決壊箇所付近に設置されたCCTVカメラ越しに越水を確認。その後、徐々に堤防の川裏側の法面が削られ、ついに約70mにわたって堤防が決壊した。決壊地点を含む約1.5kmにわたって生じた越水が、堤防の至る所で裏法崩れを招いた（写真:国土交通省）

写真3　**水没した北陸新幹線の車両**

北陸新幹線の車両基地が浸水し、10編成が全て廃車に。その後約5カ月にわたり、北陸新幹線は本数を減らした運行を余儀なくされた

(写真：アジア航測・朝日航洋)

写真4

上田電鉄別所線の千曲川橋梁が落橋

長野県上田市の千曲川では堤防が約300mにわたり欠損し、上田電鉄の千曲川橋梁が落橋した。復旧は2021年春まで待たなければならない

(写真：大村 拓也)

関東の河川で同時被災、久慈川・那珂川他

荒川の支川である入間川の流域は、これまでも水害に悩まされていた。近年では1999年8月の豪雨で大きな被害を受け、これを契機に緊急対策事業が実施された。しかし、東日本台風による降雨は、多くの地点で既往最大に迫る規模となり、入間川の支川である越辺川・都幾川では5カ所の堤防決壊等が発生。約1957haで浸水した（写真5、6）。

茨城県を流れる久慈川や那珂川では、各所で計画高水位や氾濫危険水位を超える出水となった。そして、国が管理する区間だけでも両河川合わせて、堤防の決壊が6カ所、越水・溢水《いっすい》が16カ所発生（写真7）。浸水面積は約2000ha（内水を含む）、浸水戸数は約2000戸に及んだ（写真8）。急激な水位上昇と複数箇所の同時被災は情報連絡体制の混乱を招き、氾濫発生情報が発表されないという事態に至った。

多摩川では、中下流区間に当たる東京都調布市や大田区で計画高水位を超える大出水となった。沿川の川崎市では、多摩川の水位上昇の影響を受け、下水管を通じた河川水の逆流、地区内に降った雨が行き場を失う内水氾濫によって、約110haの浸水が発

写真5　**越辺川の堤防決壊による氾濫**

埼玉県川越市では越辺川の氾濫により特別養護老人ホーム（写真中央の赤い屋根）が浸水した（写真：国土地理院）

写真6　**被災した特別養護老人ホーム**

写真の特別養護老人ホームでは、過去の水害経験を踏まえて避難確保計画を作成するとともに、毎年避難訓練を実施していた。これが奏功し、職員と利用者100人全員が建物の2階に無事避難できた（写真：国土交通省）

写真7　**久慈川の堤防決壊跡**

氾濫水の大きなエネルギーは地盤をえぐり、落堀（おっぽり）と呼ぶ大きな穴を形成する。写真の決壊跡には、深さ最大約4.6mの落堀が残されていた（写真：国土交通省）

写真8　**那珂川の氾濫で水没したスマートインターチェンジ**

那珂川では甚大な災害をもたらした1998年8月の豪雨以来の大出水となった。常磐道水戸北インターチェンジが水没。利用再開までに1カ月半を要した（写真：国土交通省）

生した（写真9）。武蔵小杉駅の周辺にあるタワーマンションでは、地下に設置された電源設備が浸水し、1週間以上にわたって電気や水道が途絶え、住民生活に大きな支障が出た（写真10）。

被災後の集中投資むなしく、阿武隈川・吉田川

東北地方では、多い所で600mmを超える豪雨となり、阿武隈川と吉田川の両河川の各所で計画高水位を超えた。阿武隈川の須賀川観測所（福島県須賀川市）では、15時間という長時間にわたり計画高水位を超過した。吉田川では、国管理区間31.9kmのうち8割を超える区間で計画高水位を超えた。両河川の氾濫に伴う浸水面積は約1万8300haに及んでいる（写真11～14）。これは東日本大震災の津波による宮城・福島両県の浸水面積の約4割に相当する。

阿武隈川では1986年8月や1998年8月末の洪水、吉田川では1986年8月や2015年9月の洪水等、これまで幾度となく激甚な災害に見舞われた。そして、そのたびに同規模の災害が生じた際の被害を防ぐために、河川改修や遊水地の整備等に集中投資してきた。その努力にもかかわらず、整備規模を上回る洪

写真9　**下水管から逆流する濁水**
マンホールのふたが外れ、濁水が噴出した（写真：川崎市）

写真11　**阿武隈川の氾濫による郡山市街地の浸水**
南から北に流れる阿武隈川の洪水と、北上する台風による大雨のタイミングが重なったことが災いし、大出水となった。福島県郡山市では阿武隈川の越水等で約1400haが浸水した。阿武隈川の右岸一帯が広く浸水し、郡山中央工業団地（写真中央）が被害を受けた（写真：国土地理院）

写真10
浸水するタワーマンション周辺
タワーマンションの電気設備が水没してエレベーターが動かなくなり、高層階の住民が不便を強いられた。さらに、給水ポンプが停止したために断水し、トイレを使えなくなった
（写真：日経クロステック読者）

写真12　**浸水した郡山中央工業団地**
1986年8月の洪水で生じた浸水によって、約320億円の被害を出した郡山中央工業団地。その後、防水ゲートや建物のかさ上げ等の自衛手段を講じていたにもかかわらず、再び浸水した。被害額は約400億円に上る。いまだ復旧は進まず、事業の大半を移転する主要企業も現れた
（写真：日経クロステック）

水が発生。甚大な被害がまたも発生した。

カスリーン台風に匹敵する大雨、 利根川

1947年のカスリーン台風では、利根川の堤防が決壊し、氾濫流が東京にまで押し寄せて大災害をもたらした。東日本台風による利根川の八斗島上流域の3日雨量は310.3mmを記録し、カスリーン台風の308.6mmに匹敵する。川俣観測所（埼玉県羽生市）では計画高水位を超過、栗橋観測所（埼玉県久喜市）では氾濫危険水位を10時間近く超過し、危険が差し迫った（写真16）。

試験湛水中の八ッ場ダムを含む上流ダム群や渡良瀬遊水地等の調節池群が、過去最大の洪水貯留を行った結果、かろうじて利根川の氾濫を回避できた（写真17～21）。

写真13　**吉田川の氾濫による浸水**

宮城県大郷町では吉田川の左岸堤防が決壊（写真中央）するといった被害が出たが、住民は過去に受けた水害の教訓を生かし、いち早く避難を終えていた。そのため、犠牲者は出なかった（写真：国土地理院）

写真15　**宮城県丸森町での土砂・洪水氾濫**

阿武隈川の支川の内川流域では多数の土砂崩壊が発生。大量の土砂が比較的勾配の緩い区間まで流れ下って、河道を完全に閉塞し氾濫した。このような土砂・洪水氾濫は、平成29年（2017年）7月九州北部豪雨災害や2018年の西日本豪雨でも多く見られた。復旧しても、その後の中小規模の出水で上流に堆積した不安定土砂が流下し、再び氾濫被害をもたらす恐れがある（写真：国土交通省）

写真14　**決壊した吉田川の堤防**

吉田川の大郷町粕川地区では、積まれた土のうが押し流され、約100mにわたり堤防が決壊した。吉田川では、その他にも33カ所で越水・溢水が発生した（写真：国土交通省）

写真16　**群馬県板倉町付近で堤防天端付近に迫る洪水**

平常時（写真上）に比べて出水ピーク時（写真下）には堤防天端に迫る水位となった。この区間で右岸側が氾濫すると、氾濫流は東京まで達する（写真：国土交通省）

写真17　**洪水を貯留する渡良瀬遊水地**

栃木県栃木市上空から下流方向を撮影した。利根川合流点付近の渡良瀬川に設置された渡良瀬遊水地は、3調節池を合計して、約1.6億m^3（東京ドーム約130個分）の洪水を貯留して下流への流量を低減させた。この貯留量は遊水地の治水容量の9割超に相当する（写真：国土交通省）

写真18　**渡良瀬遊水地第1調節池へ流入する洪水**

渡良瀬遊水地第1調節池には越流堤を介して約1億1570万m^3の洪水が流入した（写真：国土交通省）

写真19　**洪水を貯留する田中、菅生、稲戸井調節池**

千葉県我孫子市上空から上流方向を撮影した。鬼怒川合流点付近の利根川に設置された田中、菅生、稲戸井調節池は、3調節池を合計して、約9000万m^3（東京ドーム約70個分）の洪水を貯留して下流への流量を低減させた。この貯留量は3つの調節池の合計治水容量の8割を超える（写真：国土交通省）

写真20　**菅生調節池へ流入する洪水**

菅生調節池には越流堤を介して約3000万m^3の洪水が流入した（写真：国土交通省）

写真21　**完成前の八ッ場ダムも洪水を貯留**

完成目前で試験湛水を始めたばかりの八ッ場ダム（写真左上）は、約7500万m^3（東京ドーム約60個分）の洪水を貯留し、ほぼ満杯（写真右下）となった（写真：国土交通省）

写真22　**埼玉県加須市で広域避難する自動車の列**

茨城県境町では10月13日の深夜に避難指示が出され、約2200人が町外2カ所の避難場所に広域避難を行った。埼玉県加須市でも約8000人が域外への広域避難を行った（写真：埼玉県加須市）

1-1 広域に降る猛烈な雨

3 令和2年（2020年）7月豪雨

「大気の川」が猛烈な豪雨もたらす

梅雨前線が本州付近に停滞。これに沿って西から流れ込んだ水蒸気と、日本の南にあった太平洋高気圧の縁を南から回り込んだ水蒸気とが一体となって、大量に供給され続けた。いわゆる「大気の川」だ。

線状降水帯が9個発生した九州では、水に換算して一時アマゾン川の流量の2倍を超える、毎秒40万〜50万m^3の水蒸気が流入した。熊本県、福岡県等7県で大雨特別警報が発令され、長野県や高知県の多い所で“総雨量”が2000mmを超える等、2020年7月3日から約1カ月にわたり西日本・東日本を中心とした広い範囲で大雨となった。

球磨川、筑後川、江の川、最上川等で氾濫が発生し、福岡県の久留米市や大牟田市等で中小河川の氾濫や内水により広い範囲が浸水した。全国の被害は、死者・行方不明者86人、家屋被害は全壊1602棟、床上浸水2645棟に及んだ。

写真1　**浸水した人吉市街地**

上が人吉市街地、下は人吉市内の浸水状況を示す。人吉市内の浸水面積は約518ha。公共施設、病院、鉄道駅、金融機関、温泉旅館等の主要施設が水没し、都市機能は完全に麻痺した（写真上：国土交通省、下：市民提供）

写真2　**水害後に残された浸水の痕跡**

上は人吉市九日町、下は球磨村渡の様子。今回の被害は、過去の水害の中でも甚大な被害をもたらした1965年7月出水（家屋の損壊・流出および浸水1万4106戸）や1982年7月洪水（同5204戸）と肩を並べる規模だ。しかし、浸水深は大きく、人吉市内の中心部では1965年7月出水時を約2m超え、建物の2階に達した。球磨村の浸水深は最大約9mに及んだ（写真：足立敏之事務所）

歴史的洪水に匹敵し過去最大級、 球磨川

江戸時代の文献にも大出水の記録を残す球磨川では、流域の多くの地点で観測史上最大となる、400mmを超える24時間雨量を観測。急激に上昇した人吉地点の水位は、観測史上最高を記録した昭和40年（1965年）7月出水の5.05mを大きく超えた。流域では、死者50人、行方不明者2人、浸水面積1150ha、浸水戸数6280戸の被害が発生した（**写真1～7**）。

球磨川は、上流で人吉盆地、中流で峡谷部、下流で八代平野を流れる。流域の主要都市、人吉市を擁する人吉盆地には、最大の支川である川辺川をはじめとして多くの支川が集まり、九州山地に降った雨が一気に押し寄せる。盆地の下流は狭窄部となっており、集まった洪水は出口を絞られて氾濫しやすい地形特性を持つ。

加えて中流の峡谷部には川沿いの狭い土地に集落や幹線道路、鉄道が張り付いている。このように、降水量の多い地域で元々水害を受けやすい条件にもかかわらず、治水安全度は低く、これまでに繰り返し水害が発生している。流域では、川辺川ダム計画の凍結を受けて、ダムに頼らない治水安全度の向上策を具体化するための協議が重ねられていたが、その結論が出る前に線状降水帯が襲いかかった。

写真3　**水被害を受けた青井阿蘇神社と壊れた禊橋の欄干**

806年創建の青井阿蘇神社の被災状況。江戸時代に建立された社殿は、国宝にも指定されている。1965年7月出水では浸水位が楼門の基礎石の高さに収まったが、今回の出水では楼門が1.8m冠水。社殿が床上まで浸水した。記録に残る大出水であった1669年の洪水や1712年の洪水に匹敵する浸水位となった。楼門前の禊橋の壊れた欄干は、氾濫流の勢いを物語る

（写真上：水源地環境センター、写真下：熊本県建設業協会人吉支部）

写真4　**コンクリート特殊堤を越流する洪水**

川沿いに温泉旅館等が立地する人吉市街地では、用地の制約からコンクリート特殊堤となっている。洪水はその天端を 2 m近く超えて一気に市街地に流れ込んだ（写真：国土交通省）

写真5　**多くの犠牲者を出した特別養護老人ホーム**

人吉盆地の出口にある球磨村渡地区に立地する特別養護老人ホームで、14 人の犠牲者が出た。このホームでは避難確保計画を作成し、年 2 回の避難訓練を行っていた。これまでに経験したことのない急激な水位上昇に対して避難が追いつかなかった（写真：陸上自衛隊第 8 師団）

写真6
被災した国道219号と落橋した西瀬橋

球磨川沿いに走る国道 219 号（左）は、中流域の球磨村や八代市・芦北町の一部にとって生命線である。今回の出水により八代市から人吉市間の国道 219 号等の道路は各所で寸断され、球磨川を渡河する橋梁が 10 橋流出する等、甚大な被害が生じた。球磨村では、全 78 集落のうち 35 集落が孤立。自衛隊のヘリコプター等により住民の救助が行われた。国道 219 号等の球磨川両岸の道路約 100km と流出した橋梁 10 橋、そして流木や土砂で閉塞した 9 支川について、国が代行して早期復旧を図ることとなった（写真：国土交通省）

写真7
洪水を貯留した市房ダム

熊本県が管理する市房ダムは緊急放流を回避し、最大流入量 1235m^3/s に対して放流量を 585m^3/s に抑え、650m^3/s の調節を行った。ダムのある球磨川本川では約 90cm（多良木観測所）の水位低減があったと推定され、一部の浸水を除き被害の発生を防いだ。一方、ダムのない川辺川からの合流により、人吉では最大約 7400m^3/s が流れたが、仮に川辺川ダムが洪水調節を行えば、約 4800m^3/s に低減できたと推定されている（写真：国土交通省）

1-2 暴風・高潮をもたらす台風

1 平成30年(2018年)台風21号

大阪湾の潮位は観測史上最高

2018年の台風21号は、非常に強い勢力で徳島県に上陸した後、神戸市に再上陸して近畿地方を縦断した。関西国際空港において最大瞬間風速50m/s以上を観測する等、四国や近畿地方では猛烈な風が吹き荒れた。

大阪湾を中心に、大阪の市街地の約31km^{2}を水没させた1961年の第2室戸台風を上回り、観測史上最高の潮位を記録した(写真1～3)。

写真1
浸水した関西国際空港の滑走路
関西国際空港の滑走路2本のうち、A滑走路と駐機場のほぼ全域で浸水。運用再開までに10日間を要した。また、2つあるターミナルのうち、第1ターミナルの電気設備、空調設備、旅客・貨物取扱設備等が浸水で損傷し、本格運用開始までに1カ月以上を要した
(写真:国土交通省近畿地方整備局)

写真2 **関空港連絡橋にタンカーが衝突**
漂流したタンカーが関西国際空港連絡橋に衝突。橋桁が損傷した。3日後には対面通行による応急措置でリムジンバスの運行を再開したものの、空港アクセス鉄道の運転再開には2週間、連絡橋の完全復旧には約7カ月を要した(写真:国土交通省近畿地方整備局)

写真3 **安治川水門に押し寄せる高潮**
大阪湾では、第2室戸台風時に記録した最高潮位TP+293cmを超過。TP+329cmを記録した。市街地への高潮侵入防止のため、旧淀川筋の河口に位置する3大水門(安治川、尻無川、木津川)が閉鎖された
(写真:大阪府)

1-2 暴風・高潮をもたらす台風

2 令和元年（2019年）房総半島台風

関東で観測史上1位の最大風速・最大瞬間風速

2019年9月9日の早朝、東京湾を北上し、強い勢力で千葉市付近に上陸した房総半島台風（台風15号）。千葉市で最大風速35.9m/s、最大瞬間風速57.5m/sを観測する等、多くの地点で観測史上1位の最大風速、最大瞬間風速を記録する暴風をもたらした（写真1、2）。

写真1　**強風により倒壊した鉄塔**

房総半島台風の暴風は、千葉県を中心に1都6県で最大約93万4900戸の停電をもたらした。広範囲の配電線事故や倒木による通行支障等が起こり、被害状況の把握が遅れて復旧までに16日間を要した（写真：経済産業省）

写真2　**損壊した住宅屋根をブルーシートで覆う**

台風通過後の千葉県館山市の様子。房総半島台風によって全国で全壊、半壊、一部破損を合わせて7万4666棟の住家が被災した。特に被害の大きかった千葉県では6万5070棟が被災した（写真：国際航業）

東日本台風での草木ダムの事前放流

利根川水系渡良瀬川の草木ダム（群馬県みどり市：水資源機構管理）の流域では、令和元年(2019年)東日本台風(台風19号)の豪雨により、ダムへの洪水流入量が管理開始以来、既往最大に匹敵する規模となった。刻々と変化する降雨状況に対して、降雨予測情報をリアルタイムに入手。その情報を基に流出予測システムを活用してダムへの洪水流入量を計算し、ダム操作をシミュレートする作業を逐次行った。こうして予備放流※1、事前放流※2を適切に進めて洪水調節容量を確保した結果、緊急放流を回避して、大きな洪水調節効果を発揮した。

非洪水期に入った草木ダムでは、利水のために流入水の貯留を進めていた。しかし、台風発生の情報を受けて、洪水ピークの3日前までに予備放流に備えて検討を始めた。この時点では台風はまだ日本のはるか南海上に位置していた。そして洪水ピークの約1日半前、予測降雨量が約320mmとなった時点で、洪水調節容量を確保するために予備放流を開始した。その後も降雨予測情報を注視していたところ、予備放流実施中に予測降雨量がさらに増加。そして、約1日前には予測降雨量が約440mmにまで達した。

予備放流のみでは、緊急放流に移行して計画最大放流量の3倍近い水量で放流せざるを得ない見通しとなったので、事前放流の実施に踏み切った。下流の安全を確認しながら放流量を増やして貯水位を下げ、洪水調節の前に確保すべきと計算された約1500万m^3の容量を確保して事前放流を終えたのは、洪水調節開始の約3時間前であった（図）。

※1　予備放流とは、治水と利水の両目的を兼ねた容量を有しているダムにおいて、洪水調節計画上必要となる容量を確保するために、利水目的で貯留した水を、洪水前に放流する操作である。
※2　事前放流とは、計画規模を超える洪水等に対しても洪水調節機能を発揮させる目的で容量を確保するために、利水者の協力の下、利水専用容量に貯留した水を、洪水前に放流する操作である。

図　台風19号における草木ダムの洪水調節操作（資料：水資源機構の資料を基に作成）

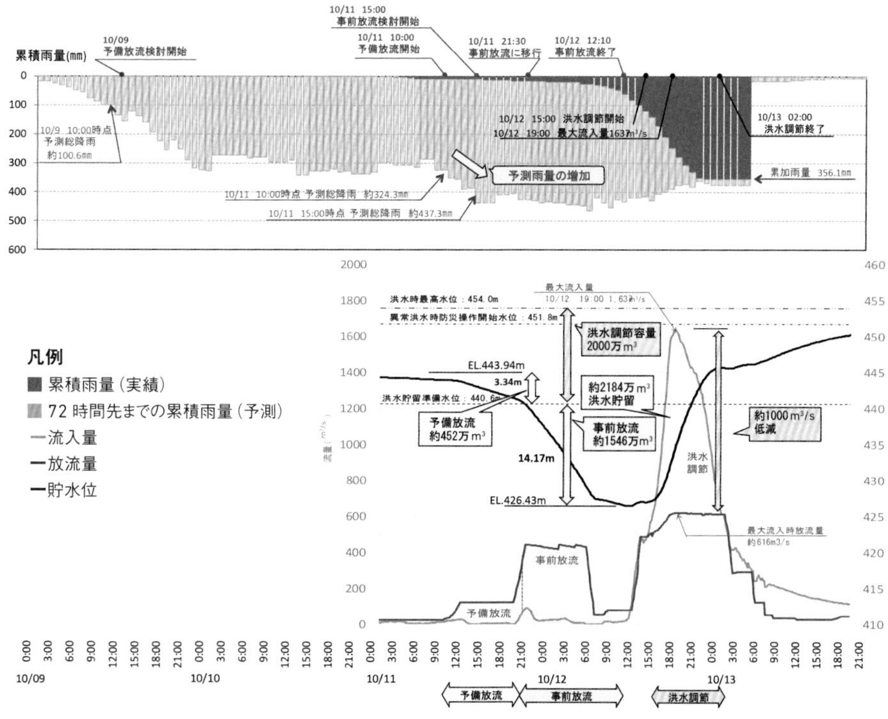

1-3 地球規模で異変が頻発

1 近年の世界の水害

地球温暖化に伴う気候変動の影響は、わが国だけに降りかかっているものではない。近年、世界各国で過去に例を見ない大規模な洪水等が続々と発生している。世界のニュースを注視していると、気象がもたらす水害等の話題が後を絶たない。

中国の長江で記録的洪水が発生

中国南部の長江（揚子江）流域は、2020年6月から7月にかけて大雨に見舞われた。中国中央気象台は7月2日まで、暴雨警報を31日連続で継続。長江流域の6月以降の雨量は、1961年以来最大になった。7月13日時点で433の河川で警戒水位を超え、うち33河川が観測史上最高水位を記録した（写真1、2）。7月19日には安徽省ジョ河（長江支川）で遊水地に洪水を流入させるために、堤防の一部を爆破。長江本川への流量を調整する事態も生じている。

中国政府の応急管理部によると7月28日時点で

写真1　**長江の洪水で水没する村**
2020年7月10日撮影
（写真：Liu Zhankun/China News Service via Getty Images）

写真2　**武漢で発生した洪水**
浸水した川沿いのパビリオン
（写真：Feature China/Barcroft Media via Getty Images）

写真3　**放流する三峡ダム**
2020年8月20日に撮影
（写真：Costfoto/Barcroft Media via Getty Images）

本土31省のうち、27省の5480万人が被災。死者・行方不明者は合わせて158人、避難者376万人、損壊家屋36.8万棟、直接経済損失1444.3億元（約2兆1905億円）という記録的な大被害になったと報告している。

その中で、中流部の三峡ダムは7月19日に2009年の完成以来の洪水期最高水位164.18m（常時満水位は175.0m）に達し、完成後最大の洪水放流を行った（**写真3**）。その際、ダムが決壊する恐れがあるというニュースも流れた。

これについては中国政府が否定しており、決壊という事態には至っていない。なお、三峡ダムは高さ185m、堤頂長2309mの大規模な重力式コンクリートダムだ。日本で開発された技術であるRCD工法を採用して本体工事が行われており、総貯水容量は393億m^3と琵琶湖の1.4倍以上に及ぶ。

米国ではダムが決壊

米国では、2020年5月17日から19日にかけて停滞した低気圧と前線により、五大湖南部のミシガン州に記録的大雨が降った。その結果、チタバワシー川を含む複数の河川が増水。ミッドランド市北西部の2つのダム（エディンビルダム、サンフォードダム）が決壊した（**写真4**）。

州の非常事態宣言が出される中、1.1万人が避難。ミッドランド郡の建物被害は2500棟以上に達し、被害額は推定1.75億ドルに上った。ダムはどちらも1925年に竣工した発電目的のアースフィルダムだった。堤高はエディンビルダムが16m、サンフォードダムが11mで、放流能力の不足がダムの決壊につながったと考えられている。

新型コロナウイルスの感染が広がる中での洪水被

写真4　**米国ミシガン州のダム決壊**
（写真：衛星画像は WorldView-2/3(c)2020 DigitalGlobe, Inc., a Maxar company.）
地図調製：アジア航測

害であったため、避難所では住民らの体調を確認して避難場所を分けた。さらに、全員にマスクを配り、避難者同士は約2mの身体的距離を空ける等の対策に努めた。避難所の運営者は、ガウンやマスク、フェイスシールド、ゴーグル等の個人用防護具（PPE）を身に着けたうえで避難者に対応した。

アジアの大都市圏でも大規模な浸水被害

インドネシアでは、2019年12月31日から2020年1月8日に豪雨が発生。ジャカルタ市で観測史上最大の377mm/日の降雨量を観測した。その結果、隣接する県市を含むジャカルタ都市圏の広範囲で河川氾濫等による浸水が発生。死者61人、行方不明者1人という大きな被害をもたらした（写真5）。

インドネシア気候気象地球物理庁（BMKG）によれば、今回の大雨は過去150年で最多の降雨記録で、多数の河川が氾濫。ジャカルタ首都圏（ジャカルタ市と隣接県・市）の広範囲が最大6m浸水し、一部地区の浸水は1週間に及んだ。

サイクロンによる被害の激甚化

2019年3月にアフリカのモザンビークおよび近隣国に、立て続けに2つのサイクロンが上陸。甚大な洪水災害が発生した。大きな被害を引き起こしたサイクロン「イダイ」は当初、低気圧の段階からマラウイとモザンビークに豪雨をもたらしていた。その後、急速に気圧が低下して大型化し、サイクロンに発達。低い気圧の箇所が長期間停滞し、強風とともに大量の雨を降らせた（写真6）。

そして、14日にモザンビークのベイラ市に再上陸（図1）。推定4.5mの高潮を発生させた。さらにジンバブエに向かい、両国に豪雨をもたらし、死者1001

写真5　**ジャカルタでも浸水被害**
2020年1月1日に撮影。レスキュー隊が住民を救助する様子
（写真：Agung Fatma Putra/SOPA Images/LightRocket via Getty Images）

写真6　**サイクロン「イダイ」による被害**
モザンビークの様子。2019年3月24日に撮影
（写真：Andrew Renneisen/Getty Images News）

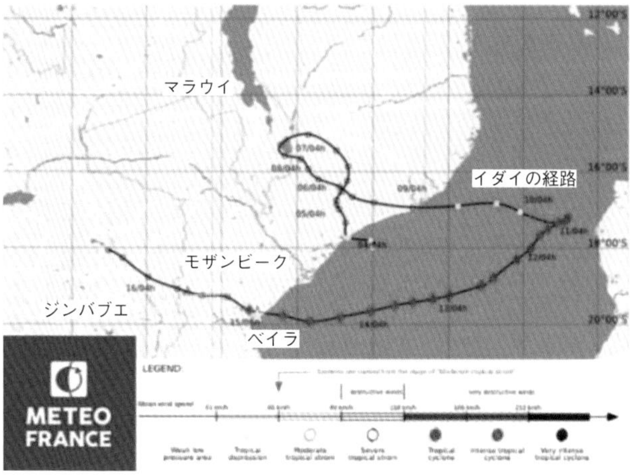

図1　**サイクロン「イダイ」の迷走経路**
（資料：フランス気象局）

人（モザンビーク603人、ジンバブエ339人、マラウイ59人）、行方不明者349人の大被害が生じた。

台風やサイクロンが急速に大型化する現象は、2019年に日本を襲った東日本台風（台風19号、ハギビス）や米国のハリケーン「マイケル」「ドリアン」にも見られた。まさに「地球温暖化が進行すると台風は強大化する」という事例である。

地球温暖化による浸水頻度の増加

イタリアでは2018年10月と2019年11月に各地で激しい暴風雨を伴う悪天候が続き、高潮、洪水、土砂災害、倒木等による被害が相次いだ。北部のベネチアでは街の75％が高潮により浸水（写真7）。全体で死者30人、行方不明者1人を記録した。

10月31日の報道によると、ベネチアの浸水被害は年々増加傾向にある。ベネチア湾内の管理水位である110cmを超えた回数は、1900年代初頭には10年間で10回程度であったが、近年では40回以上にまで増えている（図2）。

これまで、その原因は地下水のくみ上げ過ぎによる地盤地下と言われてきたものの、近年はそれに温暖化による海面上昇が加わっているとみられ、頻度が激増している。なお、潮位監視予報センターは、ベネチアは120年前と比べて23cm沈下した、と発表している。

この高潮に備えるために、ベネチア湾を囲むベネタ潟の入り口を可動式フラップゲートの水門で制御するモーゼ計画が2001年に策定された。そして、2003年に工事が着工し、2018年12月に概成している。現在は試験運用を行っており、2020年10月の高潮では、その試験運用中の施設が初めて高潮被害を防いだ。引き続き試験運用を行ったうえで本格運用する予定だ。これによって、潮位を110cmに制御する見通しを立てているが、それでも全島の12％では浸水を容認している。

写真7
高潮で浸水したベネチア市街
（写真：Vittorio Zunino Celotto/Getty Images News）

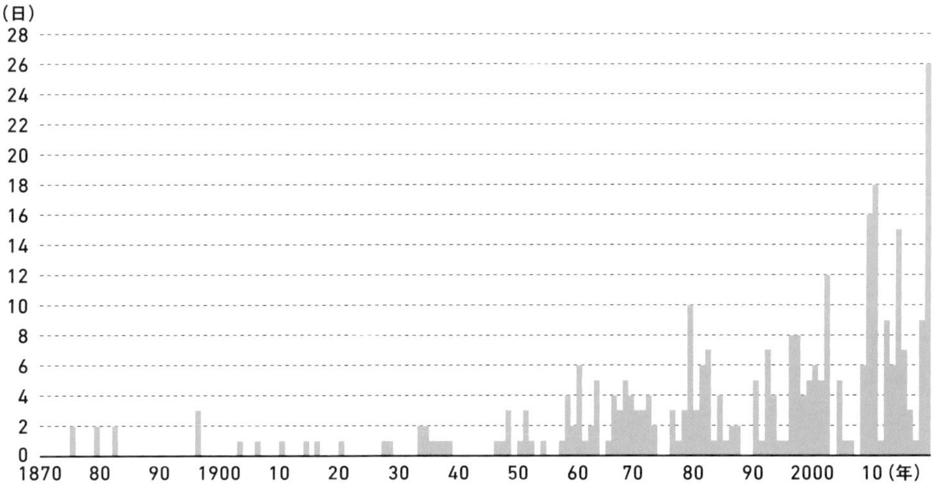

図2
ベネチアで基準水位（110cm）以上の潮位が生じた日数
（資料：ベネチア市）

1-3 地球規模で異変が頻発

2 世界の水災害の発生状況

水災害は世界各地で発生している

地球温暖化を原因とする異常気象による洪水などの水災害は、わが国だけでなく、世界共通の大きな課題となっている。

ベルギーのルーベン・カトリック大学災害疫学研究センター（CRED）の世界の災害データ（EM－DAT）によれば、自然災害の発生件数は増加傾向を示している。洪水、渇水、暴風雨等の水関連の災害も増加しており、自然災害に占める割合も最も多くなっている。

特に最近15年間での発生件数を見ると、水関連災害が継続して70％以上を占め、2015年では83％にも達している。直近の2019年では自然災害全体の

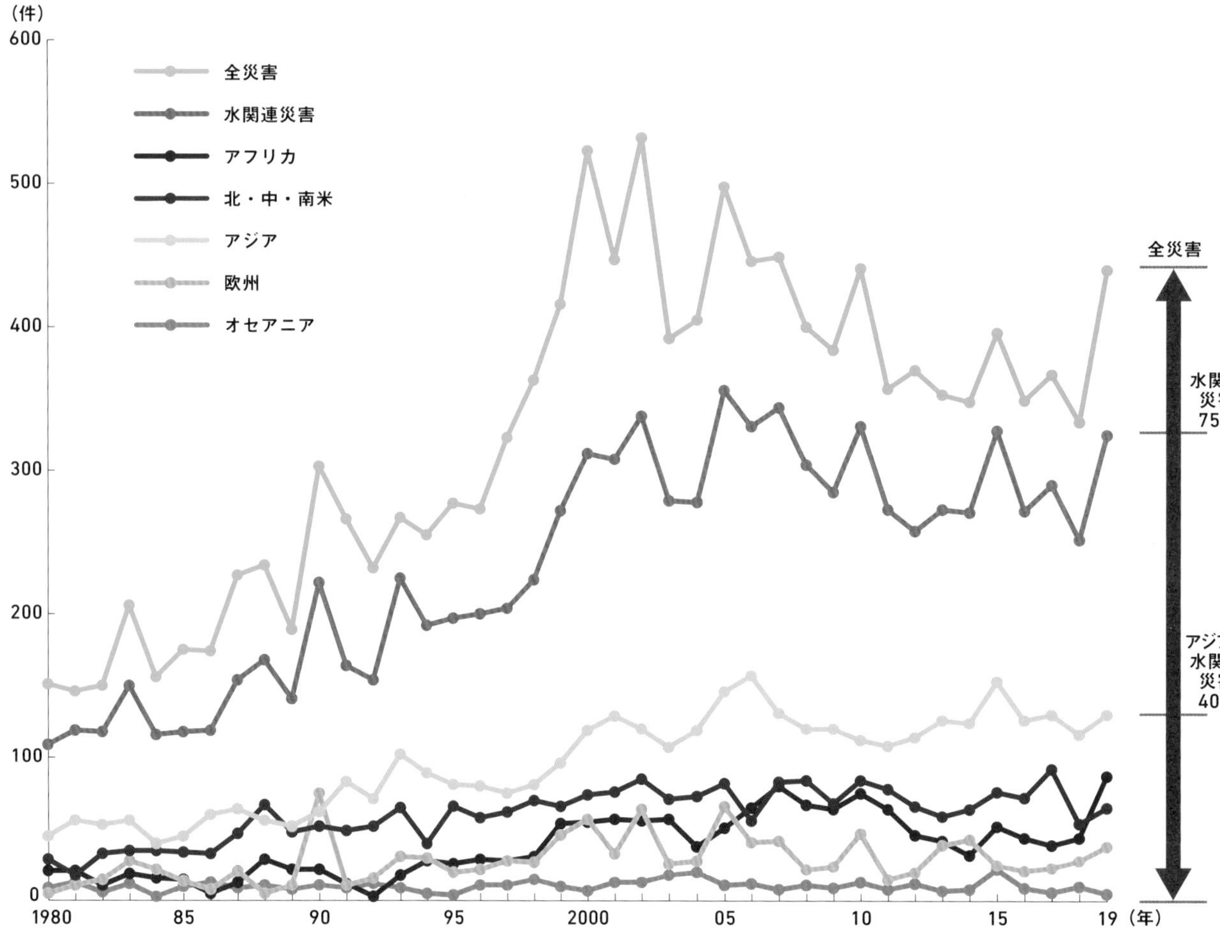

図1　**世界の水災害発生の推移**

災害とは10人以上の死者・行方不明者でかつ100人以上の影響人口が出たもの。1980年から2019年までのデータに基づく。自然災害は、気候、高温、森林火災、伝染病、地震、津波、火山等。うち水関連の災害は、洪水、渇水、暴風雨、高潮による災害だ
（資料：EM-DATを基に作成）

うち水関連災害が75%となっていた。地域の面ではアジアが最も多く、全世界の水関連災害のうち40%を占めている(図1)。

世界の水関連災害の内容を整理している国際洪水ネットワーク(IFNet)のデータのうち、2015〜2019年の5年間における災害を見ると、死者・行方不明が50人を超えた水災害は合計で128ある。

水災害の発生件数の地域ごとの内訳としては、アジアが84、北・中米が9、南米が6、そしてアフリカが29だった。アジアが多くなっているのだ。ただし、死者・行方不明者が50人を下回るものの、欧州でも多数の水害が発生している。水災害は世界各地で発生している(図2)。

こうしたことが影響すると、先進国では経済成長に水を差される。一方、発展途上国では人命を失うという大きな損失を被り、国の成長の足かせとなる。近年はその頻度が増加してきた。しかも激甚さが加速している。世界各国とともに、地球温暖化で激変する水害を克服する取り組みを加速させなければならない。

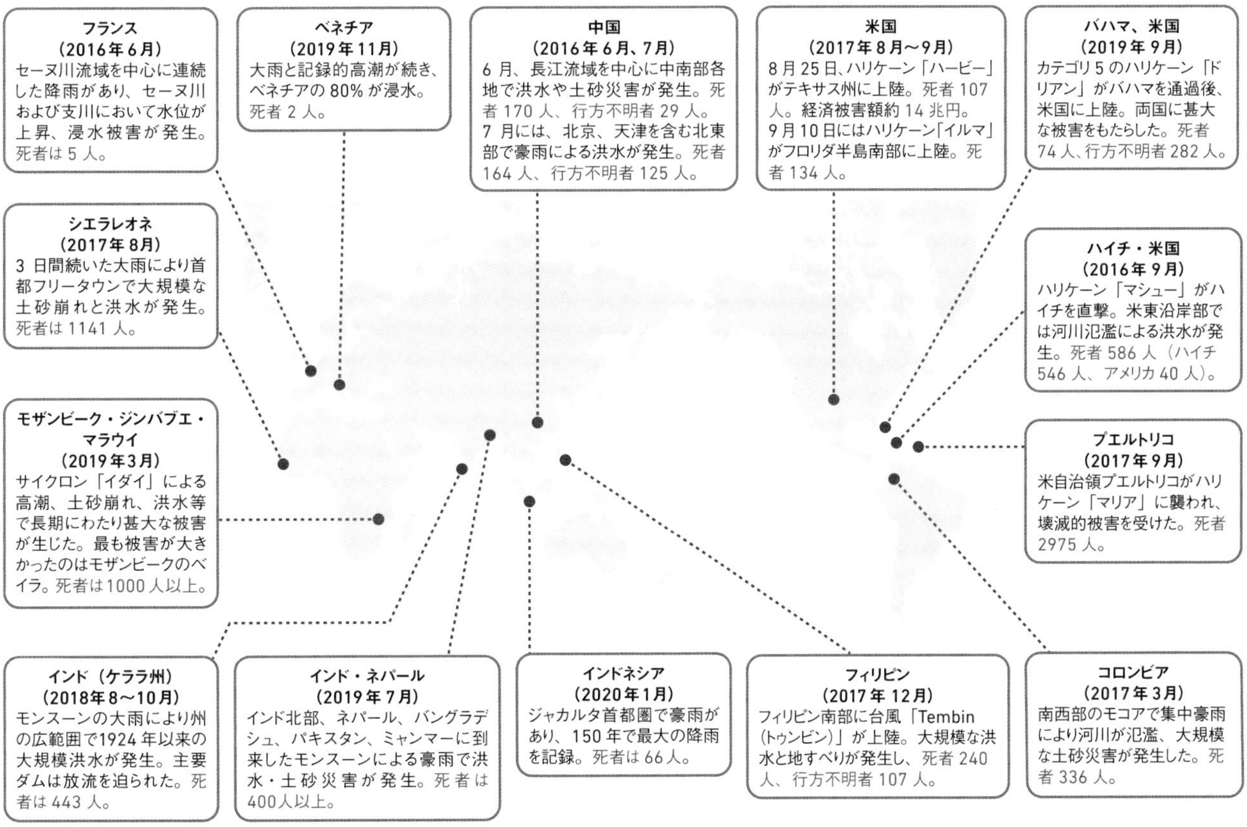

図2 **近年発生した世界の主な水災害**

2020年6月時点のデータ。IFNetデータベースから作成した直近5年の主な水災害(資料:IFNet)

1 章参考文献

1-1

・国土交通省九州地方整備局・熊本県「第 2 回令和 2 年 7 月球磨川豪雨検証委員会説明資料」令和 2 年 10 月 6 日，国土交通省九州地方整備局 HP.

1-3

・Citta di Venezia「Distribuzione annuale alte e basse maree」https://www.comune.venezia.it/it/content/distribuzione-annuale-delle-alte-maree-110-cm.
・八尋 明彦「ベネチア・モーゼ計画施設完成間近」World Watching 215，港湾 2018.4.
・Venice and MOSE「Story of a failure」La Stampa，2017.
・EM-DAT「The International Disaster Database，Centre for Research on the Epidemiology of Disasters – CRED」http://emdat.be/database.
・「International Flood Network」http://internationalfloodnetwork.org/index.html.
・Daniel Van Boom「Venice's desperate 50-year battle against floods」CNET, Oct.9, 2020,
https://www.cnet.com/features/venices-desperate-50-year-fight-against-floods.

2章

異常気象の発生と地球温暖化

2-1 異常気象の発生状況

1 豪雨災害をもたらす異常気象

2020年7月豪雨によって、球磨川、最上川等で氾濫が発生。80人を超える人が亡くなった。さらに、約1万8000棟もの家屋が被害を受ける等、甚大な人的・経済的被害が発生した。2019年の東日本台風、2018年の西日本豪雨、2017年の九州北部豪雨、2016年の北海道・東北豪雨、2015年の関東・東北豪雨など、記録的な豪雨がもたらす災害が毎年のように発生している。

2018年7月豪雨（西日本豪雨）

2018年6月の終わりから7月初めにかけて、梅雨前線や台風7号の影響を受け、西日本から東海地方を中心に、全国の広い範囲で記録的な大雨が発生した。この期間の総降水量を見ると、7月の平年の月降水量に対して、2～4倍となる大雨となった所もあった。

この豪雨はこれまでの前線や台風による大雨事例と比べて、特に48時間および72時間降水量について、観測史上1位の記録を更新した地点が多い。普段は比較的雨の少ない中国・四国地方の瀬戸内海側も含め、西日本から東海地方を中心に広い範囲に強雨域が広がったのが大きな特徴だ。

図1　**2020年7月豪雨での降雨状況**
24時間降水量の期間最大値の分布。7月3日午前0時～7月31日午後12時までのデータ（資料：気象庁）

この記録的な大雨の要因は、西日本付近に停滞した梅雨前線に向けて極めて多量の水蒸気が流れ込み続けた点にある。気象庁は、「今回の豪雨には、地球温暖化に伴う水蒸気量の増加の寄与もあったと考えられる」という見解を示した。

2019年台風19号（東日本台風）

台風19号（東日本台風）の接近・通過に伴い、広い範囲で大雨、暴風、高波、高潮となった。2019年10月10日から13日までの総降水量は、東日本を中心に17地点で500mmを超えた。特に静岡県や新潟県、関東甲信地方、東北地方の多くの地点で3・6・12・24時間降水量の観測史上1位の値を更新した。

10月12日に北日本と東日本のアメダス地点で観測された日降水量の総和は、観測史上1位となった。さらに、大潮の時期であったこと等から太平洋側では顕著な高潮を招き、観測史上1位の潮位の記録を更新した地点が出た。この他、記録的な暴風や高波も観測された。

2020年7月豪雨

2020年7月3日から31日にかけて、日本付近に停滞した梅雨前線の影響で、暖かく湿った空気が継続して流れ込み、各地で大雨を招いた（図1）。この間の総降水量は、長野県や高知県の多い所で2000mmを超えた。九州南部・北部地方、東海地方、東北地方の多くの地点で、24・48・72時間降水量が観測史上1 位の値を超えた。旬ごとの値として、7月上旬に全国のアメダス地点で観測した降水量の総和および1時間降水量50mm以上の発生回数が、ともに1982年以降で最多となった。

2-1 異常気象の発生状況

2 気温の変動

2019年の日本の年平均気温偏差（1981～2010年の30年平均値からの偏差）は+0.92℃で、統計を開始した1898年以降で最も高い値となった。日本の年平均気温は長期的には100 年当たり1.24℃の割合で上昇している。特に1990年代以降、高温となる年が頻出している状況だ（図1）。気象庁は「気候変動監視レポート2019」において、「これらの要因として、二酸化炭素などの温室効果ガスの増加に伴う地球温暖化の影響と自然変動の影響が考えられる」とコメントしている。

気温の上昇は、大気中の水蒸気量や地上からの蒸発散量など、水循環系に影響を及ぼす。そのため、水に関連する広い分野への影響を通じて、われわれの生活や社会経済活動にも影響をもたらす（図2）。

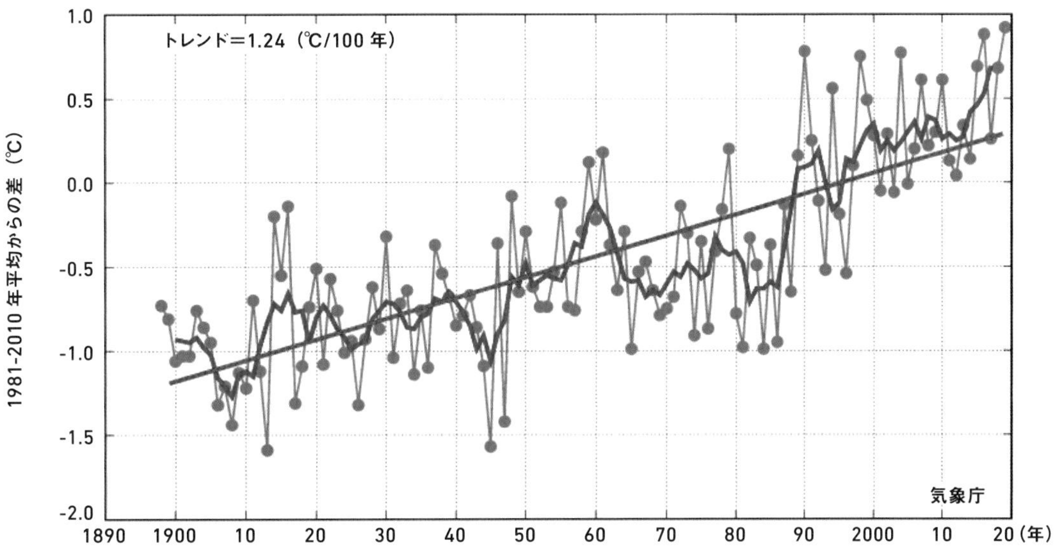

図1　日本の年平均気温偏差の経年変化（資料：気象庁「気候変動監視レポート2019」）

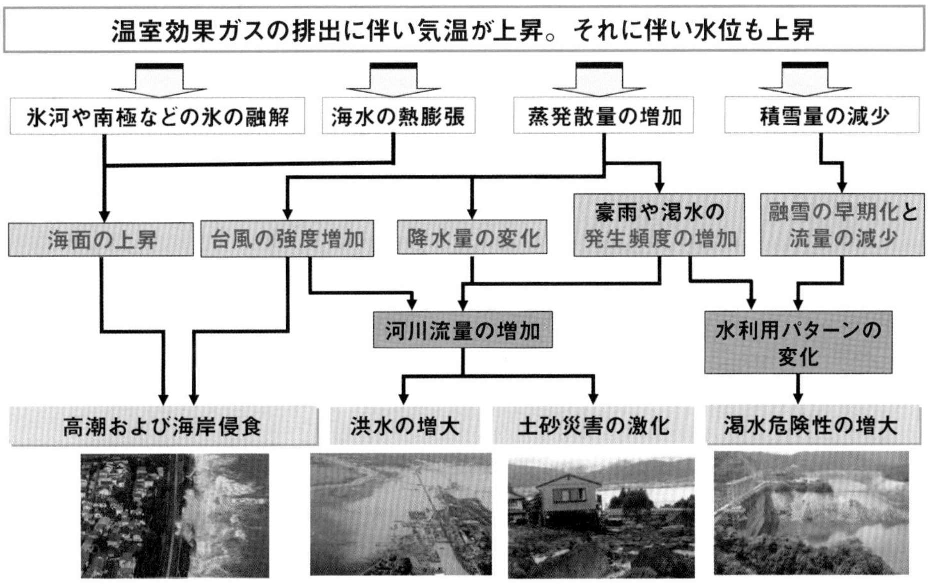

図2　地球温暖化が水災害に及ぼす影響
（資料：国土交通省「地球温暖化に伴う気候変化が水災害に及ぼす影響について」の資料に加筆修正）

2-1 異常気象の発生状況

3 降水量の変動

1時間降水量50mm以上および80mm以上の短時間強雨の年間発生回数は、ともに増加している。50mm以上の場合、統計期間の最初の10年間（1976～1985年）平均では1300地点当たり約226回だったが、最近の10年間（2009～2019年）平均では、約327回と約1.4倍に増えている（図1）。

日降水量200mm以上および日降水量400mm以上の大雨の年間日数にも増加傾向が現れている（図2）。

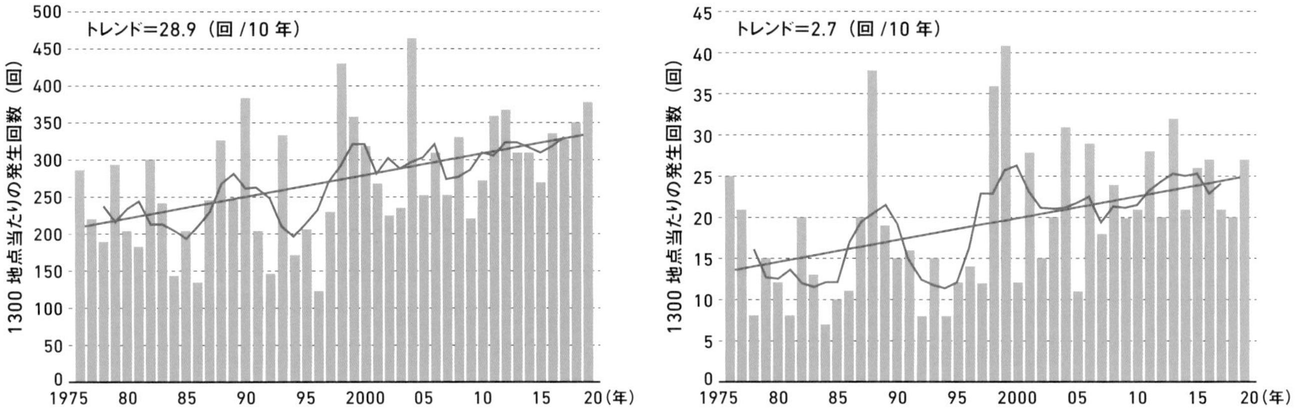

図1　**短時間強雨の年間発生回数が増加**

1時間降水量50mm以上（左図）および80mm以上（右図）の年間発生回数の経年変化（資料：気象庁「気候変動監視レポート2019」）

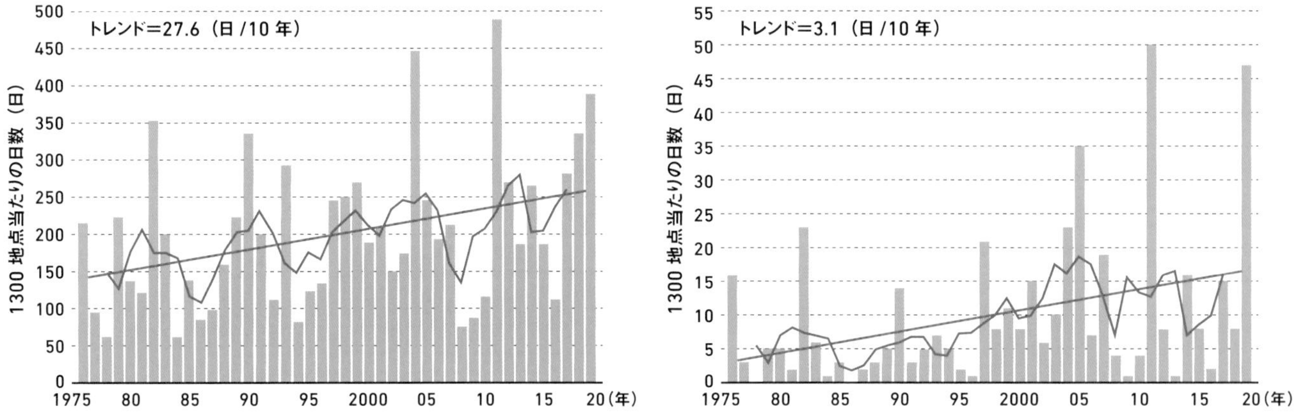

図2　**大雨の年間日数も増加傾向**

日降水量200mm以上（左図）および400mm以上（右図）の年間日数の経年変化（資料：気象庁「気候変動監視レポート2019」）

4 海面水位の変動

IPCC（国連気候変動に関する政府間パネル）海洋・雪氷圏特別報告書（2019年）によると、グリーンランドおよび南極の氷床から氷が減少する速度の増大、氷河の質量の減少および海洋の熱膨張の継続により、世界平均海面水位は最近の数十年で上昇の程度を加速させている。世界平均海面水位は、1902～2010年の期間に0.16m上昇。これに対して、2006～2015年の期間の世界平均海面水位の上昇率は1年当たり3.6mm。直近の100年で例がなく、1年当たり1.4mmであった1901～1990年の期間の上昇率の約2.5倍に達していた。

日本沿岸の海面水位も、1980年代以降、上昇傾向が見られる（図1）。2006～2015年の期間で1年当たり4.1mmの割合で上昇した。近年だけを見ると、日本沿岸の海面水位の上昇率は、世界平均海面水位の上昇率と同程度になっている。

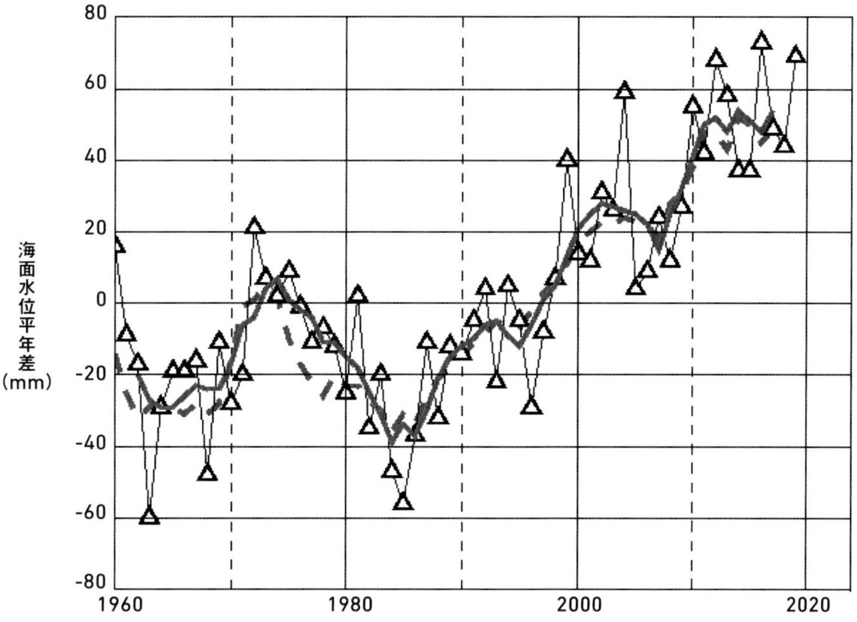

図1 日本沿岸の年平均海面水位の経年変化（気象庁「気候変動監視レポート2019」の資料に加筆修正）

地球温暖化に伴って増加する様々な災害リスク

異常気象で近年増加している世界の災害について、洪水、台風、高潮、土砂災害等の事例を1章で概観した。ここでは、これまでに触れていない地球温暖化に伴う災害リスクをいくつか紹介する。

写真1　世界有数の人口密度の首都マレ（モルディブ）
（写真：Timo Newton-Syms）

高潮・津波のリスクが高まっている島嶼国

1章で紹介したベネチアの場合には、海中に設置した防潮壁を高潮時に起き上がらせて防御する「モーゼ計画」が進行中だ。一方、多くの島嶼国では対策実施のための資金調達に苦慮している。例えば、インド洋に浮かぶモルディブでは2005年のインド洋大津波の際にGDPの62%、500億円以上の大被害を受けたものの、抜本的な対策は進んでいない（写真）。

国土の8割以上が海抜1m以下にある厳しい条件の下で、津波・高潮のリスクの増加に直面している同国のシャヒッド外務大臣は2020年、次のように語った。「資金調達ができた時点で

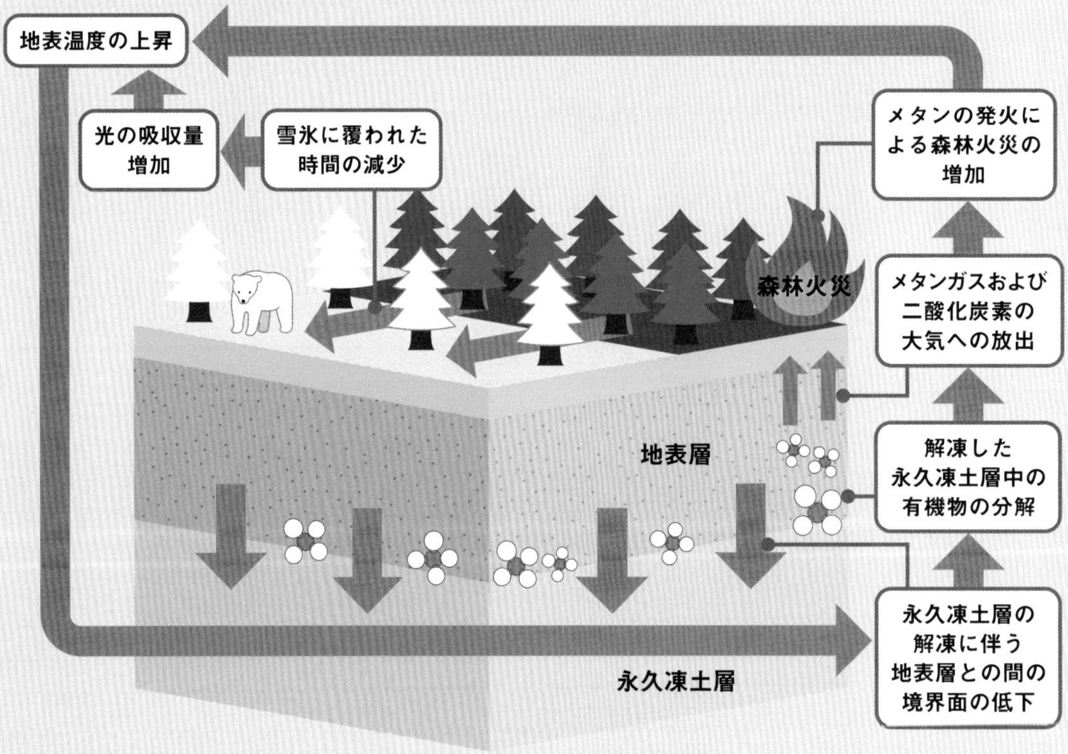

図1　地球温暖化により北極圏で起きている現象（資料：Schaerfer ら（2014）を参考に作成）

は既に水の下かもしれない」。

永久凍土層の解凍で加速

地球温暖化の影響でシベリア等の永久凍土層の解凍が進んでいる。この結果、図1に示すように凍土層に閉じ込められていた腐食物が分解されてメタンガスが発生。地球温暖化の加速や森林火災の発生を招くという悪循環を引き起こしている。

写真2　森林火災（写真：Kari Greer）

森林火災の多発

森林火災の発生要因については、北極圏でのメタンガス引火型のものに加え、別のメカニズムの影響拡大が懸念されている。

米国カリフォルニア州における2018年までの森林の焼失面積の経年変化を図2に示す。30年前と比べた焼失面積の増加割合は4倍以上だ。さらに、2020年には史上最大の森林火災が発生。9月15日までに約1.3万km^2が消失した。

森林火災は、「燃料」となる樹木や草が育ち、樹木の状態で乾燥状態になったところに、発火のきっかけが加わると生じる。ドライライトニング（乾いた雷）は、主なきっかけの一つだ。

一般に雷に雨は付きものだが、あまりに高温で乾燥した状態だと、積乱雲から降り注ぐ雨が途中で蒸発してしまい、ドライライトニングが生じる。雨が降っていれば雷による火災が発生しても鎮火するが、ドライライトニングの場合には燃え広がってしまう。

地球温暖化に伴って大気が高温になると、ドライライトニングも起こりやすくなる。さらに、図3に示すように、森林火災の発生がさらなるドライライトニングの発生を招くという悪循環が生じてしまう。

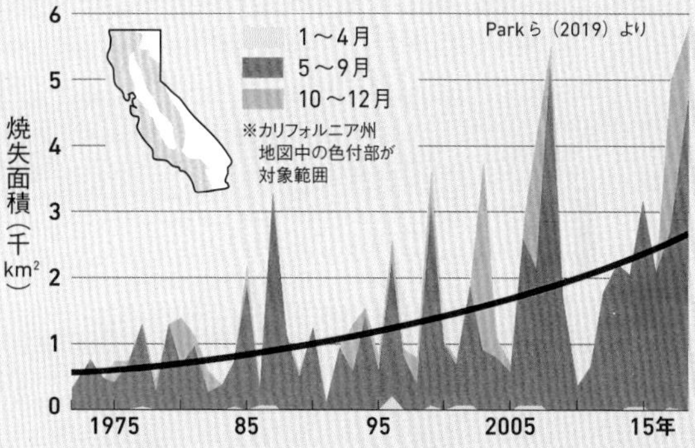

図2　米国カリフォルニア州における火災焼失面積の推移

図3　ドライライトニングによる森林火災のメカニズム
（資料：オーストラリア政府気象局の資料を参考に作成）

2-2 温暖化に対する国際社会の動き

1 国連IPCC第5次評価報告書

人為起源による気候変化、影響、適応および緩和方策に関し、科学的、技術的、社会経済学的な見地から包括的な評価を行うことを目的として、1988年に国連環境計画（UNEP）と世界気象機関（WMO）が、IPCC（国連気候変動に関する政府間パネル）を設立した。

2014年10月にデンマークのコペンハーゲンにおいてIPCCの第40回総会が開催され、IPCC第5次評価報告書統合報告書の政策決定者向け要約（SPM）が承認・公表されるとともに、統合報告書本体が採択された。統合報告書には下記の事項が記されている。

[観測された変化およびその原因]

- 気候システムの温暖化には疑う余地がなく、また1950年代以降、観測された変化の多くは数十年から数千年間にわたり前例のないものである。大気と海洋は温暖化し、雪氷の量は減少し、海面水位は上昇している。
- 地球の表面では、最近30年の各10年間はいずれも、1850年以降の各々に先立つどの10年間よりも高温であり続けた。
- 世界平均地上気温は、1880～2012年の期間に0.85℃上昇している（図1）。
- 地域的な変化傾向の計算が十分そろう最も長い期間（1901～2012年）では、ほとんど地球全体で地上気温の上昇が起きている。
- 1901～2010年の期間にわたり、世界平均海面水位は0.19m上昇した。19世紀半ば以降の海面水位の上昇率は、それ以前の2000年間の平均的な上昇率より大きかった。
- いくつかの流域において、極端な降水と流量の増加傾向が最近検出されており、地域規模での洪水

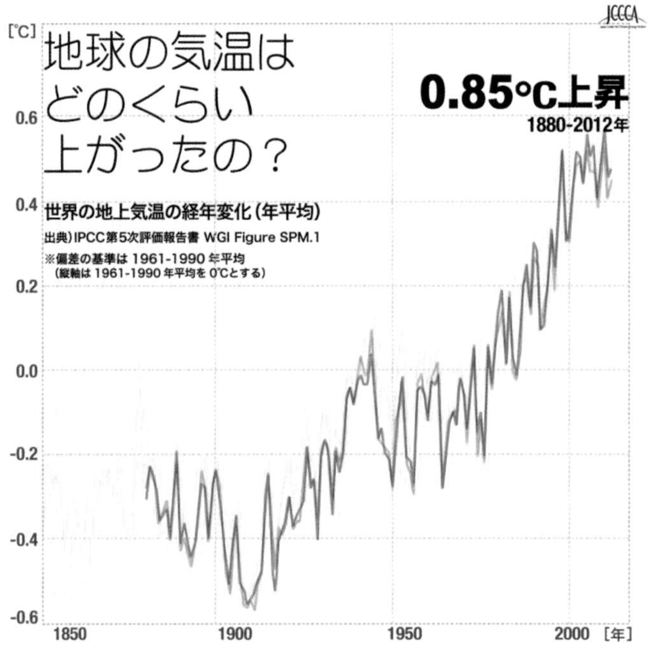

図1　世界の地上気温の経年変化（年平均）
（資料：全国地球温暖化防止活動推進センター）

リスクが増大していることを示唆している。

[将来の気候変動、リスクおよび影響]

- RCP（代表的濃度経路）シナリオは、温室効果ガスの排出量および大気中濃度、大気汚染物質の排出ならびに土地利用についての21世紀の4つの異なる経路を表現している。
- RCPシナリオには、1つの厳しい緩和シナリオ（RCP2.6シナリオ）、2つの中間的シナリオ（RCP4.5シナリオおよびRCP6.0シナリオ）、1つの非常に高い温室効果ガス排出となるシナリオ（RCP8.5シナリオ）が含まれる。
- RCP2.6は、工業化以前に対する世界平均の気温上昇を2℃未満に維持する可能性が高くなることを目指すシナリオを代表するものである。
- 地上気温は、評価された全ての排出シナリオにおいて21世紀にわたって上昇すると予測される。多くの地域で、極端な降水がより強くまたより頻繁となる可能性が非常に高い。海洋では世界平均海面水位の上昇が続くだろう。
- 1986～2005年平均を基準とした21世紀末における世界平均地上気温は、RCP2.6シナリオで0.3～1.7℃、RCP8.5シナリオで2.6～4.8℃であり（図2）、世界平均海面水位上昇は、RCP2.6シナリオで0.26～0.55m、RCP8.5シナリオで0.45～0.82mである。
- 世界平均地上気温が上昇するにつれて、中緯度の陸域の大部分と湿潤な熱帯域において、極端な降水がより強く、より頻繁となる可能性が非常に高い。

[適応、緩和および持続可能な開発に向けた将来経路]

- 現行を上回る追加的な緩和努力がないと、たとえ適応があったとしても、21世紀末までの温暖化が、深刻で広範にわたる不可逆的な影響を世界全体にもたらすリスクは、高いから非常に高い水準に達するだろう。

[適応および緩和]

- 適応および緩和は共通の実現要因に支えられている。これらの要因は、効果的な制度とガバナンス、技術革新と環境面に優れた技術とインフラ（社会基盤施設）への投資、持続可能な生計、行動面と生活様式上の選択肢を含む。

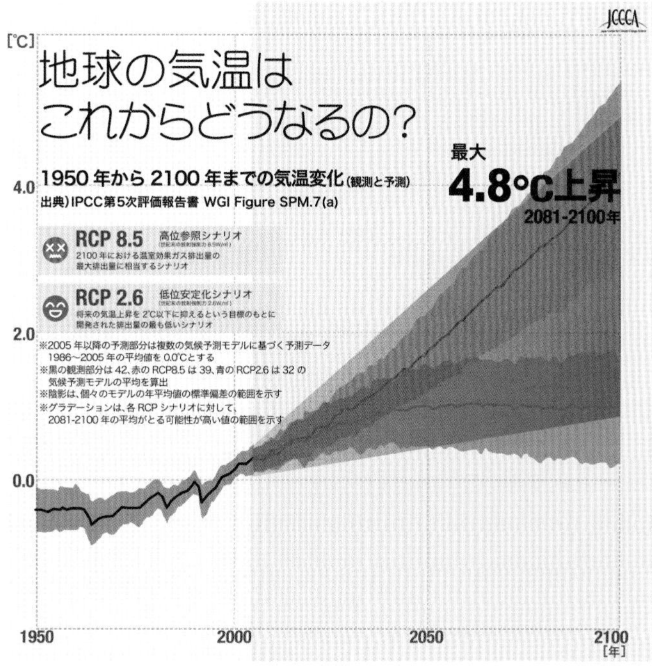

図2　**1950から2100年までの気温変化（観測と予測）**
（資料：全国地球温暖化防止活動推進センター）

2-2 温暖化に対する国際社会の動き

2 パリ協定

パリ協定は2015年にパリで開かれた、温室効果ガス削減に関する国際的取り決めを話し合う「国連気候変動枠組条約第21回締約国会議（通称COP21）」で合意された（写真1）。パリ協定では、世界の平均気温上昇を産業革命以前に比べて2℃より十分低く保ち、1.5℃に抑える努力をするという世界共通の長期目標が示された（図1）。

日本も批准手続きを経て、パリ協定の締結国となった。この国際的な枠組みの下、主要排出国が排出削減に取り組むよう国際社会を主導し、地球温暖化対策と経済成長の両立を目指していくこととしている。

パリ協定では途上国を含む全ての参加国と地域に、2020年以降の「温室効果ガス削減・抑制目標」を定めることを求めている。加えて、長期的な「低排出発展戦略」を作成し、提出するよう努力すべきであることも規定されている。

写真1　COP21で「パリ協定」を採択（写真：国連気候変動枠組条約事務局）

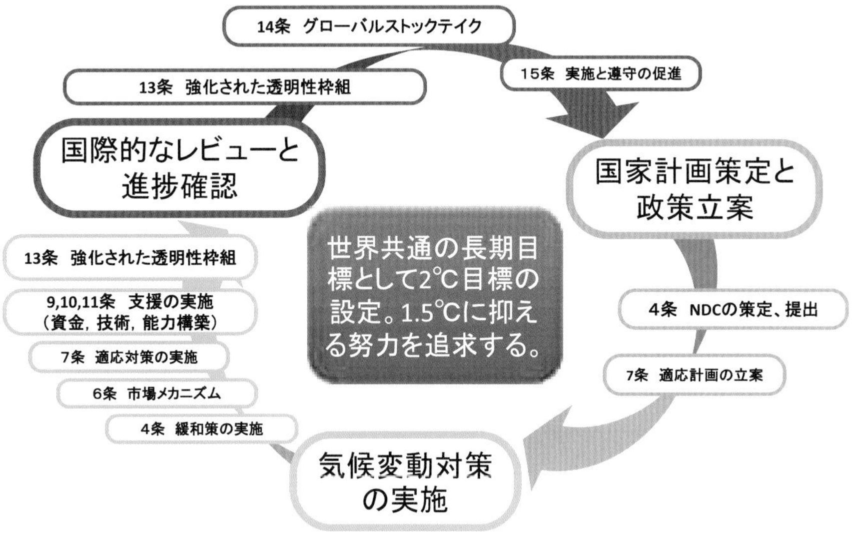

図1　パリ協定のPDCA（資料：環境省）

2-2 温暖化に対する国際社会の動き

3 IPCC1.5℃特別報告書とCOP25

IPCC1.5℃特別報告書

パリ協定を採択したCOP21において、国連気候変動枠組条約（UNFCCC）からIPCCに対して「1.5℃の地球温暖化による影響および関連する温室効果ガスの排出経路について、2018年に特別報告書を作成すること」を招請し、IPCC第48回総会（2018年10月韓国・仁川）において1.5℃特別報告書が承認・受諾された（図1）。報告書のポイントは以下の通りである。

- 工業化以前の水準よりも約1.0℃の地球温暖化をもたらしたと推定される。地球温暖化は、現在の進行速度で増加し続けると、2030年から2052年の間に1.5℃に達する可能性が高い。
- 将来の平均気温上昇が1.5℃を大きく超えないような排出経路では、世界全体の人為起源のCO_2の正味排出量が2030年までに2010年水準から約45％減少し、2050年前後に正味ゼロに達する。
- エネルギー、土地、都市およびインフラ（運輸と建物含む）、ならびに産業システムにおける、急速かつ広範囲に及ぶ移行が必要となるであろう。
- パリ協定に基づき各国が提出した目標による2030年の排出量では、地球温暖化を1.5℃に抑えることはないであろう。

COP25

国連気候変動枠組条約第25回締約国会議（COP25）が2019年12月にスペインのマドリードで開催された。COP25では、温室効果ガスの削減目標の引き上げやパリ協定の実施に向けたルールについて話し合われた。

パリ協定が採択された2015年時点で各国から提出された2030年目標を合計しても、平均気温上昇を2℃に抑える目標の達成には不十分であると報告されている。COP21の決定では、2020年までに2030年目標を見直すことを求めている。COP25では、2020年に向けてできるだけ多くの国が2030年目標を見直すよう呼びかける文案が議論された。

また、パリ協定では2020年以降の各国の取り組みに関する基本ルールが定められているものの、それを実施するための詳細なルールが定められていなかった。そのため、COP24では100ページ超にわたる実施方針が採択された。しかし、市場メカニズムが含まれた「パリ協定6条」のルールだけは合意できず、先送りとなっていた。

COP25での交渉は難航し、会期は2日間延長された。それでも、温室効果ガスの削減目標の引き上げについては、具体的な削減目標の合意に至らず、既存の合意の範囲内で対策を促す文言が決定文書に盛り込まれた。市場メカニズムのルールについても、合意は得られなかった。

図1 IPCC1.5℃特別報告書（政策決定者向け要約）の表紙
（資料：IPCC「Global Warming of 1.5℃（Summary for Policymakers）」）

2-3 日本における緩和策と適応策

1 気候変動を踏まえた国内の諸政策

緩和策と適応策

地球温暖化の対策は、「緩和策」と「適応策」に大別できる（図1）。

「緩和策」は、温室効果ガスの排出量の削減や吸収源の対策を行うことだ。省エネの取り組みや再生可能エネルギーの普及、植林によるCO_2の吸収量の増加等の対策がある。

「適応策」は、既に起こりつつある気候変動影響の防止や軽減を図るための備えと、新しい気候条件の利用を行うことだ。治水対策、渇水対策、農作物の新種の開発、熱中症の早期警告インフラ整備などが相当する。

ここでは、緩和策と適応策の充実に向けた近年のわが国における取り組みについて述べる。

地球温暖化対策計画（閣議決定）

「パリ協定」の採択を受け、政府は2015年12月に開催された地球温暖化対策推進本部において「パリ協定を踏まえた地球温暖化対策の取組方針について」を決定。2016年5月に「地球温暖化対策計画」を閣議決定した。

中期目標（2030年度削減目標）の達成に向けては、国内の排出削減・吸収量の確保に努める。2030年度における目標は、2013年度比26.0％減（2005年度比25.4％減）の水準だ。これは、国連気候変動枠組条約事務局に提出した「日本の約束草案」に基づく。

長期的な目標を見据えた戦略的な取り組みについては、長期的目標として2050年までに80％の温室効果ガスの排出削減を目標に掲げた。そして、抜本

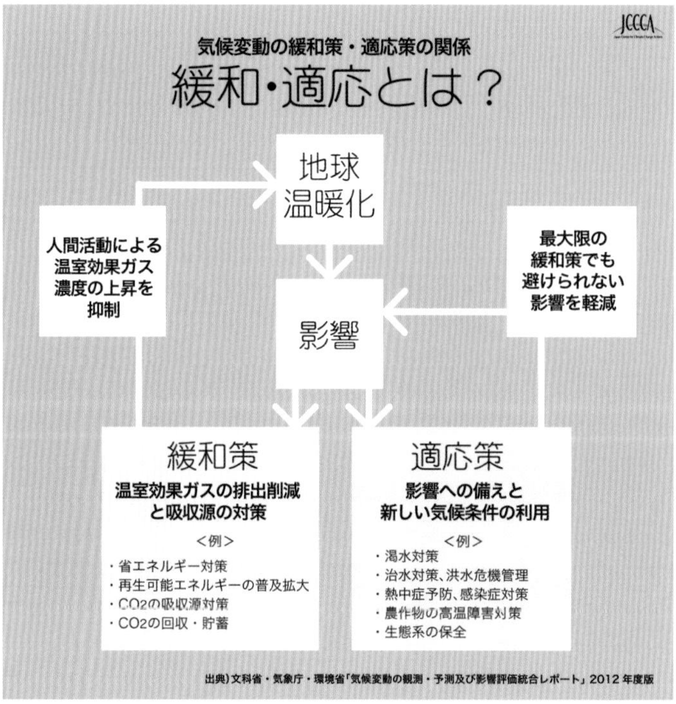

図1　気候変動の緩和策・適応策の関係
（資料：全国地球温暖化防止活動推進センター）

的排出削減を可能とする革新的技術の開発・普及等、イノベーションによる解決を最大限に追求するとともに、国内投資を促し、国際競争力を高め、国民に広く知恵を求めつつ、長期的、戦略的な取り組みの中で大幅な排出削減を目指していくこととしている。

気候変動適応法の制定と適応計画の閣議決定

地球温暖化対策推進法の下で、温室効果ガスの排出削減対策（緩和策）が進められてきたものの、気候変動の影響による被害を回避・軽減する適応策は法的に位置付けられていなかった。現在生じており、また将来も予測される被害の回避・軽減等を図る気候変動への適応に、多様な関係者が連携・協働し、一丸となって取り組む重要性は一段と増している。このような状況を踏まえ、2018年6月に気候変動適応法が制定された。

この法律に基づき、気候変動適応に関する施策を総合的かつ計画的に推進するために、2018年11月には気候変動適応計画が閣議決定された。

同計画では、今後おおむね5年間における気候変動適応に関する基本戦略および政府が実施する気候変動適応に関する施策の基本的方向等が示された。さらにここでは、国、地方公共団体、事業者、国民等の基本的役割も明確にされている。

国土交通省気候変動適応計画

国土交通省は、国土交通分野における適応策として、2015年11月に「国土交通省気候変動適応計画」を策定した。その後、2018年6月に気候変動適応法が成立し、法に基づく政府全体の適応計画が策定された。同年11月に最新の施策を踏まえて国土交通省気候変動適応計画の内容の一部が改正された。

この計画では、現在生じている、あるいは将来生じ得る気候変動の影響による被害を最小化する施策を、様々な主体による適切な役割分担を行ったうえで、できるだけ科学的な知見に基づいて、適切な時期に計画的に講じることにより、効果的・効率的に①国民の生命・財産を守り、②社会・経済活動を支えるインフラやシステムの機能を継続的に確保するとともに、③国民の生活の質の維持を図り、④生じ得る状況の変化を適切に活用することを基本的な理念として適応策を推進することとしている。

水災害分野における気候変動適応策のあり方

2013年12月に国土交通大臣から社会資本整備審議会会長に対して、水災害分野に係る気候変動適応策のあり方について諮問がなされた。その後、2015年8月に答申が行われた（図2）。答申の概要は以下の通りとなっている。

[対策の基本方針]

- 気候変動による外力（災害の原因となる豪雨、洪水、高潮等の自然現象）の増大とそれに伴う水災害の激甚化や発生頻度の増加、局地的かつ短時間の大雨による水災害、さらには極めて大きな外力による大規模な水災害等、様々な事象を想定し、対策を進めていくことが必要である。
- 「比較的発生頻度の高い外力」に対しては、治水施設等の整備を着実に進めるとともに、適切に維持管理・更新を行うことにより、水災害の発生を防止することを目指すべきである。
- 「施設の能力を上回る外力」に対しては、できる限り被害を軽減する対策に取り組むべきである。施設の運用、構造、整備手順等の工夫により減災を図るとともに、災害リスクを考慮したまちづくり・地域づくりの促進や、的確な避難、円滑な応急活動、事業継続等のための備えの充実を図るべきである。
- 「施設の能力を大幅に上回る外力」に対しては、最悪の事態を想定し、国、地方公共団体、公益事業者、企業等が主体的に、かつ広域的に連携して、ソフト対策に重点を置いて対応することにより、一人でも多くの命を守り、社会経済の壊滅的な被害を回避することを目指すべきである。

[災害リスクの評価]

- 対策の主体となる地方公共団体、企業、住民等が、どの程度の発生頻度でどのような被害が発生する可能性があるかを認識して対策を進めることが必要である。このため、各主体から見て分かりやすく、きめ細かく災害リスク情報を提示することが必要である。

- これまで比較的発生頻度の高い外力を対象として施設整備やハザードマップの整備等を進めてきた。今後は、浸水想定区域の指定の対象とする外力を、想定し得る最大規模のものにするとともに、洪水だけでなく、内水、高潮も対象とすべきである。

[比較的発生頻度の高い外力に対する防災対策]

- 気候変動により外力が増大し、将来、施設の改造等が必要になった場合でも、できる限り容易に対応できるよう、施設の整備に当たっては、設計段階で幅を持った外力を想定し、改造等が容易な構造形式の選定や、追加的な補強が困難な基礎部等をあらかじめ増強しておくなど、外力の増大に柔軟に追随できる、できるだけ手戻りのない設計に努めるべきである（図3）。

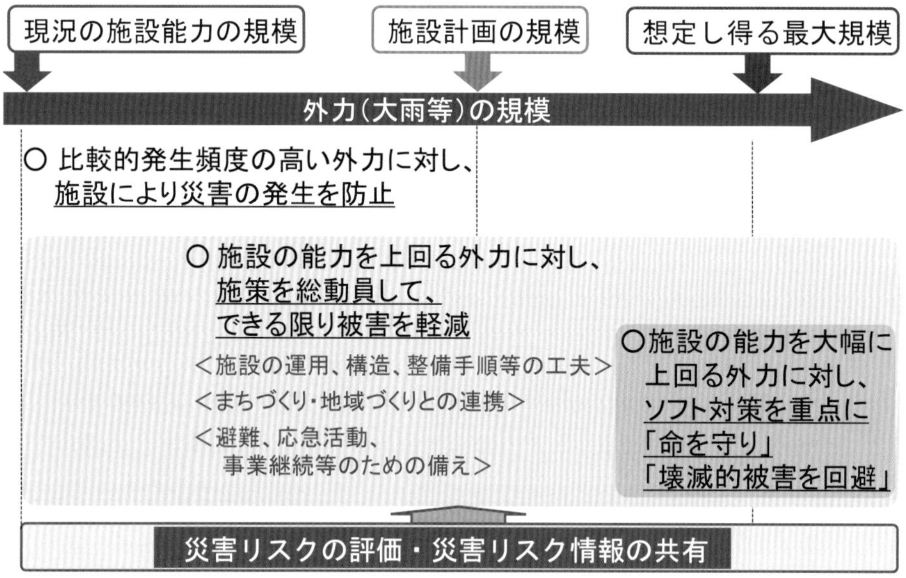

図2　**水災害分野における気候変動適応策の基本的な考え方**
（資料：国土交通省「水災害分野における気候変動適応策のあり方について 答申 参考資料」に加筆修正）

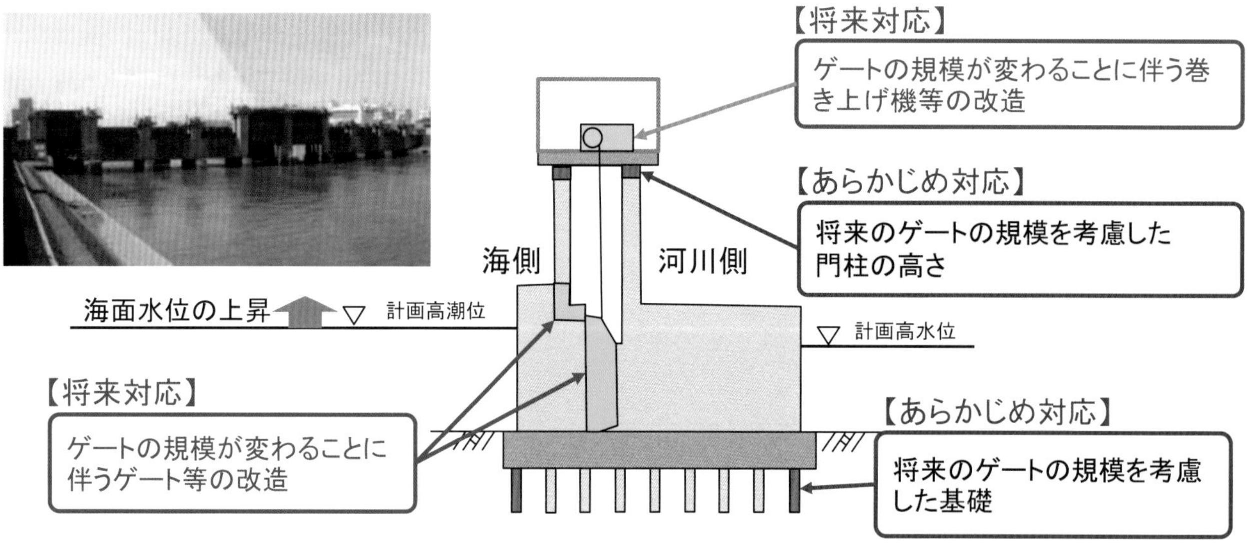

図3　**海面水位上昇に対する水門設計での対応イメージ**（資料：国土交通省）

[施設の能力を上回る外力に対する減災対策]

- 想定最大外力までの様々な規模の外力に対して、上下流・本支川のバランスなどに留意し、氾濫した場合の災害リスクができる限り小さくなっているか等について点検し、減災の観点も考慮した最適な河川整備の内容、手順となるよう必要に応じて計画を見直すべきである。
- 堤防が決壊に至るまでの時間を引き延ばし、避難等のための時間をできる限り確保することを可能とするような堤防の構造について検討すべきである。
- 計画規模を超える洪水等もダムに可能な限り貯留し、洪水のピークを低減させる、あるいは遅らせること等を検討すべきである（図4）。
- 事前に氾濫水排除の計画を立て、氾濫水を早期に排除するための排水門の整備や排水機場等の耐水化、燃料補給等のためのアクセス路の確保、予備電源や備蓄燃料の確保等を推進すべきである（図5）。
- コンパクトなまちづくり等の推進にあたっては、まちづくり・地域づくりの担当部局と連携し、災害リスクの低い地域への居住や都市機能の誘導を促すべきである（図6）。
- 二線堤、自然堤防、連続盛土等の保全、市町村等による二線堤等の築造等、氾濫の拡大を抑制するための仕組みを検討すべきである。
- 施設の能力を大幅に上回る外力によって大規模な氾濫等が発生した場合を想定し、国、地方公共団体、公益事業者等が連携して対応するために、関係者一体型タイムライン（時系列の行動計画）を策定すべきである。

2015年水防法改正

従前の水防法においては、河川整備において目標となる降雨を前提に浸水想定区域が指定されていた。また、内水および高潮については、浸水想定区域制度は設けられていなかった。

一方近年、この目標を超える降雨による洪水に加えて、内水、高潮により、浸水被害が多発するとともに、気候変動の影響により、これまでの計画規模を上回る外力の発生頻度の増大が予測されている。被害の頻発化、激甚化が想定されているので、浸水想定区域の設定に当たっては、想定し得る最大規模の降雨を対象とするとともに、新たに内水および高潮に関する浸水想定区域制度が設けられた。

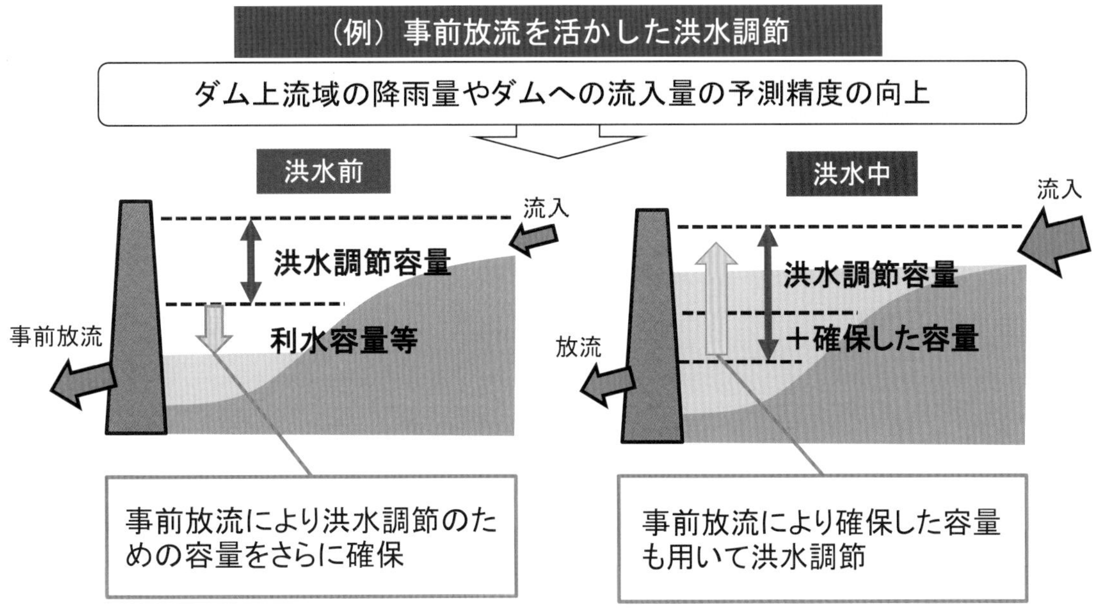

図4　**事前放流による洪水調節容量の確保**（資料：国土交通省）

2017年水防法改正

2015年の関東・東北豪雨災害や2016年の北海道・東北豪雨災害では住民等の逃げ遅れによる被害が多数発生した。洪水等の際に住民が的確に避難できるようにするには、あらかじめ河川管理者や都道府県、市町村、水防管理者といった多様な関係主体が課題や対策を議論し、連携体制を構築しておく必要がある。そこで、水防法の改正により、このような連携体制を構築する場として、大規模氾濫減災協議会制度が創設された。協議会では、例えば「水害対応タイムライン」の作成・改善、住民等に対する情報提供方法の改善、広域避難体制の構築、広域水防体制の構築等が協議される。

気候変動を踏まえた治水計画のあり方

水災害分野における気候変動適応策としては、特

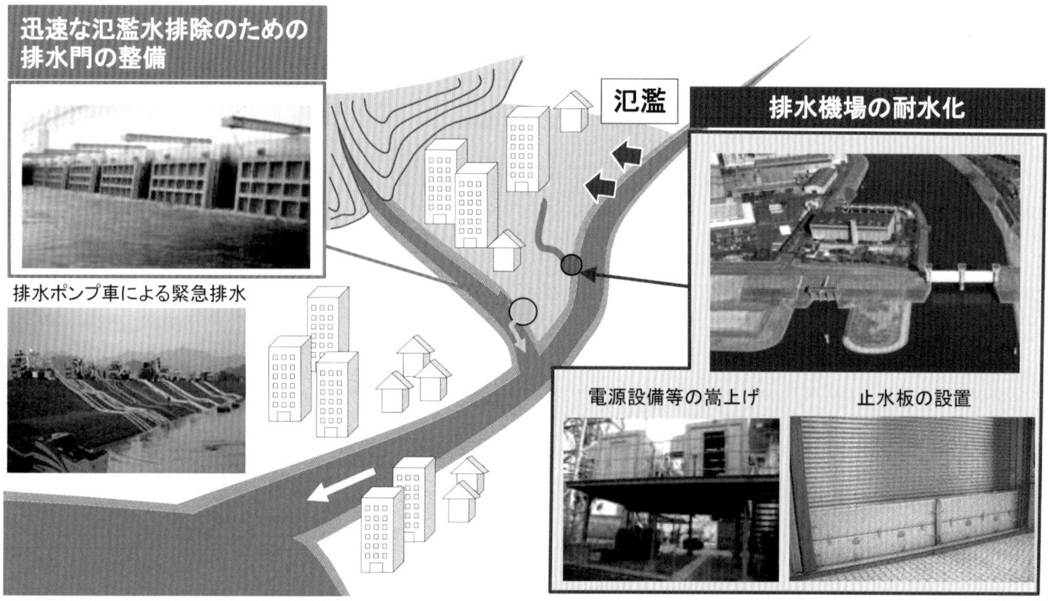

図5　氾濫拡大の抑制と氾濫水の排除（資料：国土交通省）

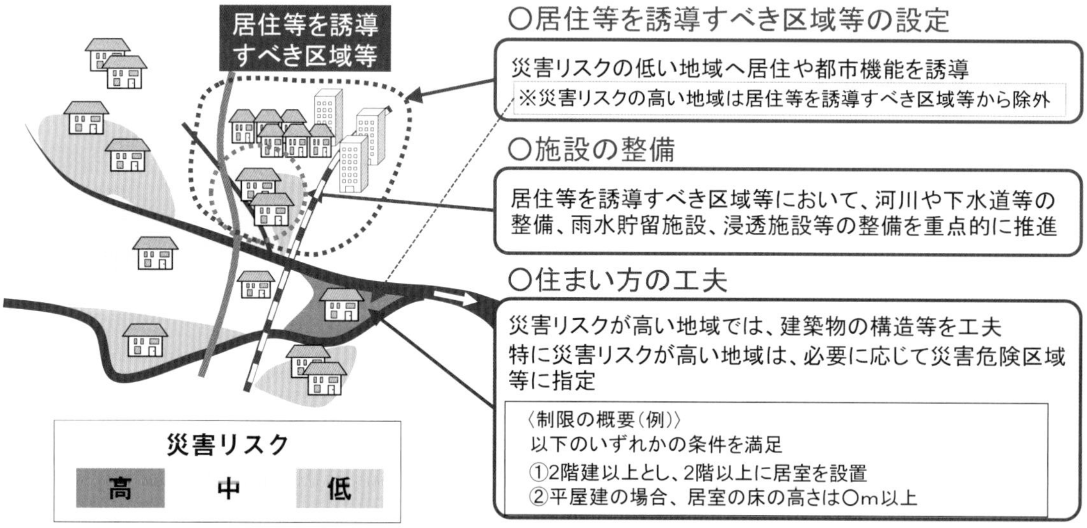

図6　災害リスクを考慮した土地利用・住まい方の工夫の促進（資料：国土交通省）

に施設能力を上回る外力に対してできる限り被害を軽減するためのソフト対策の充実が行われてきたが、ハード対策も含めた適応策の検討が進められる環境を整える必要がある。このため、「気候変動を踏まえた治水計画の前提となる外力の設定手法」「気候変動を踏まえた治水計画に見直す手法」等について検討を行う「気候変動を踏まえた治水計画に係る技術検討会」が2018年4月に設置され、2019年10月に「気候変動を踏まえた治水計画のあり方 提言」がとりまとめられた。

以下が、その概要である。

[気候変動を踏まえた水災害対策の考え方]

水災害リスクを軽減するには、降雨量や流量の増加に伴う氾濫等の防止・軽減対策と、被災する可能性のある人口や資産を減少させ、被災した場合の強靱性を向上させる対策とを、一体的に実施していかなければならない。まずは、気候変動による水災害リスクの増大について徹底的な分析を進め、将来の水災害リスクについて分かりやすく地域社会に情報発信する必要がある。

そのうえで、気候変動による水災害リスクの増大に対して社会を構成するあらゆる主体が連携し、河川からの氾濫を防止・軽減する治水対策、河川への流出抑制対策、氾濫が発生した場合に被害を最小化するためのまちづくりや土地利用、円滑な避難の促進策、氾濫水排除や行政機関・企業等のBCP策定等の危機管理対策等を強化し、水災害による被害の防止・軽減を目指す必要がある。

[将来の降雨の変化等に関する評価]

気候変動における影響として、降雨量の変化倍率や降雨の時空間分布等の変化、複合的な災害への影響を評価するに当たり、気候変動予測モデルの再現精度には限界がある。計算結果をそのまま活用するのではなく、そのバイアスを打ち消すため現在気候と将来気候との計算結果の比較により、影響分析を行うことを基本とする。

降雨量変化倍率については、過去実験と将来実験で算出された年超過確率1/100の降雨量を比べて設定する。将来の降雨の算定時には、現在までに観測された降雨にこの変化倍率を乗じる。降雨量の変化倍率は、図7の通りに設定する。

また、気温上昇のシナリオごとに、降雨量変化倍率を全国の一級水系の治水計画で対象とする降雨量に適用し、試算した流量の変化倍率や洪水発生確率の変化倍率の全国平均値を図8に示す。

RCP2.6（2℃上昇相当）の場合、降雨量の変化倍率は約1.1倍であるものの、治水計画の目標とする規模（年超過確率1/100）の洪水における流量の変化倍率は約1.2倍になる。現在の河川計画で目標としている降雨量や流量についてみると、その規模の洪水の発生頻度は約2倍に達する。

[治水計画等に反映すべき気候変動シナリオ]

現時点において治水計画等に反映させる外力は、パリ協定の目標と整合するRCP2.6（2℃上昇相当）における平均的な外力の値を基本とすべきである。ただし、RCP2.6（2℃上昇相当）における外力の変化に

地域区分	2℃上昇（暫定値）	4℃上昇	
			短期間
北海道北部、北海道南部、九州北西部	1.15	1.4	1.5
その他12地域	1.1	1.2	1.3
全国平均	1.1	1.3	1.4

図7 **地域区分ごとの降雨量変化倍率**（資料：国土交通省）

気候変動シナリオ	降雨量	流量	洪水発生頻度
RCP2.6（2℃上昇相当）	約1.1倍	約1.2倍	約2倍
RCP8.5（4℃上昇相当）	約1.3倍	約1.4倍	約4倍

図8 **降雨量変化倍率を基に算出した流量変化倍率と洪水発生頻度の変化**（資料：国土交通省）

幅があること、2℃以上の気温上昇が生じる可能性も否定できないことから、RCP8.5（4℃上昇相当）の平均的な外力の値も参考とすることが考えられる。

[気候変動を踏まえた治水計画等の考え方]

●河川整備基本方針の見直し

目標とする治水安全度を温暖化が進行した気候下でも確保するためには、基準地点における基本高水のピーク流量について、あらかじめ気候変動による影響を踏まえた降雨の予測計算結果等も活用し、将来の気候状況を適切に想定して設定することが基本となる。

現在の河川整備はまだ整備途上で、多くの河川においては河川整備計画の目標は河川整備基本方針の目標と比べて相当低いところにとどまっている。そのため、まずは速やかに現在の河川整備基本方針に向けた整備を加速させる。

河川整備基本方針についても順次見直すことが望ましい。

●河川整備計画の見直し

今後20～30年間の河川整備内容を定める河川整備計画においては、気候変動によって実質的な目標安全度が年々低下している。完成目標とする年度において、当初目標としていた治水安全度を確保できるよう、計画的に河川整備計画を気候変動の影響も考慮した計画に見直す必要がある。

河川整備メニューの検討を行うに当たっては、気候変動によってさらに外力が増加した場合でも、可能な限り手戻りが少なくなるようにする必要がある。

現行の施設能力を上回る洪水や河川整備計画の目標を上回る洪水に対しても、減災効果の高い対策を講じ、地域の水災害リスクをさらに低減することが重要である。

●併せて実施すべき事項

施設能力を上回る洪水の発生を想定した、危機管理対策の充実も重要である。ダムにおける今後の気象予測等の精度向上に合わせた操作方法の検討や、遊水地における越流堤へのゲートの整備等、容量を効率的に活用して洪水調節施設の防災・減災効果を向上させる方策も検討する必要がある。

都市再生特別措置法等の改正

頻発・激甚化する自然災害に対応するため、2020年の第201回国会において、災害ハザードエリアにおける新規立地の抑制、移転の促進、防災まちづくりの推進などを柱とする都市再生特別措置法等の一部を改正する法律が成立した。改正概要（安全なまちづくり関連）は、以下の通りである。

[災害ハザードエリアにおける新規立地の抑制]

- 災害レッドゾーンにおける自己業務用施設の開発を原則禁止
- 市街化調整区域の浸水ハザードエリア等における住宅等の開発許可の厳格化
- 居住誘導区域外における災害レッドゾーン内での住宅等の開発に対する勧告・公表

[災害ハザードエリアからの移転の促進]

- 市町村による災害ハザードエリアからの円滑な移転を支援するための計画作成

[居住エリアの安全確保]

- 居住誘導区域から災害レッドゾーンを原則除外
- 市町村による居住誘導区域内の防災対策を盛り込んだ「防災指針」の作成

気候変動を踏まえた水災害対策のあり方

2019年10月に国土交通大臣から社会資本整備審議会会長に、気候変動を踏まえた水災害対策のあり方について諮問がなされ、2020年7月に答申が行われた。

答申では、激甚な被害をもたらした近年の水災害、気候変動の状況、社会の動向を整理したうえで、これまでの取り組みを踏まえた今後の水災害対策の方向性と新たな水災害対策の具体策が示された。

今後は、気候変動の影響や社会状況の変化等を踏まえて、あらゆる関係者が協働して流域全体で水災害に対する防災・減災対策に取り組む「流域治水」への転換を進めることが示された。

[気候変動を踏まえた計画への見直し]

洪水、内水氾濫、土砂災害、高潮・高波等を防御する計画は、これまで、過去の降雨、潮位等に基づいて作成されてきた。しかし、気候変動の影響による降雨量の増大、海面水位の上昇等を考慮すると、現在の計画の整備完了時点では、実質的な安全度を確保できない恐れがある。気候変動による降雨量の増加、潮位の上昇等を考慮した計画に見直すべきである。

現時点において治水計画等に反映させる外力の基準とするシナリオは、2℃上昇相当のシナリオにおける平均的な外力の値を基本とすべきである。

ただし、2℃上昇相当のシナリオにおける外力の変化にも幅があること、また、2℃以上の気温上昇が生じる可能性も否定できないことから、4℃上昇相当のシナリオの平均的な外力の値も参考とすることが考えられる。

[流域治水への転換]

河川、下水道、砂防、海岸等の管理者が主体となって行う治水対策に加え、集水域と河川区域のみならず、氾濫域も含めて一つの流域として捉え、流域の関係者全員が協働して、以下の対策を総合的かつ多層的に取り組む「流域治水」へ転換すべきである（図9）。

● 氾濫をできるだけ防ぐ・減らすための対策（ハザードへの対応）

地域の安全度を向上させるには、流域全体で雨水や流水等を貯留する対策や洪水を流下させる対策、氾濫水を制御する対策をそれぞれ充実させ、効果的に組み合わせる必要がある。

● 被害対象を減少させるための対策（暴露への対応）

水災害リスクが高い区域における土地利用や住まい方の「規制」、水災害リスクがより低い区域への居住や都市機能の「誘導」、氾濫水の制御による「浸水範囲の限定」に加え、浸水リスクがあるエリアにおける宅地の嵩上げや建築物の構造の工夫等の浸水被害軽減対策を講じる。

● 被害の軽減・早期復旧・復興のための対策（脆弱性への対応）

流域全体で「避難体制の強化」「経済被害の軽減」「早期復旧・復興」等のための対策を組み合わせ、被害を最小化する。これらの取り組みを推進するために水災害リスク情報を充実させる。

図9
「流域治水」の施策のイメージ
（資料：社会資本整備審議会「気候変動を踏まえた水災害対策のあり方について 答申 概要資料」に加筆修正）

2章参考文献

2-1

・非常災害対策本部「令和2年7月豪雨による被害状況等について」2020年8月，内閣府HP.
・気象庁「気候変動監視レポート2018」2019年7月.
・気象庁「「平成30年7月豪雨」及び7月中旬以降の記録的な高温の特徴と要因について」2018年8月，気象庁HP.
・社会資本整備審議会 河川分科会 気候変動を踏まえた水災害対策検討小委員会「令和元年台風第19号による被害等」第1回資料6，2019年11月，国土交通省HP.
・気象庁「令和元年台風第19号とそれに伴う大雨などの特徴・要因について（速報）」2019年10月，気象庁HP.
・気象庁「令和2年7月豪雨」2020年8月，気象庁HP.
・気象庁「気候変動監視レポート2019」2020年7月.
・国土交通省「地球温暖化に伴う気候変化が水災害に及ぼす影響について」2008年4月，国土交通省HP.

（コラム）

・Alasdair Pal，et al.「'We can't wait': Maldives desperate for funds as islands risk going under」Reuters，Jan. 17，2020.
・Williams，et al.「Observed Impacts of Anthropogenic Climate Change on Wildfire in California」Earth's Future，2019.
・Schaefer，et al.「The impact of the permafrost carbon feedback on global climate」Environmental Research Letters，Vol.9，No.8，Aug.，2014.

2-2

・全国地球温暖化防止活動推進センター「IPCC第5次評価報告書 特設ページ　第1作業部会（科学的根拠）」全国地球温暖化防止活動推進センターHP.
・文部科学省、経済産業省、気象庁、環境省「気候変動に関する政府間パネル（IPCC）第5次評価報告書統合報告書の公表について」2014年11月，環境省HP.
・気候変動に関する政府間パネル（IPCC）「第5次評価報告書（AR5）気候変動2014統合報告書（文科省、経産省、気象庁、環境省による確定訳）」2017年2月，環境省HP.
・経済産業省資源エネルギー庁「今さら聞けない「パリ協定」～何が決まったのか？私たちは何をすべきか？～」経済産業省HP.
・環境省地球環境局 国際地球温暖化対策室「COP21の成果と今後」環境省HP.
・環境省「パリ協定の概要」パリ協定に関する基礎資料，環境省HP.
・環境省「IPCC 1.5℃特別報告書」1.5℃特別報告書の要点，環境省HP.
・IPCC「Global Warming of 1.5℃（Summary for Policymakers）」IPCC HP.　https://www.ipcc.ch/site/assets/uploads/sites/2/2019/05/SR15_SPM_version_stand_alone_HR.pdf.
・亀山康子「COP25の概要と残された課題」2019年12月，国立環境研究所HP.
・外務省国際協力局気候変動課「気候変動枠組条約第25回締約国会議（COP25）」COP25報告シンポジウム発表資料，2020年1月，地球環境戦略研究機関HP.

2-3

・全国地球温暖化防止活動推進センター「IPCC第5次評価報告書 特設ページ　緩和・適応とは」全国地球温暖化防止活動推進センターHP.
・閣議決定「地球温暖化対策計画」2016年5月.
・環境省地球環境局「気候変動適応法　逐条解説」2018年11月，環境省HP.
・閣議決定「気候変動適応計画」2018年11月.
・国土交通省「国土交通省気候変動適応計画」2015年11月（2018年11月一部改正），国土交通省HP.
・社会資本整備審議会「水災害分野における気候変動適応策のあり方について　答申」2015年8月.
・国土交通省水管理・国土保全局「水災害分野における気候変動適応策のあり方について　答申　参考資料」2015年8月，国土交通省HP.
・国土交通省水管理・国土保全局長「水防法等の一部を改正する法律の一部施行等について」2015年7月，国土交通省HP.
・国土交通省水管理・国土保全局長「水防法等の一部を改正する法律の施行について」2017年6月，国土交通省HP.
・気候変動を踏まえた治水計画に係る技術検討会「気候変動を踏まえた治水計画のあり方　提言」2019年10月，国土交通省HP.
・国土交通省「「都市再生特別措置法等の一部を改正する法律案」を閣議決定」2020年2月，国土交通省HP.
・社会資本整備審議会「気候変動を踏まえた水災害対策のあり方について　答申」2020年7月.
・社会資本整備審議会「気候変動を踏まえた水災害対策のあり方について　答申　概要資料」2020年7月，国土交通省HP.

3章

深刻化する災害リスク

3-1 激変する発生形態

1 相次ぐ気象、出水、高潮の記録更新

近年、毎年のようにわが国を襲う水害や土砂災害。ここ数年の災害を振り返ってみよう（図1）。自衛隊のヘリコプターで救助される人、住む家を失って途方に暮れる人、避難所の様子――。テレビカメラの映像や報道写真を思い出す人は少なくないはずだ。ここで注視してほしいのは、これらの災害がここ10年足らずのうちに発生したという事実だ。しかも、毎年のように発生している。

これらの大災害が頻発する中で、その都度耳にするのは、「観測史上初めて」「これまで経験したことのない……」という言葉だ。さらに、「線状降水帯」「深層崩壊」「土砂・洪水氾濫」などの専門用語が当たり前のように耳に入ってくるようになった。

今や、自然災害は極めて深刻な問題になっており、この列島の随所で災害リスクが高まっている。「先祖代々住んでいるが、災害には遭ったことがない。ここは安全」等という考えは、もはや通用しない。

大災害が頻発する直接の原因は、記録的な大雨が相次ぐなど気象の激変だ。そして、そんな気象をもたらす要因としては、地球温暖化による気候変動の影響が濃厚だ。そこでまず、今何が起こっているのかを具体的に見てみる。

記録を塗り替える豪雨

2018年6月28日～7月8日、西日本を中心に広範囲に記録的な大雨が降った。いわゆる「西日本豪雨」（平成30年7月豪雨）が発生し、西日本を中心に全国の死者が200人を超える大災害となった。平成に入ってから初めて死者数が100人を超えたので、「平成最悪の水害」とも呼ばれた。

この豪雨は、特に長時間の降水量に関して、多くの観測地点で観測史上1位を更新した（図2、3）。総降水量で見れば、四国地方で1800mm、東海地方で1200mm、九州北部地方で900mm、近畿地方で600mm、中国地方で500mmを超える地点が出た。7月の月降水量が平年値の約4倍に達した地点も存在した。気象庁はこの大雨の背景について、次のよう

発生年	気象現象（災害の名称）	被害の概要
2011	（8～9月）平成23年台風12号による大雨と暴風（紀伊半島大水害）	奈良県、和歌山県を中心に全国で死者82人、行方不明16人。深層崩壊による大規模な河道閉塞（天然ダム）が発生
2012	（7月）平成24年7月九州北部豪雨	福岡県、熊本県、大分県で死者30人、行方不明者2人
2013	（10月）平成25年台風26号による暴風・大雨	東京都大島町（伊豆大島）で24時間雨量824mm、土石流で35人が死亡
2014	（8月）平成26年8月豪雨	広島市内の住宅地で大規模土石流が発生。広島県で死者75人
2015	（9月）平成27年9月関東・東北豪雨	鬼怒川（常総市）で堤防決壊、広範囲に氾濫。全国で死者8人、床上浸水2481棟
2016	（8月）平成28年台風7号、11号、9号、10号および前線による大雨・暴風	北海道、岩手県で記録的豪雨。岩手県で死者20人、行方不明3人。岩手県岩泉町の高齢者福祉施設で9人死亡
2017	（7月）平成29年7月九州北部豪雨	福岡県、大分県を中心に死者42人、行方不明者2人
2018	（6～7月）平成30年7月豪雨（西日本豪雨）	死者224人、行方不明者8人、住家全壊6758棟、床上浸水8567棟。大雨の要因の背景として、「地球温暖化に伴う気温の上昇と水蒸気量の増加」があると気象庁が分析
	（9月）平成30年台風21号による暴風・高潮等	四国地方、近畿地方で暴風と高潮。観測史上1位を更新。高潮で関西国際空港の滑走路が浸水。交通機関に甚大な被害が発生
2019	（9月）令和元年房総半島台風（令和元年台風15号）	関東地方で瞬間最大風速の観測史上1位を更新。千葉県で長期間にわたる停電が発生
	（10月）令和元年東日本台風（令和元年台風19号）による大雨、暴風等	関東地方、長野県、東北地方で記録的な大雨。千曲川等、国管理河川の14カ所をはじめ、都道府県管理河川合わせて142カ所で堤防決壊
2020	（7月）令和2年7月豪雨	九州地方、岐阜県、長野県等で記録的な大雨。死者77人、行方不明者7人。全国で1万5725棟に住家被害が発生（2020年7月18日現在、総務省消防庁まとめ）

図1 **近年大きな被害をもたらした気象**（資料：気象庁の資料を基に作成）

な見解を示した。「地球温暖化による気温の長期的な上昇傾向とともに、大気中の水蒸気量も長期的に増加傾向であることが寄与したと考えられている」

一方、翌2019年の東日本台風（台風19号）は東日本を中心に記録的な大雨をもたらし、各地で壊滅的な被害を招いた。この台風は特に静岡県、関東甲信越地方、東北地方の多くの観測地点で、6・12・24・48時間の各降水量等で観測史上1位の数字を記録した（図4、5）。

さらに2020年の「令和2年7月豪雨」では、梅雨前線が長期間停滞したため、西日本から東日本にかけての広範囲で記録的な大雨となった。

気象庁が、2020年7月上旬（1～10日）に観測された降水量について、1982年以降の値と比較したところ、全国で比較可能なアメダス地点の7月上旬の降水量の総和が、これまで最多だった2018年の7月豪雨を上回り、最大値（20万8308mm、1地点当たり216.1mm。それまでは20万7526.5mm、1地点当たり215.3mm）を記録したという。また、7月上旬の時間雨量50mmを超える雨の発生回数についても、それまで最多だった2019年の東日本台風の記録を超え、最多回数（82回。それまでは69回）を記録した。

特に甚大な被害を受けた熊本県球磨川流域では、戦後最大の被害をもたらした1965年洪水や1982年洪水をはるかに上回り、複数の地点で観測史上最多雨量を観測した（人吉雨量観測所で24時間雨量410mm等）。

48時間降水量の期間最大値の分布図（6月28日0時～7月8日24時）

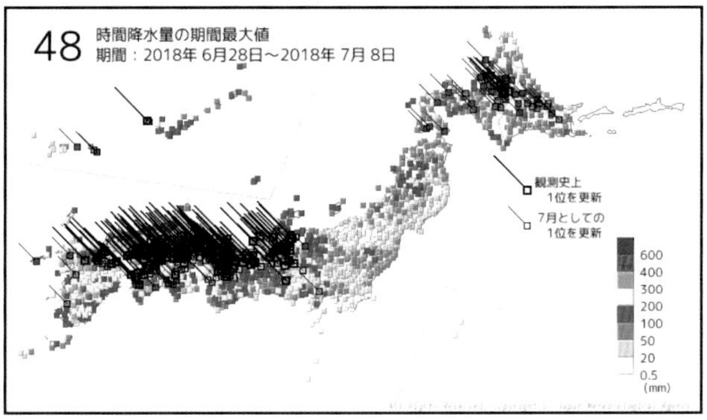

図2　**西日本豪雨における48時間降水量の期間最大値の分布**
2018年の西日本豪雨では、西日本を中心に広域で48時間降水量の観測記録が塗り替えられた。総雨量も記録的だった（資料：気象庁）

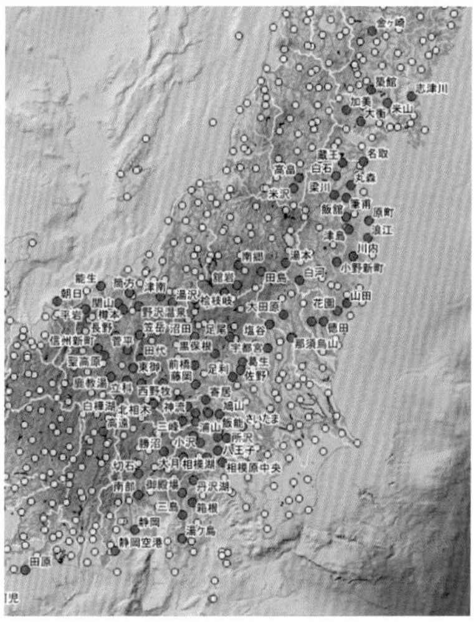

●観測史上1位を更新した地点（名）

図4
東日本各地で降水量の観測史上1位を更新
東日本台風で24時間降水量の観測記録を更新した観測所
（資料：国土交通省）

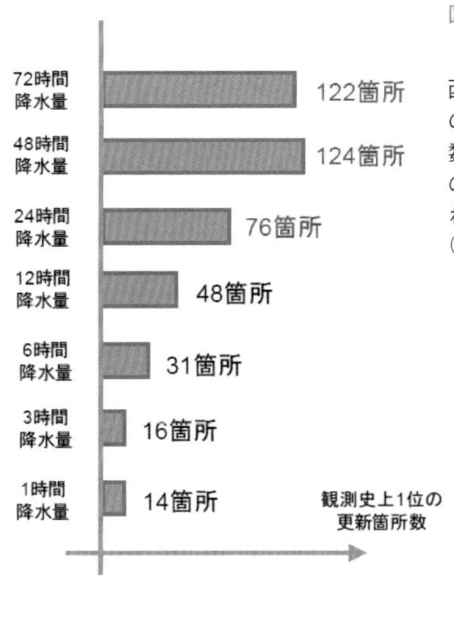

図3　**観測記録を塗り替える地点が続々**
西日本豪雨における時間降水量の観測史上1位を記録した箇所数。48時間と72時間降雨での記録更新が顕著だ。長期間にわたる大雨だったことが分かる（資料：国土交通省）

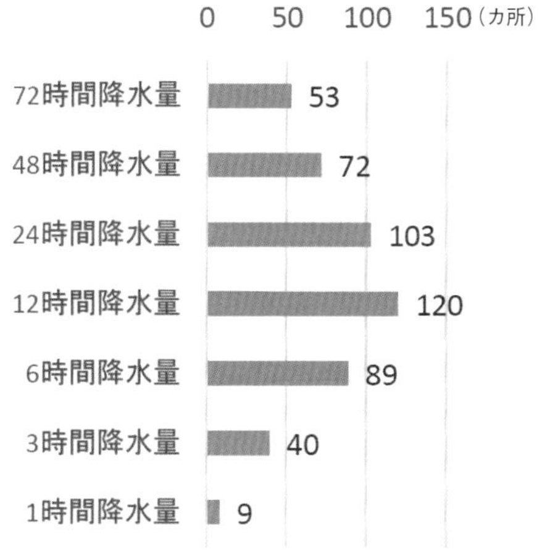

図5　**東日本台風で時間降水量の記録更新が続々**
東日本台風において積算降水量の観測記録を更新した箇所数。積算時間別に記す。12時間および24時間降水量の記録更新が顕著だ（資料：国土交通省）

記録的な強風と高潮の発生

高潮は、台風や異常に発達した低気圧に伴って海水面が異常に高くなる現象だ。気圧の低下に伴って海面が吸い上げられるとともに、湾奥部等へ向かって吹く強風で海水が岸に吹き寄せられて生じる。

2018年9月、日本列島は台風21号に見舞われた。大阪湾で発生した未曽有の高潮が、この台風の特徴の一つだった。それまでの大阪湾の既往最高潮位は、1961年の第二室戸台風のT.P.2.93m（大阪検潮所、気象庁）。それを上回るT.P.3.29m（同）を記録した。第二室戸台風では大阪市内は約3100ha、約13万戸の家屋が浸水したものの、台風21号では浸水被害はゼロに抑えられた。

これは、第二室戸台風以降に実施してきた治水対策の効果と言える。ただ、だからといって台風21号がもたらした潮位が大きなものではなかったと決して誤解してはいけない。

一方、2019年9月の房総半島台風では、関東地方を中心に猛烈な風が吹き、観測史上1位の最大風速や瞬間最大風速を観測した。過去の記録を軒並み塗り替えるような強風と高潮の発生は、近年における気象激変の一端だ。

水害による犠牲者の増大

図6は戦後の大規模な水害・土砂災害での死者・行方不明者数を示す。わが国は、終戦までは軍事予算が卓越し、治山治水予算を充実させる余裕はなかった。そのため、全国的に治水事業の進捗が著しく停滞した。加えて終戦直後は枕崎台風（1945年）、カスリーン台風（1947年）等、激甚な台風が来襲。死者・行方不明者が桁違いの数に達した。

1980年代半ばまでは、多数の死者・行方不明者を出す水害が発生していたものの、1990年代に入ると戦後、着実に進めてきた治水投資の成果が発揮されてくる。

ところが2010年代に突入すると、被害が増大する傾向が高まってきた。2018年には西日本豪雨が200人以上の死者を出すという事態にまで及んでいる。

一方、2019年の東日本台風における犠牲者の直接の死因を近年の災害と比較してみると、様相の変化が見えてくる。それまでは、土砂災害による犠牲者が多かったのに対し、洪水関連による犠牲者の比率が多くなっているのだ。記録を塗り替えるような大雨によって、各地で河川の溢水や堤防の決壊、内水による浸水が多発したためだと考えられる。

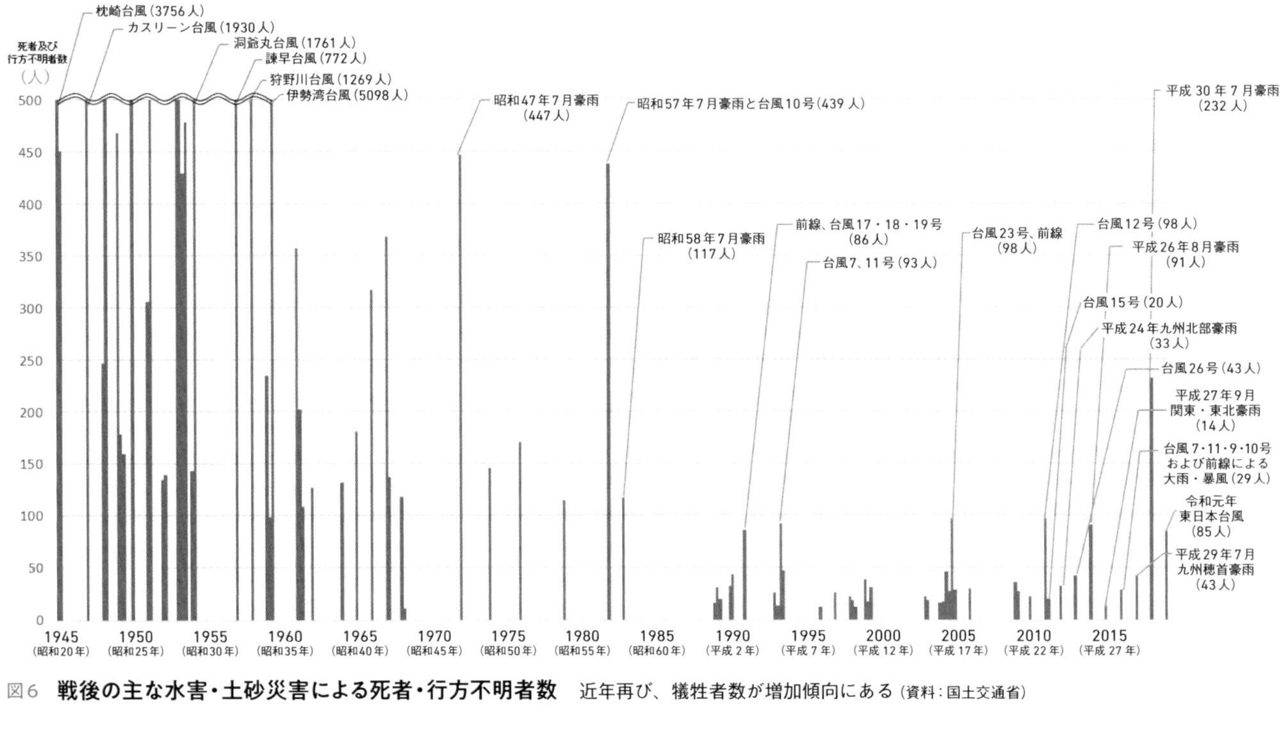

図6　**戦後の主な水害・土砂災害による死者・行方不明者数**　近年再び、犠牲者数が増加傾向にある（資料：国土交通省）

2 広域でおびただしい河川の氾濫が発生

堤防の決壊による激甚な被害の発生

大雨により河川の水位が増し、堤防の天端を越流するようになると当然、堤内側に水が流れ込んでくる。越流の継続時間が長かったり、越流時の天端上の水深が深かったりすると、堤防も耐力の限界を超えて決壊に至る場合がある。こうなると際限なく河川の水が堤内側（家屋や農地等がある側）に流入してくるようになり、一気に甚大な被害が引き起こされる（図1）。

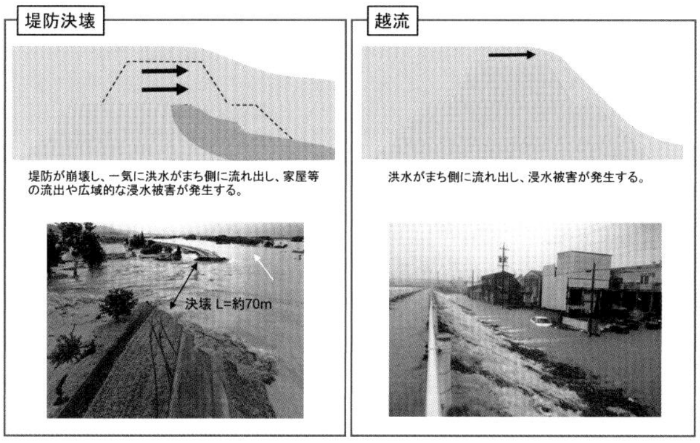

図1　**決壊と越流の被害状況の違い**（資料：国土交通省）

近年顕著になった広域での氾濫

2018年の西日本豪雨では、国が管理する小田川（岡山県）で2カ所、県が管理する河川では記録的な豪雨となった広島県で12カ所、岡山県で10カ所など、主として西日本の河川で35カ所の堤防が決壊した。

翌2019年の東日本台風では、今度は東日本における記録的な豪雨で、国が管理する阿武隈川（福島県）、吉田川（宮城県）、千曲川（長野県）、久慈川（茨城県）、那珂川（同）、越辺《おっぺ》川・都幾川（埼玉県）の計14カ所、県管理河川では宮城県、福島県、茨城県、栃木県、埼玉県等で128カ所の堤防が決壊した（写真1、図2）。同時多発的にこのようにおびただしい箇所で河川が氾濫するのは極めてまれだ。記録的な大雨が広範囲に及んだ実態が分かる。

写真1　**東日本台風における千曲川の堤防決壊による氾濫**
国土地理院は千曲川の浸水区域の動画を配信している（写真：国土地理院）

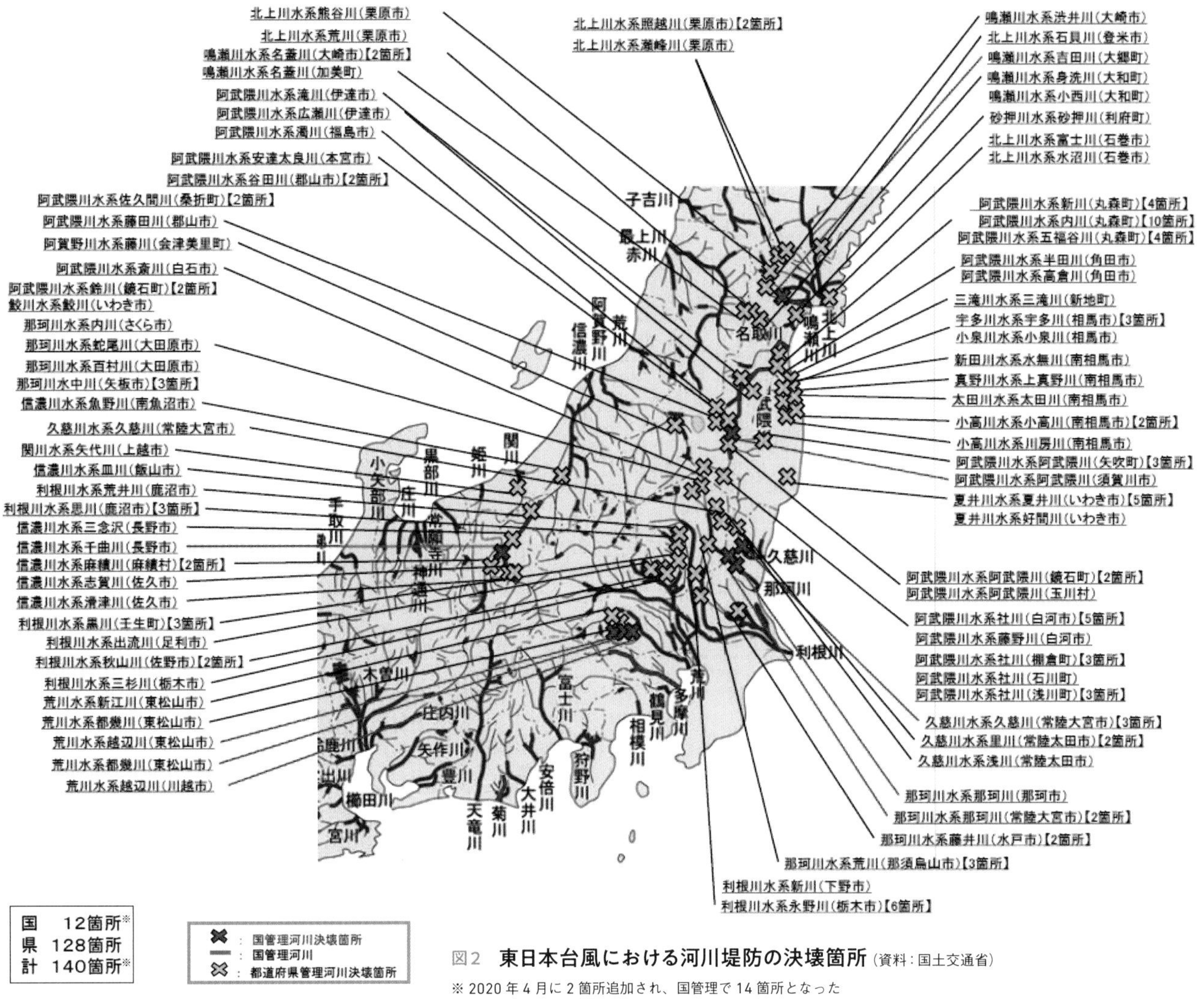

図2　**東日本台風における河川堤防の決壊箇所**（資料：国土交通省）

※2020年4月に2箇所追加され、国管理で14箇所となった

特に国管理河川12カ所の決壊原因は、全て洪水流が堤防を越流して発生した。いずれの河川も上流域において河川整備基本方針[※1]の対象雨量を超過、またはこれに迫る規模の降雨となった。そのため、流量は観測史上1位または2位を記録し、河川整備計画[※2]の目標流量を超過したり、それに迫る規模となったりした。中でも阿武隈川では河川整備基本方針の流量を超過した。このように各地点での流下能力を上回るなどしたため、堤防の越流が始まり、決壊に至った（**図3**）。

一方、辛くも決壊は免れたが、関東地方の大河川である利根川と荒川においても観測史上2位の流量が発生した（**図4**）。両河川とも河川整備計画の目標流量とほぼ同規模の流量が発生しており、仮にこれが決壊すれば、東京都、埼玉県においては、あわや1947年のカスリーン台風に匹敵する大水害になっていたかもしれない。

これについては63ページの「カスリーン台風による未曽有の被害」と84ページの「首都圏の大河川で想定される洪水氾濫」を参照してほしい。

さらに2020年の7月豪雨では、国が管理する6水系6河川で決壊などによる氾濫が発生し、浸水面積は合計約1260haに達した。このうち、特に甚大な被害を受けた球磨川（熊本県人吉市、球磨村など）では、各地の水位観測所で観測史上最高水位を記録し、沿川の浸水面積は1060haに上った。

※1　河川整備基本方針
河川整備基本方針は河川法に基づいて、河川管理者（国、都道府県）が、その河川の長期的な視点に立ち、基本高水、主要な地点の計画高水流量・計画高水位等、河川整備の基本的事項を定めるもの。

※2　河川整備計画
河川整備計画は河川法に基づいて、河川管理者（国、都道府県）が、その河川の河川整備基本方針に沿って中期的（おおむね20～30年程度）に整備する具体的な内容を定めるもの。

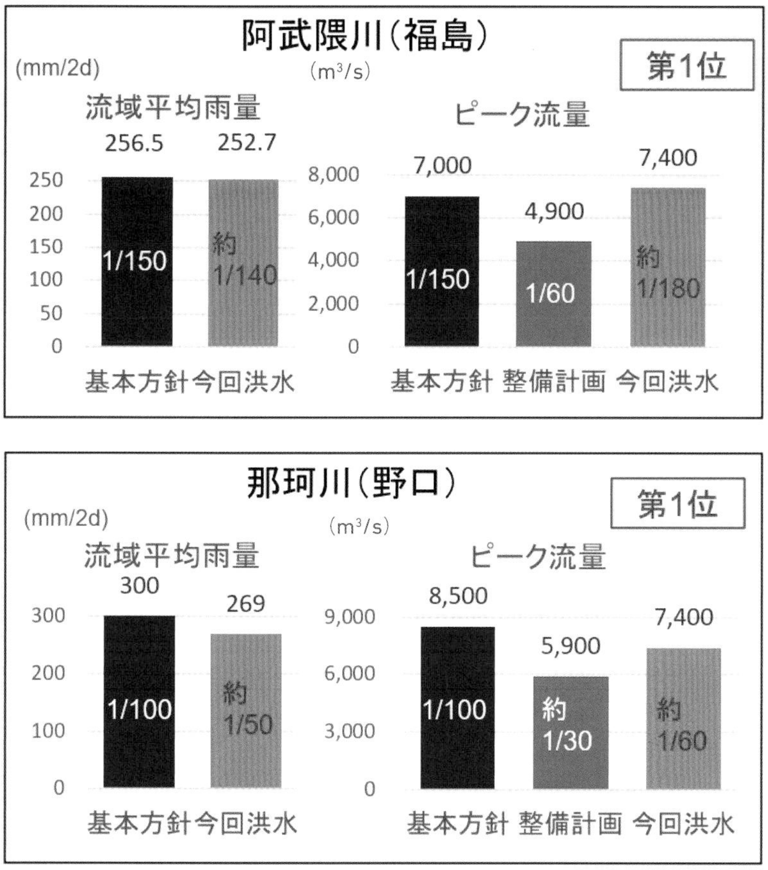

図3　**東日本台風における**
阿武隈川と那珂川の雨量と流量

阿武隈川の福島水位・流量観測所（福島市）では、上流域に河川整備基本方針で定める規模（150年に1度の確率で起こる規模の降雨（2日雨量））に匹敵する大雨が降った。結果、河川整備基本方針で定める規模を上回る$7400m^3/s$（観測史上1位）の流量が発生した。那珂川の野口水位・流量観測所（茨城県常陸大宮市）でも同様に、河川整備計画の目標流量を超える$7400m^3/s$（観測史上1位）が発生した

（資料：国土交通省）

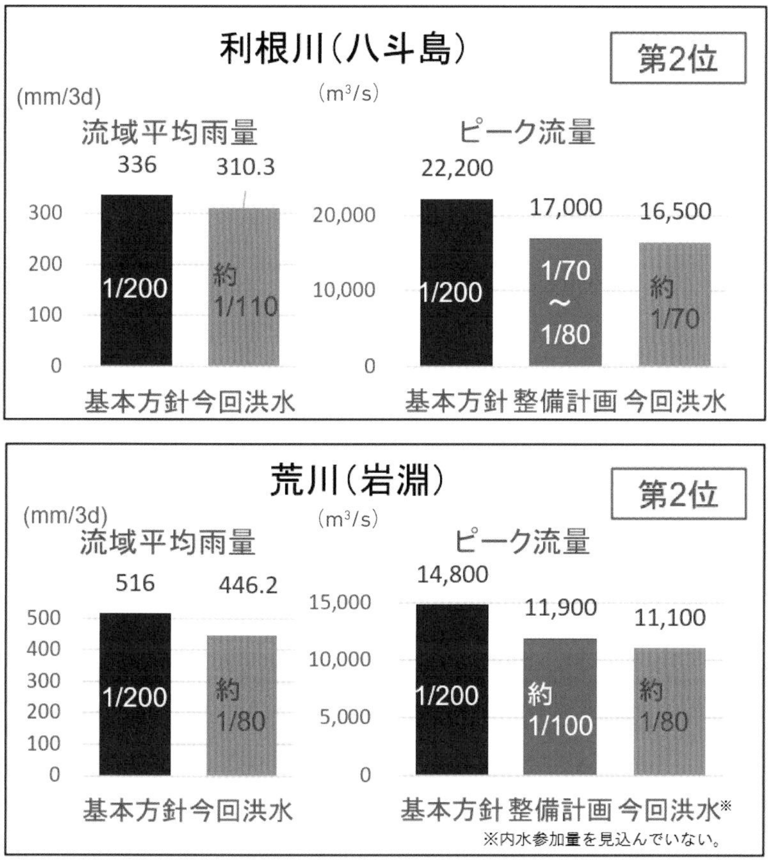

図4　**東日本台風時に利根川と荒川で**
観測された雨量と流量

利根川の八斗島水位・流量観測所（群馬県伊勢崎市）、荒川の岩淵水位・流量観測所（東京都北区）では、河川整備計画の目標流量に匹敵する観測史上2位の流量を記録した

（資料：国土交通省）

3-1 激変する発生形態

3 バックウォーター現象と内水氾濫

バックウォーター現象

バックウォーターとは、「背水」とも言う。本川と支川が合流する場合、洪水等で本川の水位が高くなると、支川の流水が本川へ流入できなくなり、支川の河道内に滞留する。その結果、支川の水位を押し上げてしまう現象を指す（図1）。

本川の水位が長時間にわたって高い場合は、バックウォーターも長時間継続する。すると、支川の堤防本体の漏水、堤防の基礎地盤におけるパイピングが起こったり、支川の上流から押し寄せる洪水が、堤防の低い部分から越流を起こしたりするケースも出てくる。こうして、最悪の場合には、支川の堤防が決壊する恐れがある。さらに、バックウォーターによって、支川の流速が急激に低下すると、上流からの土砂が堆積。河床が上昇する場合がある。

西日本豪雨でのバックウォーター

西日本豪雨では、広範囲に長時間にわたって記録的な大雨が降った。そのため、いくつかの河川でバックウォーター現象が生じたとみられている。このうち、支川の堤防が決壊し、甚大な被害を引き起こした岡山県の高梁《たかはし》川とその支川である小田川の例を見てみよう。

高梁川流域では2018年7月5日から本格的に雨が

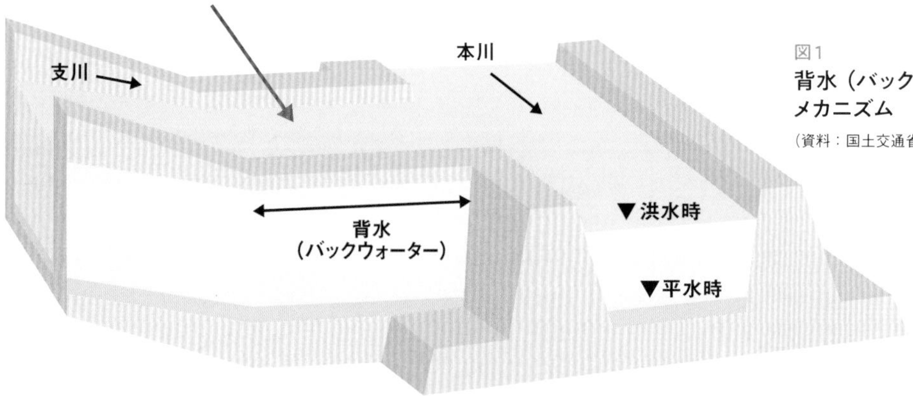

図1
背水（バックウォーター）のメカニズム
（資料：国土交通省の資料に加筆）

写真1
西日本豪雨における岡山県倉敷市真備町の浸水状況
（写真：国土交通省）

降り出し、高梁川の日羽《ひわ》水位・雨量観測所（小田川合流点の約16km上流）では、7月6日午後10時から7日午後1時まで15時間にわたって氾濫危険水位を超過していた。一方、小田川の矢掛《やかげ》水位・雨量観測所（合流点の約13km上流）では、6日午後10時から7日午後2時まで16時間にわたって氾濫危険水位を超過していた。このように高梁川が高い水位を長時間継続していたところに、小田川の洪水ピークがほぼ重なった。

バックウォーターの影響で長時間高い水位を保っていた小田川は、結局2カ所（加えて小田川の支川も6カ所）で堤防が決壊。1200haが浸水し、多くの犠牲者を出した。西日本豪雨での市町村別死者数が最大となった倉敷市の52人のうち実に51人が、小田川が氾濫した真備町に在住していた（写真1）。

2019年の東日本台風（台風19号）では、全国の142の破堤箇所のうち38カ所が河川の合流点付近で生じていた。合流点付近では、バックウォーター現象も含め、洪水流が複雑に挙動しがちだ。そこで国では、洪水時の河川水位を下げる対策や堤防整備を進めるとともに、このような決壊の要因や決壊場所の特徴を踏まえつつ、堤防や基礎地盤の土質についても加味した分析を進め、堤防強化対策を講じるべき場所の整理を図る方針だ。

バックウォーター現象は、少なくとも平地の河川の合流部では洪水時に普通に見られる物理現象だ。ただ、記録を塗り替えるような大雨が広範囲（流域全体）にわたって同時に（本川も支川も）降るような気象が重なると、甚大な被害を招いてしまう恐れがある。この点には十分留意しなければならない。

内水氾濫と下水道

河川を流れる水を外水と呼ぶのに対し、人が居住する側（堤内地）の水のことを内水という。内水氾濫とは、都市に降った雨が河川に入る前に、下水道などの排水能力を上回ったり、河川水位の上昇によって下水道などから河川に放流できなかったりして起こる氾濫形態だ（図2）。近年の水害では、その被害が各所で顕在化している。

都市において、内水氾濫対策を担う主役は下水道事業だ。下水道は、もともと都市部の衛生確保の観点から雨水と汚水を排除することから始まった。その後、水質保全の役割が公害問題の顕在化とともにクローズアップ。汚水の収集処理にわが国の下水道整備の主眼が置かれるようになった。元来、都市の降雨を河川まで排除することは、下水道の基本的な役割であったのだ。

内水氾濫　　　　下水道の役割

下水道の雨水排水能力を上回り浸水、または
河川水位の上昇により下水道から河川へ放流できず浸水

雨水管やポンプ場、貯留浸透施設等を整備し、雨水を河川等へ排除

図2　**内水氾濫の仕組みと下水道の役割**

（資料：国土交通省の「気候変動を踏まえた下水道による都市浸水対策の推進について　提言参考資料（2020年6月）」の資料を一部加工）

相次ぐ大規模な内水被害

近年、内水被害が頻発している。2018年の西日本豪雨では、全国19道府県88市町村で、約1.5万戸が内水氾濫による被害を受けた（写真2、図3）。このうち約9割は、下水道の整備途上もしくは計画はあるものの未整備の地区であった。

さらに、2019年8月の前線に伴う大雨においても、8月28日の明け方に1時間当たり100mm以上の記録的豪雨が相次いで観測され、大雨特別警報が、佐賀県、福岡県、長崎県に発表された。結果的に、九州北部地方を中心に8月26日からの総降水量が600mmを超過する等記録的大雨となり、この3県では、内水氾濫による浸水被害が14市町で発生した（写

写真2
西日本豪雨による内水被害
2018年の西日本豪雨によって浸水した岡山市内の様子
（写真：岡山市）

図3　**西日本豪雨における内水被害の概要**
2019年3月末の状況。国土交通省調べ
（資料：国土交通省の「気候変動を踏まえた下水道による都市浸水対策の推進について　提言参考資料（2020年6月）」の資料を一部加工）

○内水被害戸数1,000戸以上の団体と全国総計※

都道府県	市	被害状況		
		床上(戸)	床下(戸)	合計
岡山県	岡山市	826	1,907	2,733
広島県	福山市	835	638	1,473
広島県	広島市	1,186	188	1,374
福岡県	久留米市	423	1,011	1,434
全国（88地方公共団体）		5,597	9,589	15,186

○　内水被害発生団体※　　(　)内は市町村数

北海道（3）、富山県（1）、石川県（1）、岐阜県（2）、愛知県（1）、京都府（8）、大阪府（4）、兵庫県（8）、和歌山県（3）、岡山県（11）、広島県（10）、山口県（6）、香川県（1）、愛媛県（5）、高知県（1）、福岡県（14）、佐賀県（6）、長崎県（1）、沖縄県（2）

※被害戸数は地方公共団体からの報告による。
なお、外水被害を含む場合があることから、今後変動することがある。

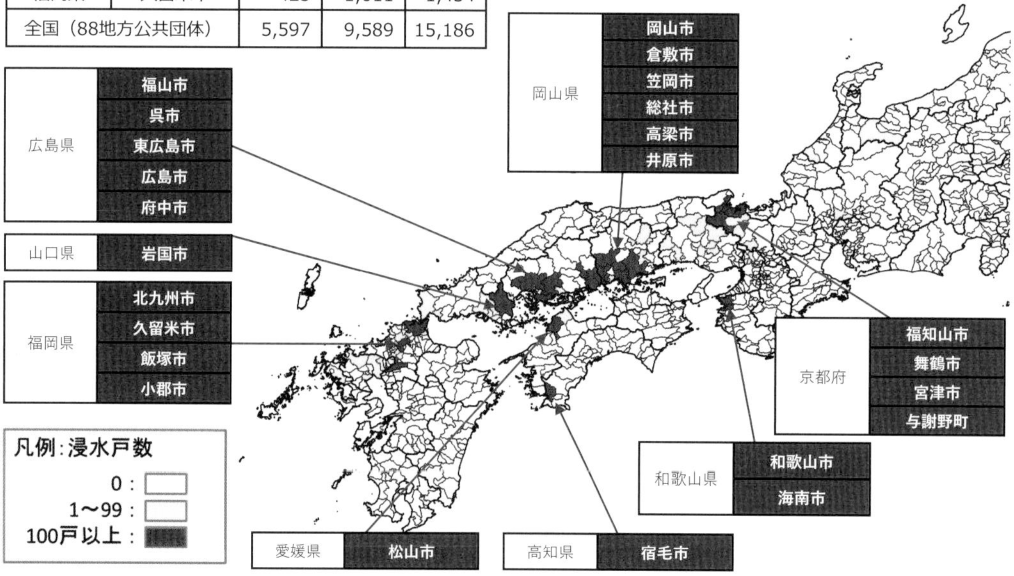

真3)。内水被害は約4000戸に及んだ。

2019年の東日本台風においても、内水氾濫による浸水被害が東日本を中心に15都県135市区町村で発生した。この台風における住家被害は全国で約9.4万戸に達したが、このうち内水被害は約3.0万戸だったと報告されている(2020年1月末現在、図4)。

都市域の内水氾濫は、わが国の都市が内水氾濫域に形成されてきたこと、汚水の収集処理に近年の下水道事業の重点が置かれて雨水対策施設整備が進捗しなかったことが要因と考えられる。また、気候変動の影響等により降雨が局地化・集中化・激甚化しており、多くの都市の下水道の一般的な雨水対策整備目標である時間雨量50mm(概ね1/5年確率規模)を超える降雨が多発していることも要因とみられる。

写真3
2019年8月の前線に伴う大雨による内水被害
佐賀市内の様子(写真:佐賀市)

図4　**東日本台風における内水被害の概要**
2020年1月末の状況。国土交通省調べ
(資料:国土交通省の「気候変動を踏まえた下水道による都市浸水対策の推進について　提言参考資料(2020年6月)」の資料を一部加工)

○内水被害1,000戸以上の団体と全国総計※

都道府県	市	被害状況		
		床上(戸)	床下(戸)	合計
宮城県	丸森町	516	651	1,167
	石巻市	321	9,216	9,537
	角田市	736	806	1,542
	仙台市	1,321	475	1,796
福島県	須賀川市	918	510	1,428
埼玉県	さいたま市	1,040	380	1,420
神奈川県	川崎市	2,008	338	2,346
全国(135地方公共団体)		11,555	18,991	30,546

○　内水被害発生団体※　　(　)内は市区町村数

岩手県(5)、宮城県(14)、山形県(4)、福島県(4)、茨城県(2)、栃木県(7)、群馬県(1)、埼玉県(36)、千葉県(1)、東京都(27)、神奈川県(11)、長野県(4)、新潟県(6)、静岡県(12)、三重県(1)

※被害戸数は地方公共団体からの報告による。なお、外水被害を含む場合があることから、今後変動することがある。

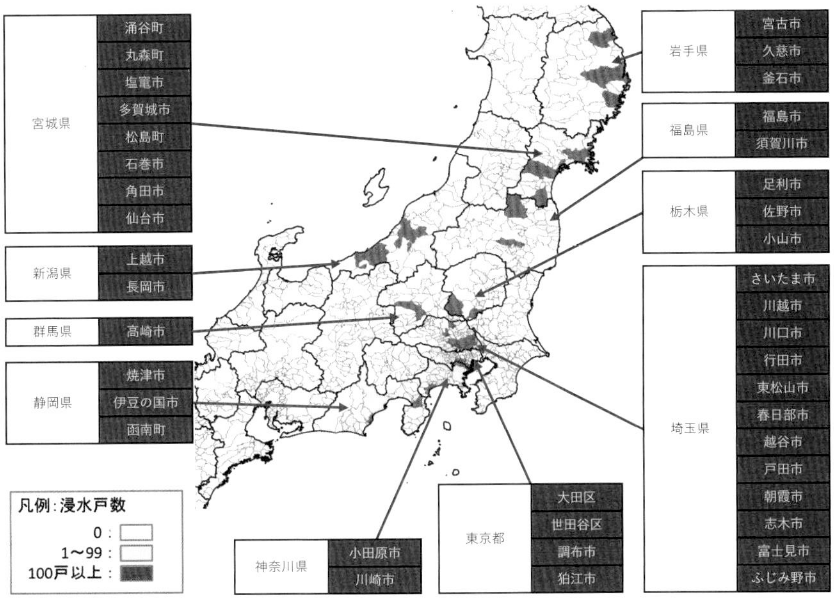

3-1 激変する発生形態

4 堤防の背後からの越水破提

2019年の東日本台風による豪雨では、普段はあまり見られない現象が発生した。堤防の背後（堤内）、すなわち宅地側から川に向かって流水が越流し、堤防が決壊する現象だ（図1）。河川内の水位が堤内（宅地側）の水位よりも低くなる原因はいくつかある。

例えば、河川の上流部の堤防のない箇所からの溢水や、堤防が低い箇所が決壊してそこから氾濫すること等により、決壊箇所よりも下流の流量が減って下流部で河川内の水位が低下することで、堤内（宅地側）の水位よりも低くなる場合がある。そのまま上流から氾濫水が堤内地に供給され続けると、堤内（宅地側）の最も標高が低い所に氾濫水が集中。そこから河川内に向けて越流が始まり、最悪の場合、堤防決壊につながる。

東日本台風の豪雨では、久慈川（茨城県常陸大宮市）や阿武隈川の支川の内川、およびその支川の新川（宮城県丸森町）で、まさにこの現象が発生した（写真1）。

宮城県が設置した学識経験者による「令和元年度台風第19号により被災した河川管理施設等の技術検討会」では、決壊した18カ所のうち16カ所がこの現象によって決壊したと分析している。これは、内川流域の異常な大雨（近傍の筆甫《ひっぽ》観測所（気象庁）の日雨量は558mmを記録。内川の河川整備計画で想定している24時間雨量227mmをはるかに超過）で、内川の流下能力を大幅に超える洪水が発生したためと考えられる。

内川に限らず、国が管理する河川に比べて整備率が低いと言われる都道府県管理の河川では、早急に整備率を上げるとともに、少しでも氾濫水の湛水時間と堤内の水位を低減するために、適切な箇所に排水門を設置することも大切だ。

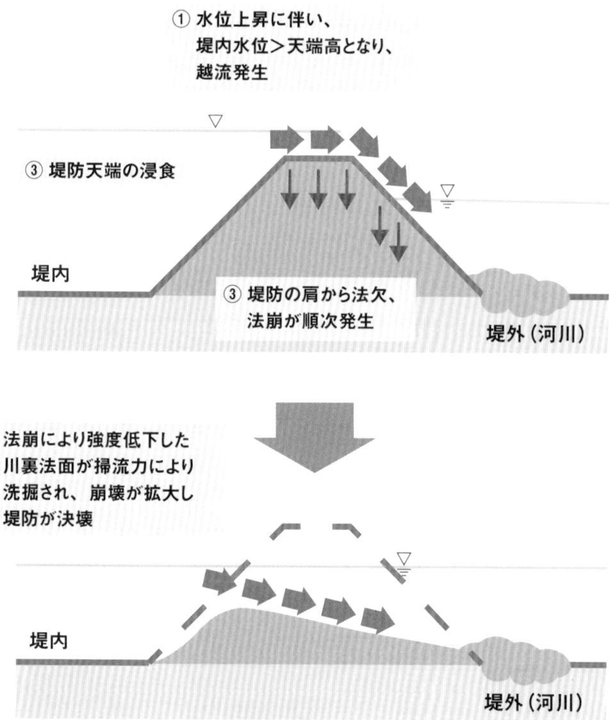

図1 堤防背後からの越水破提のメカニズム
（資料：宮城県土木部河川課）

写真1 阿武隈川支川の内川と
その支川新川の合流点付近の決壊状況

宮城県丸森町で撮影。堤内（堤防の背後）から川に向かって何カ所も堤防が決壊していることが分かる（写真：宮城県土木部河川課）

3-1 激変する発生形態

5 相次いだ土砂・洪水氾濫

2017年7月に発生した九州北部豪雨によって福岡県朝倉市を流れる赤谷川等では、大量の土砂と洪水が一体となって氾濫。広い範囲に土砂が堆積して甚大な被害をもたらした（写真1、2）。

翌2018年7月の西日本豪雨による災害では、西日本を中心に2500件を超える土砂災害が発生した。この災害による死者数は119人に上り、記録的な大惨事となった。この災害では、多数の土石流が発生したものの、広島県呉市を流れる大屋大川をはじめとした多くの河川で、赤谷川で見られたような大量の

写真1　**福岡県朝倉市赤谷川の土砂・洪水氾濫**

筑後川水系赤谷川では、2017年の九州北部豪雨によって同時多発的な斜面崩壊が発生。大量の土砂や流木が人家や農地を埋め尽くした（写真：国土交通省）

写真3　**広島県呉市天応西条地区の土砂堆積**

2018年7月の西日本豪雨によって、広島県呉市天応西条地区は大量の土砂で埋め尽くされた。川や道路の位置さえ分からない程だった。カーブミラーはわずかに頭の部分だけが見えるだけだ（写真：国土交通省）

写真2　**赤谷川の土砂・洪水氾濫による被害状況**　2017年の九州北部豪雨における被害（写真：国土地理院）

土砂流出と広範囲にわたる土砂堆積を伴う洪水氾濫があった。

立て続けに発生したこのような現象は、「土砂・洪水氾濫」と呼ばれ、広範囲に被害をもたらす土砂災害の形態として、近年特に注目されるようになった（写真3、4）。

続く2019年にも東日本台風（台風19号）に伴う豪雨によって宮城県丸森町五福谷川で「土砂・洪水氾濫」が発生して甚大な被害を生じた。降雨強度だけでなく総降雨量においても記録的な豪雨が頻発したために、風化花崗岩地帯で「土砂・洪水氾濫」が相次いで起こったのだ。

このような「土砂・洪水氾濫」は、従来の土石流災害に比べて広い範囲に被害をもたらす。そのため、豪雨の激甚化が進むに従って、今後も頻発する恐れがある（写真5）。

写真4
広島県坂町小屋浦天地川の土砂・洪水氾濫
2018年7月による豪雨がもたらした被害の状況
（写真：国土交通省中国地方整備局）

写真5　**宮城県丸森町五福谷川の土砂・洪水氾濫**
2019年の東日本台風による被災状況（写真：国土交通省）

カスリーン台風による未曽有の被害

2019年の東日本台風は、関東・東北地方を中心に全国に甚大な被害を与えた。この台風で利根川の治水基準点 八斗島《やったじま》（群馬県伊勢崎市）上流域の3日間流域平均雨量は310mmに上り、1947年に未曽有の被害をもたらしたカスリーン台風（同309mm）に匹敵する大雨となった。このため、利根川本川では川俣水位観測所（群馬県明和町）で計画高水位を約50cm超過した他、栗橋水位観測所（埼玉県久喜市）の最高水位はあと30cmで計画高水位に達するという9.61mを記録。超過すればいつ堤防決壊が起こってもおかしくないと言われる氾濫危険水位（8.90m）を約10時間にわたって超過し続けた。

仮に、この洪水によって旧栗橋町（現久喜市）付近で右岸堤防が決壊していたら……。考えるだけで恐ろしい。だが、現に1947年のカスリーン台風では、埼玉県東村（現加須市）において、利根川の右岸堤防が約340mにわたり決壊。大規模な水害をもたらした。その濁流は帯状に広がり、埼玉県東部の低平地を覆い尽くした。氾濫は徐々に広がり、現在の久喜市、幸手市、春日部市、越谷市、草加市、吉川市などを流下。ついに埼玉県と東京都の境（現三郷市と葛飾区の境の大場川の桜堤、現在の水元公園）に達した（図）。

東京都の水没を回避する狙いで、既に水位の低かった江戸川に濁流を流し込むという策を考えた政府は、江戸川の右岸堤のダイナマイトによる破壊をGHQに要請して実行した。しかし、これも効果がなかった。その結果、都と県の境に位置する桜堤が決壊。濁流が東京都内に流れ込み、葛飾区、足立区、江戸川区が水没。最終的に濁流は東京湾に達した。濁流は決壊地点から約75kmの距離を108時間かけて流下した。

カスリーン台風では、関東地方だけでも死者・行方不明者が1200人超に及んだ。氾濫面積は約440km^2、被害額は約70億円に達した。まさに未曽有の水害だった。あれから70余年、かつて濁流が流下した地域は東京のベッドタウンとして急速に開発が進んだ。現在では人口・資産が集中する市街地が連坦している。

仮に、カスリーン台風と同規模の台風によって、当時と同じ箇所が破堤したとすると、その被害額は約34兆円に上ると試算されている。首都圏への中枢機能の集積を考えれば、このような大水害はもはや関東地方だけの災害にはとどまらない。全国に社会経済面で大きなダメージが及ぶことは避けられないのだ。2019年の東日本台風で利根川に水が満々と流れる様子をテレビで見て、背筋が凍りつきそうになったのは筆者だけではあるまい（写真）。

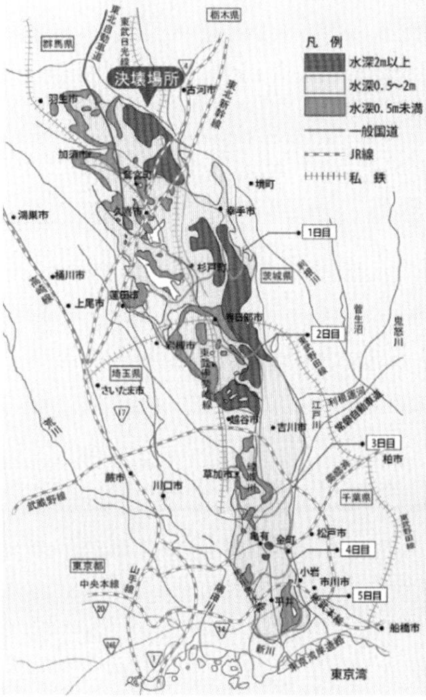

図
カスリーン台風による洪水氾濫実績図
（資料：国土交通省関東地方整備局）

写真　**東日本台風による洪水時の利根川中流部**
堤内側の市街地の地盤高と利根川の水位を比較すると、極めて危険な状況だったと分かる

3-2 多様な被災形態

1 氾濫が誘発する多種多様な被害

　近年、記録的な豪雨が各地で甚大な浸水被害をもたらしている。ここで注目すべきは、これまでの水害とは様相を異にした被災形態が顕在化してきている点だ。それは、これまでの水害のように「浸水面積○ha、犠牲者数○人、一般被害○円、公共土木施設災害○円……」と表現されるだけでなく、これまでとは異なる特筆すべき多種多様な被災形態を伴う。以下、具体的にその様相を見てみよう。

アルミ工場が爆発

　2018年の西日本豪雨で岡山県総社市のアルミニウム工場が浸水し、工場内の高温のアルミニウムに水が触れて水蒸気爆発を起こした（写真1、2）。

写真1　**浸水によって爆発した岡山県総社市のアルミ工場**
建物の部材や機械等の破片が周囲に飛散した（写真：岡山県総社市）

写真2　**爆発したアルミ工場付近の浸水状況**
手前のアルミ工場の爆発の影響で、写真奥の集落の家屋が類焼、半壊した（写真：岡山県）

工場から油が流出

2019年8月、佐賀県、福岡県、長崎県を中心とする九州北部を、前線に伴う大雨が襲った。広範囲に線状降水帯が発生し、各地で観測史上1位の記録的な降雨量となった。この大雨による浸水で、佐賀県大町町の鉄工所が浸水。約11万リットルの油が流出し、付近の住家や農作物に被害が出た（**写真3**）。

車両基地やバス操車場が浸水

2019年の東日本台風によって、千曲川が長野市穂保《はやす》地先で決壊した。浸水区域内にある北陸新幹線の車両基地で新幹線車両10編成（1編成12両）が浸水。北陸新幹線のダイヤに長期間にわたる影響が出た（**写真4**）。

一方、福島市内では阿武隈川と支川の逢瀬川《おうせがわ》が氾濫。路線バスの営業拠点であるバス操車場が約2mの深さまで浸水し、約90台が使用不能となった。このため、市民の足への影響が長期間に及んだ。

ここまで、氾濫を誘発する多種多様な災害の事例を挙げてきた。いずれも、近年の記録的な豪雨がもたらしたものだ。中小規模の台風や前線豪雨であればまず発生することがないような事象だっただろう。

しかし、年を追うごとに激甚化する気象に対して、もはやこれまでと同様の考え方や対処の仕方でよいとは言えなくなってきている。

他方、このような災害の多様化は、住宅や施設の立地もしくは土地利用の問題と考えることもできる。全国の市町村では洪水ハザードマップを公表している。先述した新幹線車両基地もバス操車場も、ハザードマップを見てみれば浸水域内に存在していた。特にバス操車場は2011年９月にも台風による出水で、今回ほどではないにしろ浸水被害を受けていた。事前にバスを隣接地に移動させる協定を締結するなど、対策を講じてはいたものの、災害の規模があまりにも大きく、今回の出水では教訓が生かしきれなかった。

洪水ハザードマップで自らの住宅や管理する施設について浸水範囲、浸水深さ等を確認し、起こり得る被害を想定したうえでどのような対策を講じる必要があるか——。折に触れて検討することが重要だ。

写真3　**佐賀県大町町の鉄工所から油が流出**
流出した油が黒い帯となって病院や住宅地にまで達した（写真:国土交通省）

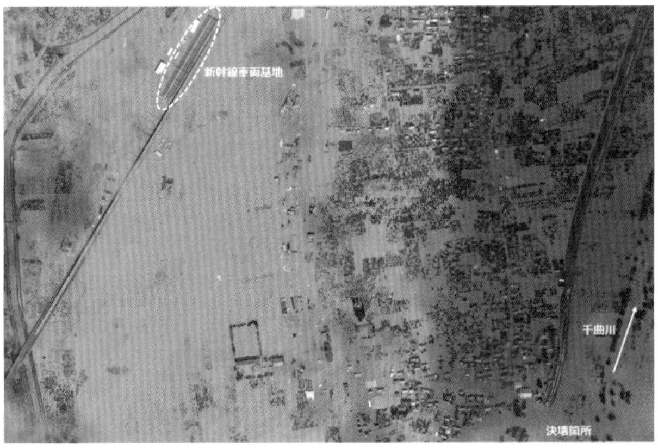

写真4　**決壊した千曲川と北陸新幹線車両基地**
（写真：国土地理院の資料に筆者が加筆）

写真5
JR武蔵小杉駅構内の浸水状況
2019年の東日本台風で駅構内およびタワーマンションを含む周辺地域が広範囲にわたって浸水した
（写真：JR東日本）

3-2 多様な被災形態

2 強風が誘発する多種多様な被害

相次ぐ暴風による停電、住家被害

2018年9月の台風21号では、近畿、東海、北陸、北海道地方を中心に、記録的な暴風が発生。全国100カ所の観測所で最大瞬間風速の記録を更新した。関西電力管内では、電柱の倒壊などによって220万戸が最長2週間以上にわたり停電した他、約9万8000棟の住宅が全半壊などの被害を受けた。

一方、2019年9月の房総半島台風では、関東地方を中心に暴風が吹き荒れた。こちらも観測史上1位の最大風速や瞬間最大風速が複数の地点で観測された。特に千葉県内では、千葉（気象庁）で瞬間最大風速57.5m/sを記録する等、10カ所で観測史上1位を記録した。

この暴風による送電鉄塔の倒壊、倒木による電線の切断等で、7都県で最大約93万4900戸が停電した。特に千葉県内では、16日以上も停電が続いた地域があった。千葉県を中心に8都県において、約7万6700棟の住宅が全半壊等の被害を受けた（図1、2、写真1）。

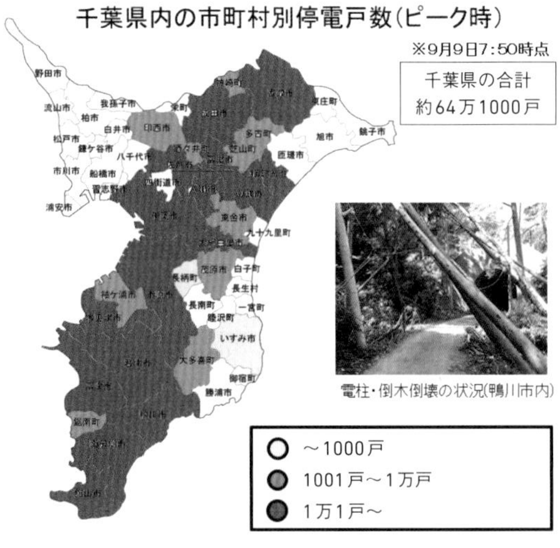

図1　**千葉では停電が発生**
2019年の房総半島台風による千葉県内の市町村別停電戸数
（資料：東京電力パワーグリッドの資料を基に国土交通省が作成）

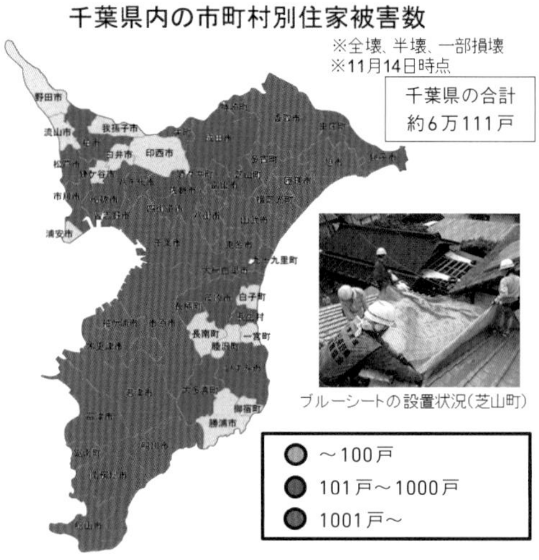

図2　**1000戸以上の被害自治体が南北貫く**
2019年の房総半島台風による千葉県内の市町村別の住家被害数を色分けして示す（資料：千葉県の資料を基に国土交通省が作成）

写真1
房総半島台風で住宅屋根に大きな被害
千葉県館山市の様子。暴風で住宅の屋根瓦が損傷を受け、ブルーシートで応急対策を施している
（写真：早川由紀夫）

強風で流された船が橋を損壊

2018年の台風21号は暴風に加えて気圧の低下により記録的な高潮が発生した。関西国際空港は、高潮によって滑走路やターミナルビルが浸水して閉鎖されたほか、強風で吹き寄せられたタンカーが連絡橋に衝突。空港は一時孤立を余儀なくされた（**写真2**）。

一方、2019年の房総半島台風でも、強風で新東京国際空港（成田空港）と都心を結ぶ鉄道・バスが運休し、約1万人が一時足止めされた。

東京湾沿岸でも横浜港南本牧で錨泊していた貨物船が暴風で漂流、道路橋に衝突した。このほか、護岸が倒壊し、背後の工業団地が広範囲にわたって浸水した（**写真3**）。

写真2　**2018年台風21号の高潮と暴風で関西国際空港連絡橋に衝突したタンカー**（写真：国土交通省近畿地方整備局）

写真3　**房総半島台風で貨物船が橋に激突**

首都高速道路湾岸線に接続する臨港道路「南本牧はま道路」の橋梁に、暴風で流された貨物船が衝突。約130mにわたり破損した。2019年5月に通行止めを解除するまで、復旧に約8カ月間を要した（写真：国土交通省関東地方整備局）

3-2 多様な被災形態

3 下水道施設の機能不全

水害などの被災後は、通常の社会経済活動、日常生活へ速やかに戻していくことが重要だ。ライフラインの健全性確保がその前提となる。電気やガス、上下水道などが機能しなければ、日常生活や社会経済をはじめとした諸活動に制約が生じるのは言うまでもない。

下水道では、阪神・淡路大震災や東日本大震災で処理場や管渠が被災し、長期にわたって汚水収集処理や雨水排除の機能が損なわれた地域も生じた。そのため、地震や津波への対応力を高めるための耐震化対策等が、現在も進められている。

2018年の西日本豪雨や2019年の東日本台風でも、

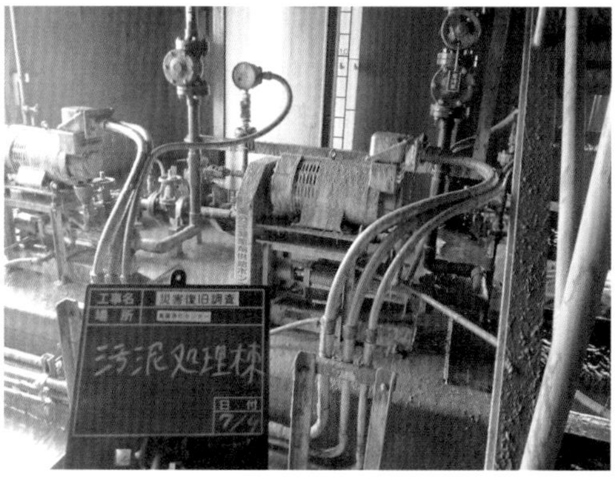

写真1
西日本豪雨による各地の下水道等の被害
左の3点は真備浄化センター
（写真：岡山県倉敷市）

汚水幹線の管渠破損（写真：広島県呉市）

水道橋の破損（写真：岐阜県関市）

公衆衛生を守り、内水氾濫を防ぐべき下水道施設が、水害や土砂災害で被災した事例が数多く報告された。西日本豪雨では、処理場等19カ所が浸水で機能停止し、道路陥没や土砂流入による管路破損も数多く発生した（**写真1**）。東日本台風では16カ所の処理場で浸水による機能停止が確認された。

特に千曲川の決壊によって大規模浸水に見舞われた長野県千曲川流域下水道の下流処理区処理場「クリーンピア千曲」では、処理場の地下構造物が最大で水深25m以上となるまで浸水（**写真2、図1**）。機械・電気設備が機能不全に陥ったために、通常処理への復旧までに長期間を要している（被災10日後から簡易処理で放流中であるものの、被災直後は処理場流入水の揚程約25mのポンプアップすらできなかった）。2020年6月時点で復旧作業が進められている状況にある。

こういった場合に留意しなければならないのは、浸水被害を受けなかった相対的に標高が高い地域からの汚水の流入だ。大きな被害を免れた人の生活や経済活動に伴って生じる汚水の流入は、東日本大震災の時も大きな問題となった。津波浸水によって処理場機能が停止しても、被災しなかった地域からの汚水が被災した処理場に流れ込んだからだ。防水壁の設置や電気設備の上階移設といった下水道施設の耐水化は、今後さらに推進すべき対策だ。

写真2　**長野県千曲川流域下水道施設の浸水状況**
2019年の東日本台風での被害（写真：長野県）

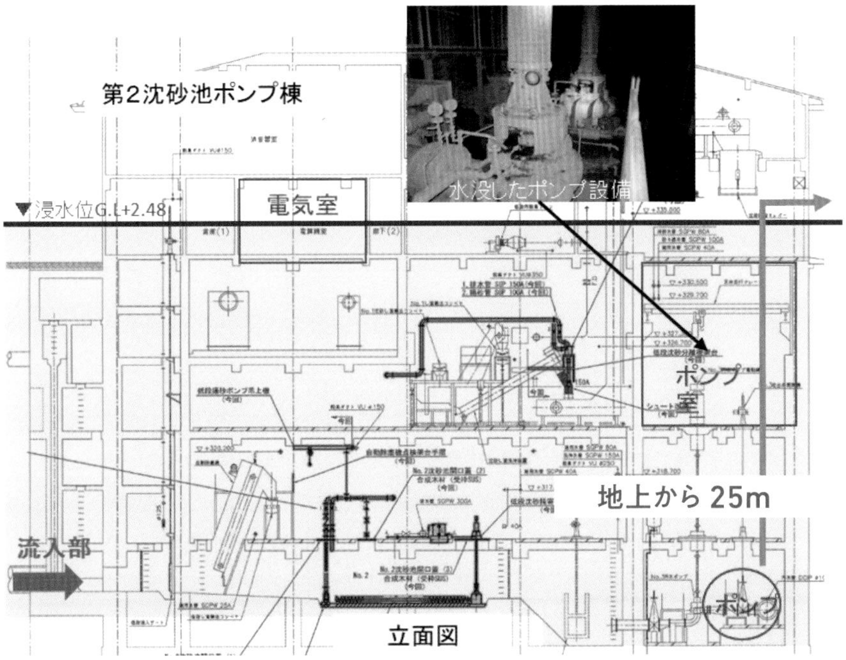

⇒ 揚水機能を確保するために必要な主要設備（ポンプ、電動機、受電盤等）が被災し、地下部に氾濫水が滞留

⇒ 既設ポンプの揚程が約25mと大きいことから、仮設ポンプ等による施設内の排水および揚水能力の確保に時間を要し、簡易処理開始まで10日かかった

図1　**早期復旧が困難だった長野県流域下水道**
長野県千曲川下流域にあるクリーンピア千曲の例。2019年東日本台風で被災した
（資料：国土交通省の「気候変動を踏まえた下水道による都市浸水対策の推進について　提言参考資料（2020年6月）」を基に作成）

3-2 多様な被災形態

4 新たなニーズを受けて繰り返される水防法改正

近年の激甚化する気象状況において、水害対策はハードだけでなく、避難のためのソフト対策も重要である。しかし、このような考え方が広く一般に定着してきたのは、ごく最近のことだ。

河川改修等ハード面での治水対策は、河川管理者が担う。しかし、整備には長い時間を要する。そこで、堤防をはじめとする地域の施設を洪水時に守る活動が、水防という地域の自主的な防災活動として行われてきた。戦後間もない1949年には、そのような水防活動を支える水防法が制定された。

そして、2000年に大きな変化が訪れる。名古屋地域を中心に甚大な被害をもたらした東海豪雨だ（写真1）。この豪雨を機に氾濫の発生に備え、いざという時には逃げることの重要性が広く認識されるようになり、水防法に水害時の避難に関する制度が加わったのだ。地域のハードを守り、洪水を防ぐという従来の内容から歩を進め、浸水想定区域の制度が水防法に規定されたのだ。これによって、万一河川が氾濫した場合に、どこが浸水するかという基本情報を自治体や住民が得られるようになった。2001年の法改正で実現している（図1）。

写真1　**2000年9月の東海豪雨がもたらした浸水**
愛知県清須市西枇杷島町の様子（写真：国土交通省中部地方整備局）

その後も水防法の改正は繰り返された。2004年の全国的な洪水の頻発（写真2）に伴って、2005年には浸水想定区域を作成する対象河川が拡大。さらに2015年には、対象とする外力に想定最大規模の洪水を追加する措置等が講じられた。

2017年にも改正が行われた。浸水想定区域を作成しない中小河川であっても浸水実績等を活用して水害リスク情報を把握・周知する制度の追加だ。2016

図1　**避難に関連する水防法の改正の経緯**（資料：国土交通省の資料に基づいて作成）

改正時期	浸水想定の提供	避難確保・浸水防止
2001年（平成13年）	• 浸水想定区域の指定を新設（洪水予報河川）	• 洪水予報等の伝達方法、避難場所等を記載するよう規定 • 地下街等への洪水予報等の伝達方法を記載するよう規定
2005年（平成17年）	• 浸水想定区域の指定対象を水位周知河川に拡大	• 要配慮者利用施設への洪水予報等の伝達方法を記載するよう規定 • 浸水想定区域内の地下街等における洪水時の避難確保計画作成を規定（義務） • ハザードマップの作成・配布を規定
2013年（平成25年）		• 浸水想定区域内の地下街等・要配慮者利用施設・大規模工場における洪水時の避難確保計画または浸水防止計画の作成、訓練の実施、自衛水防組織の設置を規定
2015年（平成27年）	• 洪水に係る浸水想定区域について想定最大規模の洪水に係る区域に拡充 • 想定最大規模の内水及び高潮に係る浸水想定区域を新設	• 市町村地域防災計画に位置付ける地下街等に建設予定の施設または建設中の施設を含むことを規定 • 地下街等との接続ビルへの意見聴取を規定（努力義務）
2017年（平成29年）	• 浸水実績等の把握・周知の制度を創設	• 要配慮者利用施設における避難確保計画作成等を義務化

写真2　**新潟・福島豪雨における五十嵐川の堤防決壊**

2004年には、梅雨期の集中豪雨や度重なる台風の上陸によって全国で激甚な被害が発生した。写真は新潟県を流れる五十嵐川。この時の水害を契機に、水防法を改正。主要な中小河川でも浸水想定区域を指定するようにした（写真：新潟県）

写真3　**岩手県小本川沿いの要配慮者利用施設が被災**

2016年台風10号による急激な出水は、岩手県小本川沿いある要配慮者利用施設（写真手前）の利用者の犠牲をもたらした。この災害を契機に、2017年に水防法が改正。洪水および土砂災害のリスクが高い区域にある要配慮者利用施設における避難確保計画の作成、避難訓練の実施が義務化された。しかし、2020年7月に前線に伴う線状降水帯の発生により、球磨川の水位が急激に上昇。その結果、要配慮者利用施設で再び犠牲者が発生し、改めて要配慮者の避難の在り方が問われることとなった（写真：国土交通省）

年に発生した岩手県山間部の河川における水害を踏まえた措置だ。

避難の基本情報である浸水リスクだけではなく、水害に対して危険性の高い施設に直接、情報を提供する仕組みの整備も進められてきた。東海豪雨等の都市水害により、地下街の浸水に対する危険性が注目されるようになったためだ。2001年の水防法改正では、地下街に洪水予報等の情報を伝達する仕組みが導入された。その後、地下街での避難確保計画の作成、避難訓練の実施、地下街に接続するビルとの連携など、地下街の安全確保に関する制度の拡充が進められてきた。

また、近年では高齢者や障害者等が利用する要配慮者利用施設における水害時の避難が注目されている。2004年に多発した水害では、水害・土砂災害による死者・行方不明者の約6割が高齢者であったことを受け、2005年の水防法改正で要配慮者利用施設への情報提供が初めて水防法に加えられた。

さらに、その後の相次ぐ水害を受け、2015年には要配慮者利用施設においても避難確保計画の作成、避難訓練が努力義務とされた。しかし、2016年に岩手県小本川における福祉施設（写真3）の入居者が水害で犠牲になったこと等を踏まえ、2017年の改正により努力義務は義務へと強化された。

要配慮者利用施設に関する制度の拡充より、2018年と2019年の洪水時には、円滑に避難できた事例も出てきた。それでも、依然として高齢者等の水害時の犠牲は続いており、2020年7月には球磨川で再び福祉施設の高齢者が被災するという痛ましい事態が発生した。

3-2 多様な被災形態

5 浸水被害で経済に大打撃

2018年夏からの2年間で起こった水害は、日本の経済活動を揺るがす規模にまで被害が増大した。2020年3月には、「平成30年（2018年）7月豪雨（西日本豪雨）による被害額は約1兆2150億円となり、単一の豪雨による被害としては、昭和51年（1976年）台風17号等による被害額8844億円（2011年基準価格）を上回り、統計開始以来最大の被害額」と国土交通省が発表した。

昭和の時代に比べて治水施設の整備は大きく進んだ。だが、都市化に伴う地理的な資産の集積と近年の洪水の激甚化によって、水害発生時の被害額の増大を招いていると考えられる（図1）。最新の水害統計では、2019年の東日本台風による水害被害額は2018年の西日本豪雨をさらに上回る約1兆8600億円に達している。

水害統計は水害による直接的な施設の被害額を集計したものであり、そこから波及する経済的損失を幅広く集計したものではない。例えば、以下のような項目は集計されていないのだ。

まずは2019年の東日本台風による氾濫で車両基地が水没した北陸新幹線。10月12日から24日までの約2週間にわたって全線で運行ができなくなった。国土交通省の資料によると、東日本台風の影響で北海道から中国・四国地方までの広範囲にわたる高速道路が影響を受け、被災区間は最大で13路線15区間に及んだ（写真1）。強風等による通行止めも87路線93区間で生じた。わが国の基幹的な交通ネットワークの断絶は、物流を妨げ、大きな経済被害をもたらしている。

2018年、2019年と2年連続で水害史を塗り替える水害が続いた。この2年間の水害はそれだけではない。2018年9月の台風21号では、大阪から西宮沿岸にかけて第二室戸台風（1961年）時の既往最高潮位を上回る高潮が発生（図2）。経済活動に甚大な被害を及ぼした。大阪湾で、タンカーが高潮と強風の影響によって漂流し、関西国際空港連絡橋に衝突した被害は記憶に新しい。この事故によって、空港は一時期全面閉鎖、孤立状態となり、関空連絡橋の全面復

発生年	災害名	被害額（名目額）（億円）	被害額（平成23年価格）（億円）	備考・主な被害状況
平成30年（2018年）	平成30年7月豪雨（西日本豪雨）	12,150	11,834	岡山県倉敷市では真備地区の大規模浸水被害などが発生
昭和51年（1976年）	台風17号と豪雨	6,808	8,844	岐阜県では長良川が決壊し「安八水害」が発生
昭和57年（1982年）	昭和57年7月豪雨および台風10号	8,290	8,564	長崎県では死者、行方不明者299人に及ぶ「長崎大水害」が発生
昭和47年（1972年）	断続した豪雨並びに台風6，7および9号（昭和47年7月豪雨を含む）	3,990	8,155	熊本県天草（「天草大水害」）、高知県土佐山田町（「繁藤災害」）において、土砂崩れにより多数の死者が発生
平成16年（2004年）	台風23号	7,709	7,123	円山川（兵庫県）、由良川（京都府）の氾濫などにより、全国で死者・行方不明者が100人近くに達する甚大な被害が発生
平成12年（2000年）	豪雨および台風14号	7,715	6,758	名古屋市において、一般に「東海豪雨」と呼ばれる水害が発生
平成23年（2011年）	台風12号	5,349	5,349	和歌山県や奈良県内では豪雨に伴う山崩れにより河道閉塞が生じる等の被害が発生（「紀伊半島大水害」）
平成16年（2004年）	梅雨前線豪雨	4,563	4,217	「新潟・福島豪雨」および「福井豪雨」の発生
平成17年（2005年）	台風14号	3,351	3,133	大淀川（宮崎市）、五ヶ瀬川（宮崎県延岡市）等で浸水被害
平成27年（2015年）	平成27年9月関東・東北豪雨	2,941	2,861	鬼怒川の決壊により、茨城県常総市にて浸水被害

図1　**被害額順に見た大規模水害**

2018年7月のいわゆる西日本豪雨以前における水害を比べた。国土交通省の水害統計に基づいて作成。「備考・主な被害状況」欄における災害名は、各自治体のホームページ等から引用

旧には約7カ月を要した。

この時の高潮は、阪神沿岸の港湾にも甚大な被害を及ぼした。物流を担う神戸港のコンテナターミナルにおいて、ターミナル、電源設備の浸水、空コンテナの倒壊、荷役設備の損傷等の被害が生じたのだ（写真2、3）。高潮は、大阪湾沿岸域に著しい浸水被害をもたらした。

2019年の房総半島台風は、強風による甚大な風害を各地にもたらした。その代表例が関東各地で生じた停電被害だ。この台風がもたらした強風によって、各地で送電塔や電柱の倒壊、損傷等が生じ、神奈川県と千葉県を中心に最大で93万5000戸の電力供給に支障が出た。停電解消に至るまでの復旧には約16日間を要している。気象の激化がもたらす災害は、わが国の経済活動に大きな打撃を与えるリスクとなっている。

写真1
東日本台風による水戸北スマートインターチェンジの浸水状況
2019年10月13日の状況
（写真：NEXCO東日本）

写真2
神戸港六甲アイランドコンテナターミナルの被害状況
2018年9月5日の状況
（写真：国土交通省近畿地方整備局）

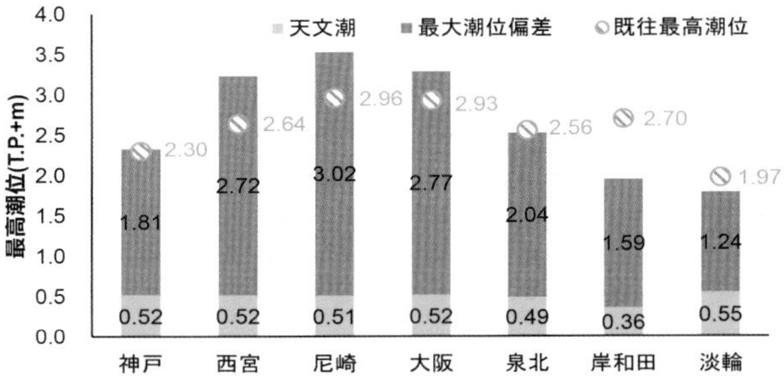

図2　**台風21号による大阪湾の観測潮位**
神戸、西宮、尼崎、大阪の観測潮位は、既往最高潮位（第二室戸台風：1961年）を更新した
（資料：国土交通省近畿地方整備局「大阪湾港湾等における高潮対策検討委員会」）

写真3　**トランスファークレーンが倒壊**
（写真：国土交通省近畿地方整備局）

3-2 多様な被災形態

6 “逃げない”問題が浮き彫りに

近年水害が多発する一方、避難指示や勧告が出ても速やかに避難しない住民は多い。この事実は、社会問題として注目され、その対策が議論されている。一因として、川と地域の住民の関わりが希薄になっているという指摘がある。堤防の整備等により川と地域の関わりが分断され、堤防よりも街側に住む人にとって、洪水やそれに伴う水害を含めた川の様々な事象が「他人事」となっていったという考えに基づいている。

このところ、ハザードマップの整備やインターネットを通じた情報提供が充実してきた。テレビニュース等の報道でも避難の重要性が伝えられている。それでも、大水害で逃げない住民が数多く存在するのはなぜか。この疑問は、中央防災会議に設けられた避難に関するワーキンググループで検討されている。

大河川で堤防決壊時に浸水する範囲は、浸水想定区域図として公表されている。公表された浸水想定区域は、多くの場合、実際の浸水範囲とほぼ重なる（図1）。つまり、浸水の危険性は比較的正確に住民に情報提供されているのだ。

他方、浸水想定区域図の整備が進んだ平野部で被害が目立った東日本台風においては、浸水想定区域内での犠牲者数が、過半を超えたというデータがある（図2）。2018年の西日本豪雨で多数の犠牲者を出した岡山県倉敷市真備町においても、75％の人がハザードマップの存在を知っていたという調査結果がある（図3）。

ハザードマップによって水害の危険性が知らされていても犠牲者が多いという点は、ハザードマップの認知・理解や採るべき行動への理解が足りないと

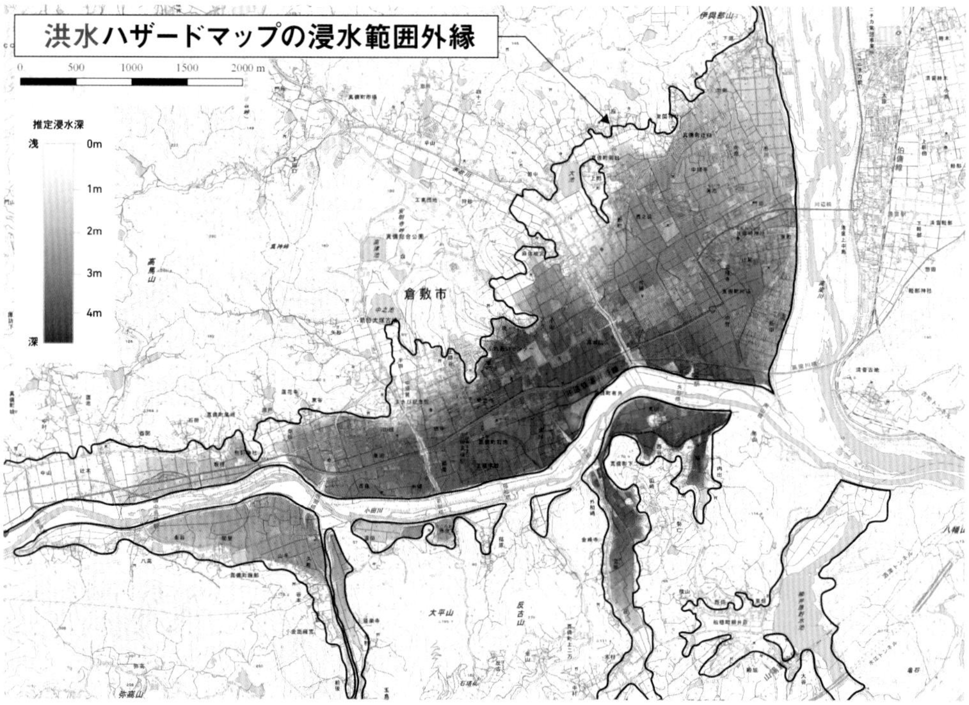

図1　**倉敷市真備町の浸水状況と洪水ハザードマップとの比較**

ハザードマップ（2017年8月公表）と実際の浸水範囲がほぼ重なっており、浸水の危険性は比較的正確に住民に伝えられている（資料：国土地理院による「平成30年7月豪雨による倉敷市真備町周辺浸水推定段彩図」を基にした国土交通省の資料より作成）

いう住民側の課題を浮き彫りにしている。例えば、洪水の可能性がある「低地」居住者の7割が、居住地における洪水の危険性を楽観視しているという調査結果がある（図4）。これだけ水害が激甚化し、その危険性が伝えられていても、認知・認識していない住民は少なくないと考えるべきだ。行政側が注力する情報提供は、まだまだ住民には十分に届いていない。より一層住民に伝わる情報提供の在り方を考えていく必要がある。

避難は個人が行うものであるが、提供される川の情報は堤防の向こう側にある。川が見えない住民に寄り添った内容でなければ認知も理解もされにくい。スマートフォン等の機器やSNS等の手段が充実してきた時代であるからこそ、この課題に挑む必要がある。避難の主役である住民の理解を深め、行動力を高めるための施策と技術が強く求められている。

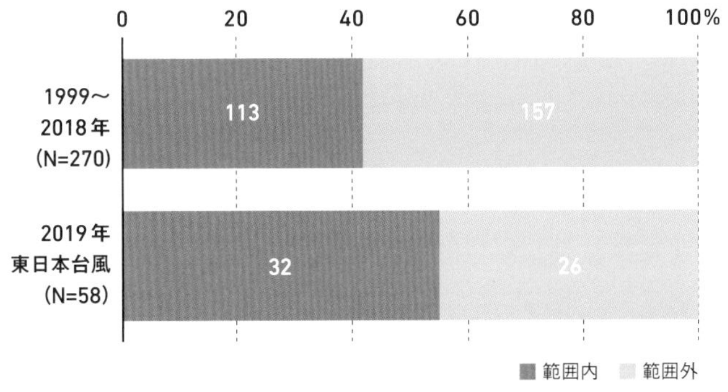

図2　洪水による犠牲者発生場所と浸水想定区域との関係

2019年の東日本台風とそれ以前の洪水を比較した。東日本台風では5割強が浸水想定区域の範囲内であり、範囲内の比率がこれまでよりも高くなった

（資料：静岡大学防災総合センター　牛山素行「2019台風19号による人的被害の調査、速報2019年11月12日版」）

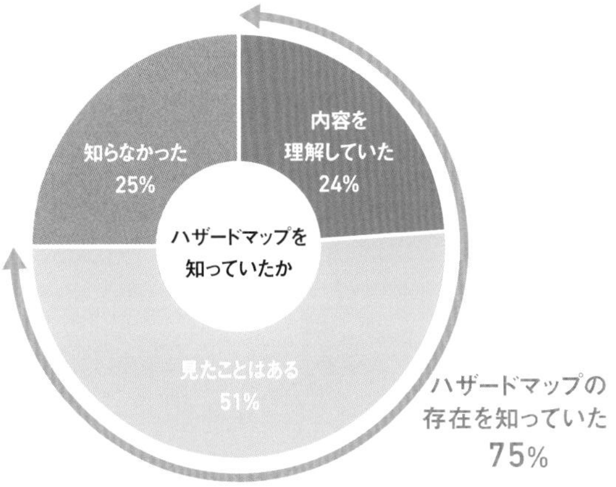

図3　ハザードマップの認知度

アンケートは倉敷市真備町地区で被災して避難所、親族宅などで暮らしたり、同地区で復旧作業に当たったりした男女100人（男54人、女46人）に2018年7月28日に面談方式で実施

（資料：阪本真由美（兵庫県立大学）・松多信尚（岡山大学）・廣井悠（東京大学）が山陽新聞社とともに実施した調査に基づき内閣府が作成）

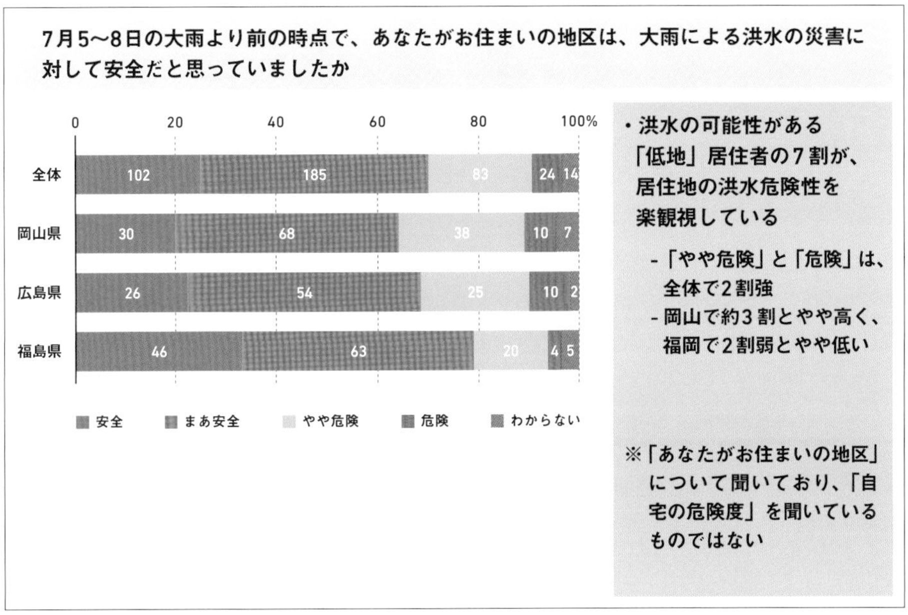

図4　居住地の洪水に対する危険度認知（低地居住者）

調査対象：2018年の西日本豪雨時の大雨特別警報発表地区（一部）の在住者

［岡山地区］岡山市、倉敷市、総社市、早島町

［広島地区］広島市、呉市、坂町、海田町、府中町、熊野町

［福岡地区］福岡市

（資料：牛山素行（静岡大学）平成30年7月豪雨時の災害情報に関するアンケート（2018年7月実施【2018/10/11追記版】）に基づき内閣府が作成）

3-2 多様な被災形態

7 要配慮者を救え

高齢者や障害者など要配慮者が水害時の被災を免れるように、様々な制度が改正されてきた。こうして整えられた制度の下、自治体や地域住民の地道な努力によって被害を防いできた事例を紹介する。

秋田県大仙市では、2016年8月に襲来した台風10号による洪水で、岩手県小本川の沿川に立地する要配慮者利用施設が被災した。この被害を踏まえ、同年10月以降、市内の要配慮者利用施設に対して避難確保計画の作成を市長から依頼するといった取り組みを推進した。その後、施設と市・地域住民による避難訓練、施設と周辺自主防災組織との防災研修、地域住民による避難所開設訓練といった取り組みが積極的に進められるようになった。

写真1　秋田県大仙市における避難難訓
2016年11月25日に撮影（写真：秋田県大仙市）

同市内のある特別養護老人ホームでは、市の取り組みと連動して洪水に対する避難確保計画を作成し、避難訓練も実施した（写真1）。その結果、2017年7月に発生した洪水時には、利用者81人を車で迅速に避難させることができた（写真2）。

埼玉県川越市内のある特別養護老人ホームでも、洪水に対する避難確保計画を作成し、毎年、避難訓練を実施していた。2019年1月には避難確保計画の見直しを図る等、周到な準備を心がけていた。その結果、2019年10月の東日本台風の水害時には、迅速な行動が可能となり、職員、利用者の全100人が無事に避難できた。

災害時の公助による避難支援には限界がある。避難行動要支援者（要配慮者のうち自ら避難することが困難な者）の避難には、地域（共助）による支援が

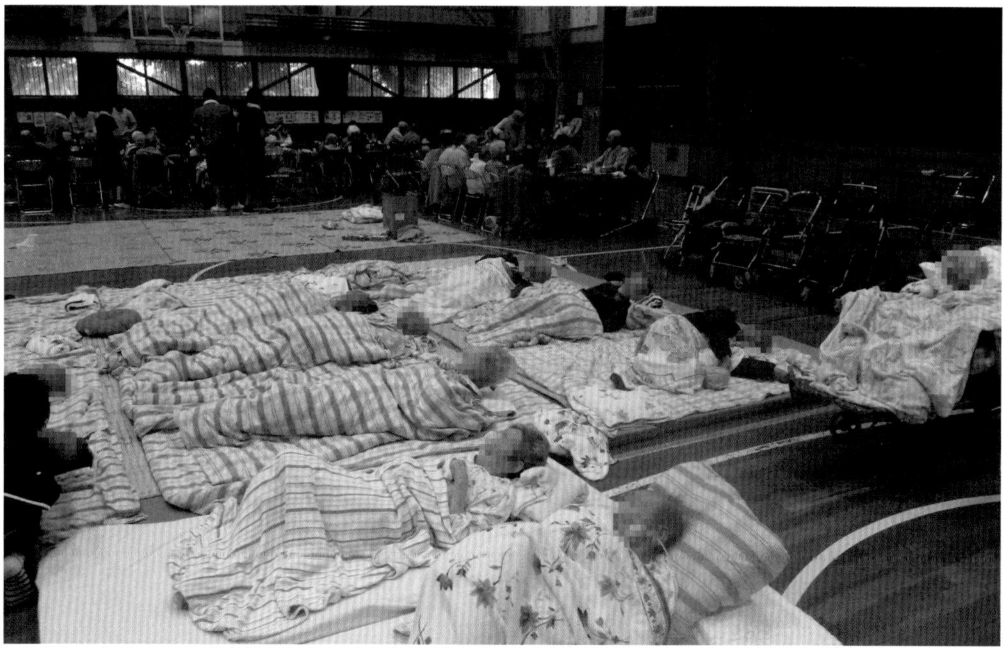

写真2
老人ホームから中学校へ避難
ある特別養護老人ホームの利用者が中学校に避難した様子。2017年7月の洪水時の様子
（写真：秋田県大仙市）

不可欠だ。様々な機会を通じて避難行動要支援者と地域住民とを結び付ける方策が必要になる。

例えば、現状では避難行動要支援者を65歳以上の者とする等、避難能力の有無と関係なく要件が定められている場合が多い。真に支援が必要な者との区別を考えるべきだ。平時から福祉サービスの利用等を通じて高齢者や障害者等とつながりのある福祉専門職の協力を得ながら、防災行政部門と福祉行政部門が協働して確実な避難を実現する方策に取り組むことが、共助を進める前提となる。

介護支援専門員（ケアマネジャー）は、福祉サービス利用のためのケアプランの作成を通じ、平時から避難行動要支援者の心身の状況や生活実態等を把握している。こうした福祉専門職の参画の下、本人や家族、地域住民、行政等が連携して、個別計画の策定を行う取り組みが進められている。兵庫県が2018年度から進める「防災と福祉の連携モデル事業」はその代表例だ。介護支援専門員等の協力を得て、平時のケアプラン等を作成する際に、避難のための個別支援計画を作っている。

小規模な要配慮者利用施設では、人員や機材が足りず、迅速な避難が難しい場合がある。宮城県白石市では、自動車販売会社と協定を結び、災害時に福祉車両を借り受けて、グループホームの要配慮者の避難に使えるようにした。市と自動車販売会社、グループホームが合同で避難訓練を実施している。

地域における共助の取り組みには、個人情報保護の壁もある。岡山県倉敷市では地域包括支援センターを中心に2013年に設置した小地域ケア会議が「見守り支えあい台帳」を作成。これに基づいて地区の対象者の避難支援を行っている。岡山県総社市においても、自主防災組織が独自に作成した名簿を用いた避難訓練を実施中だ。名簿を使った避難支援も行われている。広島県東広島市では、地区会が住民の連絡先を記したリストや一人暮らしの世帯を明示した地図を作り、避難を支援している。

水害の犠牲者の多くは高齢者や要配慮者だ。東日本台風による死者は84人（2019年12月12日時点：災害関連死を除く）に及ぶ（図1）。大半の都県では、65歳以上の高齢者が多数を占める。自宅での死者では65歳以上の高齢者が79％に達していた。2020年7月には球磨川の要配慮者利用施設において、再び犠牲者が発生した。どの流域に発生するか予測が難しい線状降水帯による急激な洪水の発生にどのように備えるのか。要配慮者の避難については、今後もさらなる努力が必要だ。

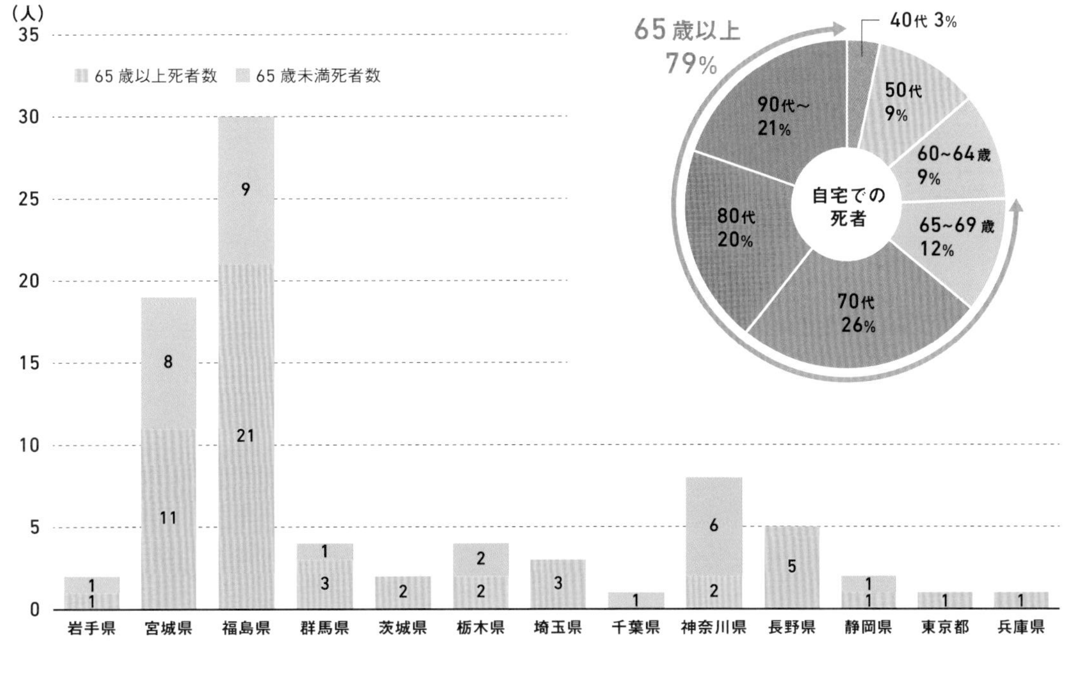

図1
2019年の東日本台風による死者数
2019年12月12日時点。災害関連死を除く
（資料：内閣府）

3-2 多様な被災形態

8 難しい広域避難

東京23区の中で広大な低平地、特にゼロメートル地帯を有する江東5区では、5区全体で約260万人もの人口を擁する（図1）。大規模な水害が発生した場合、膨大な浸水人口の発生が想定される。そこで、江東5区が中心となって、学識者や河川管理者といった関係機関とともに、広域避難推進協議会を設置。長雨などによる荒川の洪水と東京地方への伊勢湾台風級以上の台風襲来による東京湾の高潮とが同時期に発生した場合の荒川両岸での浸水被害を想定し、検討を始めた。

検討では、早期段階における広域避難の判断の難しさ、広域避難先の不足、大規模な交通渋滞の発生、広域避難が困難な人の存在、区民の認識不足が課題として挙がった。こうした点を踏まえたうえで、2018年に江東5区大規模水害広域避難計画を策定した。

2019年の東日本台風の際には、事前に策定していた広域避難計画に基づく「共同検討開始」を実施する基準雨量（荒川流域3日間積算流域平均雨量がおおむね400mmを超える可能性が予測されたとき）に10月11日の午前に到達し、江東5区による広域避難が初めて検討された。しかし、12日午前（氾濫24時間前と想定）の予測雨量が400～600mmにとどまり、広域避難勧告の発令基準のおおむね600mmを超えなかったこと等を踏まえ、広域避難勧告は発令されなかった（図2）。

結果として広域避難は実施されなかったものの、台風が過ぎた後に広域避難について江東5区長による共同コメントが発表された。そこには現場の指揮官が実感した以下の課題が列記されていた。

1. 台風予報および雨量予測と、広域避難の発令基準のズレ
2. 公共交通機関の早期計画運休の定着による移動手段の確保の問題
3. 広域での被災が予測される場合の避難先を示すことの難しさ

コメントには「広域避難を実施するには、多くの課題があることを確認しました。そのため、今後、国や都の検討会等の動きと連動しながら、時間をか

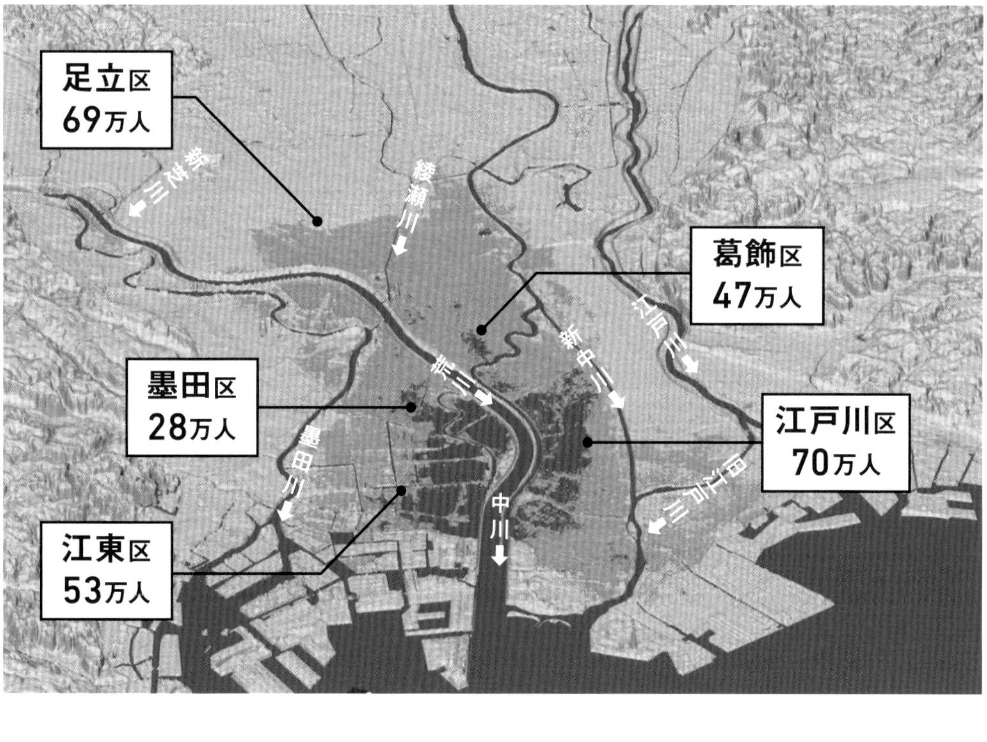

■ 干潮時水面（A.P.+0.0m）以下
■ 満潮時水面（A.P.+2.1m）以下
■ 高潮時水面（A.P.+5.1m）以下（伊勢湾台風級の高潮潮位の場合）

図1　**江東5区の地形と人口**
人口は住民基本台帳による世帯と人口（2020年4月）に基づく
（資料：江東5区大規模水害対策協議会の江東5区大規模水害避難等対応方針（平成28年8月）に基づき作成）

けて広域避難のあり方を議論しつつ、並行して各区それぞれ垂直避難についても検討を深めることにしました」とある。人口稠密地帯における大規模な広域避難の難しさが改めて浮き彫りになった。

当時5区ではそれぞれ避難勧告が発令された。例えば、江戸川区によると、同区では12日午前9時45分に避難勧告を発表し、避難所に約3万5000人の住民が避難した。荒川下流域は計画高水位に至る大洪水にはならなかったが、避難者数は多かった。荒川が決壊する事態に陥れば、それに比べて桁違いの住民の避難が必要になると考えられる。これだけでも、東日本台風は広域避難の重要性を再認識させたと言える。

大規模な広域避難に関わる検討事例は、内閣府の「令和元年度台風19号による災害からの避難に関するワーキンググループ」でも議論された。そこでは区長コメントに示された課題をより具体的に列挙している。

- 大規模広域避難は、早い時間からの大規模なオペレーションとなることから、災害発生前であっても社会的影響が大きい。しかし、多岐にわたる関係機関間の協力体制や、広域避難時の費用負担の仕組みが十分に整っているとは言えない。
- 鉄道の計画運休や、想定とは異なる降雨・暴風等のパターンにより、計画とは異なるタイミングでの広域避難の検討や実施が必要となる場合に対応できるような、十分な時間的余裕を持った降雨・水位等の高精度な予想が難しい。
- 広域避難の必要性について、対象住民の理解や、広域避難を社会全体で受け入れる機運醸成が十分であるとは言えない。

江東5区はわが国における最も稠密な低平地であるからこそ、首長による先駆的かつ挑戦的な検討事例に結びついた。さらに、事前に広域避難計画を策定していたからこそ、実際の雨量に照らし合わせた検討が可能となり、様々な課題の抽出も実現した。

とはいえ、広域避難には難問が山積している。何もしなければ最悪の被害が避けられないことは衆目の一致するところだ。大規模な人口を擁するエリアでは、現実的な垂直避難を数多く実施するだけでは足りない。かなり早い段階から地域外に人を移動させる措置を制度的に講じることも欠かせない。国を含め、多くの関係者が協力して解決策を導かなければならないのだ。国家的な課題と捉えて検討する必要がある。

図2　**広域避難勧告・域内垂直避難指示（緊急）の発令基準**（資料：江東5区広域避難推進協議会の江東5区大規模水害広域避難計画（平成30年8月）に基づく）

発令段階	想定時間	発令基準
Ⅰ **共同検討開始** **（江東5区による検討）**	72時間前を想定	①気象庁が72時間先の台風予報において、中心気圧930hPa以下の台風の予報円が東京地方を含むと予測した場合 または、 ②気象庁と荒川下流河川事務所が、洪水に関連する情報として、荒川流域（岩淵地点上流域）での3日間積算流域平均雨量がおおむね400mmを超える可能性があると予測し、江東5区に情報提供があった場合 または、 ③江東5区の区長いずれかからの発議があった場合
Ⅱ **自主的広域避難情報** **（広域避難の呼びかけ）**	72～24時間前を想定	①気象庁が48時間先の台風予報において、中心気圧930hPa以下の台風の予報円が東京地方を含み、かつ、東京都（東京地方）に高潮警報発表の可能性が高いと予測した場合 または、 ②気象庁と荒川下流河川事務所が、洪水に関連する情報として、荒川流域（岩淵地点上流域）での3日間積算流域平均雨量（1日間降雨実績と48時間降水量予測の和）がおおむね500mmを超える可能性があると予測し、江東5区に情報提供があった場合 または、 ③江東5区の区長の判断
Ⅲ **広域避難勧告**	24～9時間前を想定	①気象庁が、930hPa以下の台風がおおむね24時間以内に東京湾から神奈川県付近を含む地域へ到達すると予測し、高潮特別警報を発表する可能性に関する記者会見を行う場合、または、江東5区に高潮注意報が発表されており、当該注意報において堤防の天端高を超える最高潮位が予測されている場合 または、 ②気象庁と荒川下流河川事務所が、洪水に関連する情報として、荒川流域（岩淵地点上流域）での3日間積算流域平均雨量（2日間降雨実績と24時間降水量予測の和）がおおむね600mmを超える可能性があると予測し、江東5区に情報提供があった場合 または、 ③江東5区の区長の判断
Ⅳ **域内垂直避難指示** **（緊急）**	9～0時間前を想定	①Ⅲの状態で高潮警報あるいは高潮特別警報が発表された場合 または、 ②荒川下流河川事務所より、氾濫危険水位（A.P.+7.70m）に達し、さらなる水位上昇が見込まれる旨が通知された場合 または、 ③江東5区の区長の判断

3-2 多様な被災形態

9 緊急放流、そのときダムに何が

2018年の西日本豪雨や2019年の東日本台風による水害時には、「緊急放流」が報道で大きく取り上げられた。ダムが大量の水を放流するというイメージを抱いている人は多いだろう。まずは、緊急放流について簡単に解説する。

ダム上流の豪雨によってダムの洪水調節容量の全量を使いきっても貯水容量が不足する可能性がある場合に、ダムからの放流量を増加させ、最終的にダムに流れ込んでくる水量と同じ量をダムから放流する状態にする操作を、ダム管理者の用語で「異常洪水時防災操作」という。このときの放流が「緊急放流」と言われている。緊急放流と言うと、ダムに貯め込まれた水を一気に放流する印象があるかもしれないがそうではない。ダムがなかった状態よりも大きな水量が放流されるわけではないのだ（写真1）。

ただし、ダムの貯水効果がなくなれば、ダムによって流れ込む水量が抑えられていた下流の河川では流れ込む水量が増す。結果として水位が上昇し、最大級の警戒が必要になる。ダムの管理者はメディアの協力等も得ながら住民への周知を図る。しかし、多くの住民が避難をしていない実態がある。ダム下流域で浸水の恐れがある地域では、ダムがあるといって安心してしまうのではなく、行政やメディアを通じた情報に注意し、いざというときには避難等の行動を取らなければならない。

緊急放流が始まると、ダム下流の河川の水位が上昇する。そのスピードは、ダムがない場合よりも速くなる。2018年の西日本豪雨における緊急放流の実例を見てみよう。岩屋ダムでは、ふた山にわたるピークを持った豪雨による洪水を貯留したが、3つ目の山の降雨は貯留しきれなかったので緊急放流を行った。それでも、最大流入量（毎秒約1340m^3/s）に対して最大放流量は約945m^3/sと、約3割の洪水流量を減少させた。

また、鹿野川ダムの場合には、計画を大きく上回るひと山の豪雨によって緊急放流に至った。最大放流量は最大流入量をわずかに下回るのみであった。ダムによってこのような差が生じたのは、ダムの貯水容量とダム上流の降雨量の関係が影響している。

岩屋ダムでは、ダムの上流域平均で200mmの降雨量に相当する洪水調節容量があった。ところが、岩屋ダム上流では約800mmもの雨が降り、緊急放流になった。一方で、鹿野川ダムでは流域全体で36mm分（上流にある野村ダムを加えても44mm分）の降雨に対応する洪水調節容量を持つところに、上流域平均で380mmの豪雨が襲った。ひと山であっても10倍以上に相当する降雨量だったのだ（図1）。

このように、緊急放流が行われる状況においては、

写真1　**西日本豪雨時に緊急放流中の日吉ダム**
淀川水系桂川に位置する（写真：水資源機構）

写真2　**2013年9月の洪水を貯留した天ヶ瀬ダム**
淀川水系宇治川に位置する（写真：国土交通省近畿地方整備局）

ダム上流ではダムの計画規模を上回る豪雨になっている。2013年9月に淀川水系を襲った豪雨によって、宇治川にある天ケ瀬ダムでは緊急放流を行った。その際にダムは緊急放流を行いながらも**写真2**のように満々と水をたたえ、下流の宇治市を守っていた。

ダム上流では大規模な豪雨によって下流では想像し難い事態が進行している。緊急放流が行われたダムの上流域では、多くの山腹崩壊が生じ、またダム湖には大量の流木が流入する等（**写真3**）、ダム上流を襲った豪雨の爪痕が残されることが多い。

ダム上流域に降った豪雨の激しさが広く理解された事例として、金山ダムのある空知川の水害を紹介する。同ダムでは、2016年8月に北海道を襲った豪雨時に緊急放流を行った。金山ダムのすぐ上流に位置する南富良野町において、ダムに流入する空知川の堤防が決壊。大水害となったのだ（**写真4**）。ダム上流の市街地で大水害が起こったために、ダム上流域での豪雨の激しさが広く注目された。

2019年の東日本台風では、国土交通省所管の146カ所のダムで洪水調節が実施され、そのうち6カ所のダムで緊急放流が行われた。このようにダム上流に計画規模を上回る豪雨が降る事例は、もはや珍しくない。ダム上流域で発生する豪雨の状況を理解したうえでの防災行動が必要な時代になっているのだ。ダムから発せられる情報も、そのような点への理解を深められるよう改善していく必要がある。

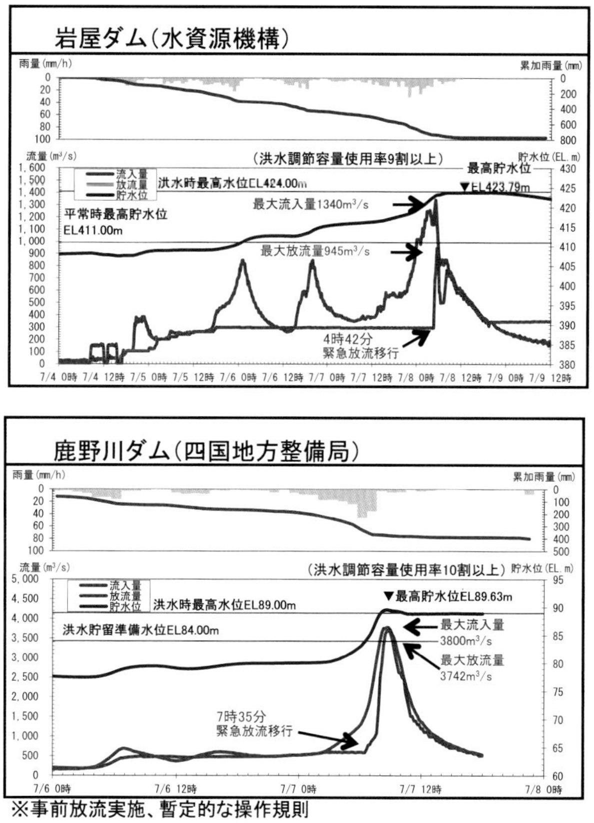

※事前放流実施、暫定的な操作規則

図1　**2018年7月の西日本豪雨時における岩屋ダムと鹿野川ダムの操作状況**

（資料：国土交通省「第3回異常豪雨の頻発化に備えたダムの洪水調節機能に関する検討会」の参考資料を基に作成）

写真3　**豪雨はダムに流木ももたらす**

2017年の九州北部豪雨時の洪水により寺内ダム（筑後川水系佐田川）に流入した大量の流木（写真：水資源機構）

写真4　**金山ダム上流の南富良野町の水害**

2016年8月の洪水氾濫がもたらした状況。写真上部が金山ダムのダム湖（写真：国土交通省北海道開発局）

3-2 多様な被災形態

10 土砂災害や洪水氾濫が招く交通途絶

2018年7月の西日本豪雨では、土砂流入や橋梁流出といった被災や雨量規制等により、中部から九州南部の広い範囲にわたって最大で63 路線77 区間の高速道路が通行止めとなった。加えて、鉄道もJR山陽本線が被災。全線再開までに約3カ月を要したのをはじめ、JR伯備線やJR予讃線など中国・四国地方における大動脈が寸断され、交通や物流に多大な影響を及ぼした。

中でも国道31号、広島呉道路およびJR呉線が並行して走る坂町水尻地先では、土砂崩れによって道路や鉄道が寸断された。その結果、広島市と呉市を結ぶ交通が長期間にわたって途絶した（写真1、2）。

広島県内では多くの生活道路が不通となり、一時3万2000人を超える市民が孤立状態となった他、自動車等の工場も操業の一時停止を余儀なくされた。小売店では生鮮品などの商品がなくなる等、市民生活に大きな影響が及んだ。

同様に、2019年の東日本台風においても、北海道から中国・四国地方までの広い範囲で、土砂崩れや冠水等が発生。道路や鉄道が通行止めや運行休止となり、製造業、小売業、運輸業、電気・ガス・熱供給・水道業、金融業といった様々な産業に大きな影響をもたらした（写真4）。

このように土砂災害や洪水氾濫が交通を寸断してしまうと、日常の市民生活を直撃するだけでなく、経済活動の面でもサプライチェーンに大きな影響が及ぶ。さらには、被災地における救助活動や被災者への救援活動といった災害応急対策、被災地域の復興活動にも支障を来すようになり、被害を拡大させる点は忘れてはならない。

写真1　寸断された広島市と呉市間の動脈　2018年7月にいわゆる西日本豪雨で発生した土砂崩れの様子。広島県坂町水尻地先では、並行する広島呉道路、一般国道31号、JR呉線が同時に被災した（写真：広島県）

写真2
JR呉線水尻駅付近の被災状況
2018年7月に発生した豪雨での被災（写真：広島県）

写真3
国道2号が被災
2018年7月豪雨の被害を受けた広島市安芸区内の様子
（写真：国土交通省中国地方整備局）

写真4
流されたJR水郡線第6久慈川橋梁
2019年の東日本台風で被災した
（写真：日経クロステック）

首都圏の大河川で想定される洪水氾濫

2019年の東日本台風では、東京都と埼玉県の境を流下する関東地方の大河川である荒川が記録的な大出水に見舞われた。この際の荒川下流部における危険性は、過去最大クラスに高まっていた。

荒川は、下流部で東京都内の低平地を流下している。特に最下流部（江東5区：墨田区・江東区・足立区・葛飾区・江戸川区）は、わが国有数のゼロメートル地帯を有する。夕立ほどの降雨でも域内の小河川を常時ポンプ排水していなければ、たちどころに浸水してしまうエリアもある。ゼロメートル地帯の面積は116km^{2}に及び、そこに176万人が居住する。わが国の中でも、治水上極めて脆弱な地域だ。

このようなゼロメートル地帯をはじめとする低平地に、わが国の政治経済の中枢機能が集積していることは、しっかりと頭に刻み込んでおかなければならない。それは以下の数字を見ても分かる。

国土交通省は，荒川の下流部の堤防決壊が引き起こす被害を試算している。それによれば、仮に、京成本線の橋梁が架かっている地点（河口から10.75km、右岸は東京都足立区、左岸は東京都葛飾区）付近の右岸側の堤防が決壊した場合、約110万人が居住するエリアの51万戸の家屋が浸水する。さらに、避難ができずに孤立する人が39万人、そして4100人の犠牲者が発生すると見積もられた。

濁流は地下鉄網等をたどって都心部にも到達。わが国の中枢機能が喪失するという事態も想定している。このような規模の洪水氾濫が荒川で発生した場合、都内各地でどのような被害が生じるのか、国土交通省はYouTubeで動画を公開している。ショッキングな映像も登場するが、決して誇張ではない。緻密な水理計算に基づくシミュレーション映像だ（図）。都心を襲う大規模な洪水氾濫がいかなるものか、映像を見ればそのイメージがつかめるはずだ。

一方、荒川の大水害によって東京が首都機能を喪失する事態を題材にした小説もある。例えば、幸田真音氏の「大暴落　ガラ」や高嶋哲夫氏の「東京大洪水」が挙げられる。フィクションではあるものの、首都東京における大水害の影響が世界経済にも及び得る恐ろしさを感じ取ることができるはずだ。

2019年の東日本台風で荒川の堤防が決壊しなかったことは、幸運としか言いようがない。結果的に何事も起こらなかったので、実際には大水害はぎりぎりの段階で食い止められたという事実は、あまり報道されていない。しかし、水害は確実に激甚化している。首都の足下に潜む大水害の恐ろしさを決して軽く見てはいけない。

図　**東京・銀座の浸水想定シミュレーション映像**

フィクションドキュメンタリー「荒川氾濫」の1シーン。浸水位など精密なシミュレーションに基づいている映像だ。決して絵空事ではないと認識しなければならない（資料：国土交通省荒川下流河川事務所）

写真　**東日本台風における荒川の流下状況**

右岸（写真左側）が東京都北区、左岸は埼玉県川口市だ。都と県の境の人口稠密地帯を流下する。ひとたび荒川が氾濫すれば、その被害は計り知れない（写真：国土交通省荒川下流河川事務所）

3 章参考文献

3-1

[1] ・気候変動による水害研究会・日経コンストラクション編「激甚化する水害」日経 BP 社，2018 年 3 月.
・NHK 放送文化研究所編「NHK 気象・災害ハンドブック」日本放送出版協会，2005 年 11 月.
・気象庁「令和 2 年 7 月豪雨の観測記録について」令和 2 年報道発表資料，2020 年 7 月 15 日，気象庁 HP.

[3] ・気候変動を踏まえた都市浸水対策に関する検討会「気候変動を踏まえた下水道による都市浸水対策の推進について 提言」2020 年 6 月，国土交通省 HP.

[5] ・国土交通省水管理・国土保全局砂防部「平成 29 年 7 月九州北部豪雨による土砂災害の概要〈速報版〉」Vol.6，国土交通省 HP.
・国土交通省水管理・国土保全局砂防部「平成 30 年 7 月豪雨による土砂災害概要〈速報版〉」国土交通省 HP.
・国土交通省砂防部「令和元年台風第 19 号に伴う土砂災害の概要 Ver.2.1」国土交通省 HP.

（コラム）
・宮村 忠監修・アーカイブス利根川編集委員会編「アーカイブス利根川」信山社サイテック ,2001 年 11 月.
・須賀堯三監修・利根川研究会編「利根川の洪水」山海堂，1995 年 3 月.
・関東地方整備局「利根川について カスリーン台風による被害」https://www.ktr.mlit.go.jp/tonejo/m/m-tonegawa/kathleen/index.html.

3-2

[1] ・岡山県総社市「総社市復興計画～市民に寄り添う「絆」のまち そうじゃ～」2019 年 3 月.

[2] ・関西電力株式会社「台風 21 号対応検証委員会報告」2018 年 12 月 .
・経済産業省「台風 15 号に伴う停電復旧プロセス等に係る検証について」第 5 回資料 4，2019 年 10 月 3 日，経済産業省 HP.

[3] ・気候変動を踏まえた都市浸水対策に関する検討会「気候変動を踏まえた下水道による都市浸水対策の推進について提言」2020 年 6 月，国土交通省 HP.

[5] ・経済産業省「令和元年台風第 15 号による被害・対応状況について（9 月 19 日（木曜日）8 時 00 分時点）」ニュースリリース，経済産業省 HP.
・東京電力ホールディングス（株）「第 7 回電力レジリエンス WG 台風 15 号に伴う停電復旧対応の振り返り（中間整理）」2019 年 10 月 31 日，東京電力ホールディングス HP.

[6] ・河川審議会 川に学ぶ小委員会「『川に学ぶ』社会をめざして報告」平成 10 年 6 月.
・中央防災会議「令和元年度台風 19 号による災害からの避難に関するワーキンググループ（報告）」令和 2 年 3 月.

[8] ・江東 5 区広域避難推進協議会「江東 5 区大規模水害広域避難計画」平成 30 年 8 月.

[10] ・社会資本整備審議会「大規模広域豪雨を踏まえた水災害対策のあり方について～複合的な災害にも多層的に備える緊急対策～ 答申」2018 年 12 月.
・中国運輸局「平成 30 年 7 月豪雨災害への対応」平成 30 年 12 月 6 日，国土交通省中国運輸局 HP.
・広島県「平成 30 年 7 月豪雨災害による被災状況」広島県 HP.

（コラム）
・国土交通省荒川下流河川事務所「荒川（下流部）の堤防決壊により想定される被害」https://www.ktr.mlit.go.jp/ktr_content/content/000682782.pdf.

4章

防災・減災への針路

4-1 治水の技術理念

1 世界有数の難度抱える日本の治水

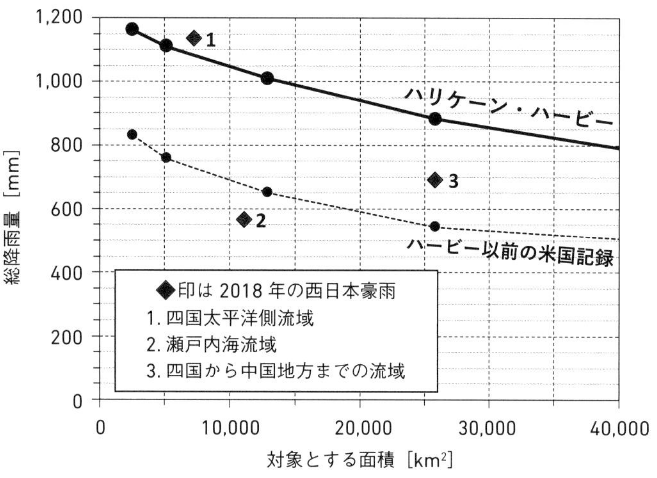

図1　**ハリケーン・ハービーのすさまじい豪雨**

2017 年 8 月に米国テキサス州を襲ったハリケーン・ハービーによる豪雨と 2018 年 7 月の豪雨（西日本豪雨）との総降雨量を比較した結果。ハービーがもたらした豪雨は 1 万 2000km^2 という広域（信濃川の流域面積の広さ）にあまねく水深 1m の雨を降らせる規模（120 億 m^3）に相当する。実は、西日本豪雨はこれに負けていない（◆のプロット）

（資料：ハリス郡治水局と国土技術政策総合研究所のデータを基に作成）

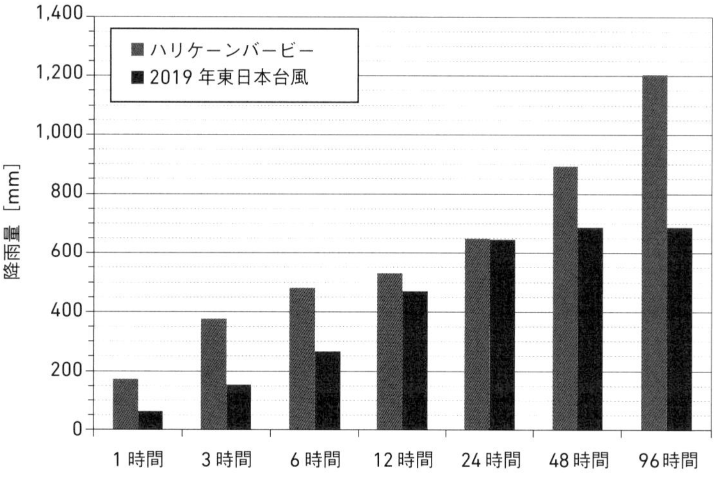

図2　**日降雨量でハリケーン・ハービーに匹敵した東日本台風**

ハリケーン・ハービーと令和元年（2019 年）東日本台風（台風 19 号）による豪雨の比較。継続時間別の地点観測雨量最大値で示す。対象エリアはヒューストン市を包含するハリス郡 4604km^2 と多摩川・荒川（関東）流域 4180km^2。ハービーの豪雨はどの継続時間をとっても超横綱級。ところが、連続 12 時間と 24 時間降雨量で見ると、東日本台風の豪雨も負けていない

（資料：ハリス郡治水局と気象庁のデータを基に作成）

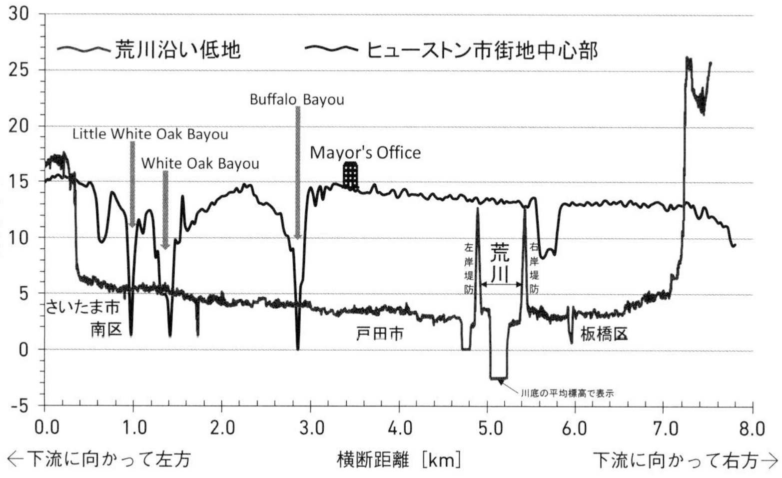

図3　**標高低い荒川周辺**

Buffalo Bayou 水系に属する 3 本の川が貫流するヒューストン市街地と荒川沿い低地の横断地形を比べた。どちらも河口から三十数キロメートル遡った付近。掘り込み河川と沖積河川の対照が鮮やかだ

（資料：米国地質調査所と国土地理院が提供する地形データを基に作成）

日本に降る豪雨は世界でも有数

2017年8月末に米国に上陸したハリケーン・ハービーは、テキサス州南東部を中心に甚大な被害をもたらした。その被害推定額は1250億ドル[※1]に上る（1ドル110円で換算すれば13兆円、東日本大震災の経済被害額の規模は17兆円）。これは2005年のハリケーン・カトリーナに次いで、ハリケーン災害史上2位に当たる数字だ。

特筆すべきは豪雨のすごさだ。全米4位の人口689万人を擁するヒューストン都市圏を襲った空前の豪雨は、数日にわたって街中を水浸しにした。

しかし、この規模の豪雨は日本で既に発生している。しかも2018年、2019年と立て続けに（**図1**、**2**）。日本は世界に冠たる豪雨の国なのである。

豪雨を受けるには厳しい地形の日本

ヒューストンを流れる川は土地を深く掘り込んでいて、断面積が結構大きい。豪雨で増水しても相当量の水は街にあふれずに海に流れ出す。

一方、日本の川は主要な区間が沖積河川となっている。つまり、山から土砂を浅い海に運び、埋め立てて平野（沖積平野という）を形成しながら自らを形づくっているのだ。

“埋めながら造る”川なので、沖積河川の断面積は小さめになる。**図3**から分かるように、荒川は3本のBayouに比べて河道の流域面積が3倍近いものの、堤防がなければ断面積は随分と小さい。ちなみに日本において、沖積河川から周り（沖積平野）に水があふれるのは、平均的には2～3年に1回という高頻度である。

日本では沖積平野を使わざるを得ない

地形区分としては、その沖積平野とそれ以外（山地や台地・段丘）の区分は明瞭であり、**図4**の左図（氾濫平野は沖積平野のこと）や**図3**はその典型である。しかし、土地利用の観点から、これらの区域には治水上の課題とは関係なく、稠密な都市が形成された。**図4**の右図はその典型と言える。

洪水氾濫の危険性がこの区分で劇的に変わるのになぜか？ それは、暮らしと産業の基盤として活用しやすい「平らで便利な土地」が台地や段丘だけでは圧倒的に足りないからだ。洪水氾濫の危険をある意味、覚悟して沖積平野を使うようにしたのが日本なのであり、わが国の宿命でもある。

そのため日本では、「治水インフラ」によって氾濫危険度を大幅に下げるようにして、沖積平野を使えるようにしている（**図3**もその象徴）。自然のままでは数年に1回氾濫するような土地を利用するために、ダムや遊水地、堤防、河道掘削といった河川整備を営々と行い、沖積平野でも安寧が保たれるよう取り組んでいるのが日本なのだ。

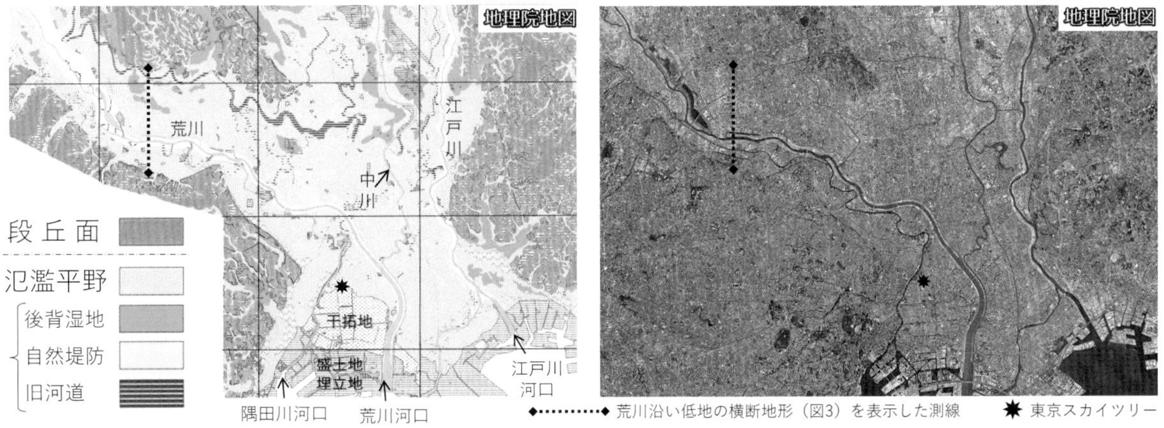

図4 **荒川、中川、江戸川下流部一帯の地形**

左は治水地形分類図、右は航空写真で見る土地利用状況。左右の図面は全く同じ場所だ。これら大きな河川からの氾濫が及ぶ危険があるか（地形区分が氾濫平野＝沖積平野）、ないか（段丘）とはほぼ無関係に、土地が利用されている（資料：いずれも、国土地理院によるものを加工して作成）

4-1 治水の技術理念

2 水害リスクカーブ

水害リスクカーブとは

縦軸に着目している水系で起こる想定被害（総計）、横軸に降雨（すなわち自然外力）の大きさを取って、両者の関係を表すのが水害リスクカーブだ（図1）。国土技術政策総合研究所が新しい治水フレームを提唱する中で導入した。縦軸の想定被害は単一の尺度ではなく、人的被害、直接被害、間接被害など必要と対象に応じて、様々な尺度を採用していく。金銭的、非金銭的なものも含めてだ。また、ダメージからの回復のしやすさである復元性の観点から、“後遺症の大きさ”で表示する工夫も考慮する。

横軸は、その量以上の降雨が降る確率がN年に1回とした場合のN年、すなわち「超過確率年」で表示する。その範囲は、数千年までというように、治水の長期目標を大きく超えたところまでを見る。

30～40年の降雨規模に対して大河川で6割

図1の中の「無被害の範囲」の意味は次の通りだ。通常であれば洪水氾濫が2～3年に1回起こる沖積平野において、営々と治水インフラを整備した結果、今日では一定の降雨規模までは洪水氾濫を防げる「無被害」の状態を保てるようになっている。これが「無被害の範囲」である。

その範囲は、一級水系の長期的な治水目標（氾濫発生を100～200年に1回の頻度まで抑える）には、まだまだ至っていない。それでも、治水インフラがない場合に比べれば、はるかに安全になっている。大河川ではN=30～40年の降雨規模に安全となるレベルに対して6割程度の整備率[※2]を達成している。

降雨規模が無被害の範囲を超えると、被害が出始め、しかも急増するようになる。それは、堤防が耐えられる限度を超える外力（河川の高い水位等）を受けて破壊されると（堤防決壊）、それまで堤防によって川の中に閉じ込められていた大量の水が一気に川の外に流れ出るからだ。これが、堤防が必須である沖積河川と掘り込み河川との決定的な違いだ。

洪水氾濫で人的被害が発生する直接の原因は、主に3つある。まずは堤防決壊後に、堤防近くで生じる流れの速い氾濫流が浮力の作用も相まって家屋を押し流してしまうことだ（家で氾濫水面より高いところにいても危険）。続いて、浸水深が大きくなると上方に逃げきれず、建物内にいる人の逃げ場がなくなってしまうことが挙げられる。3つ目は避難中に浸水で身動きが取れなくなることなどだ。破堤を伴う河川

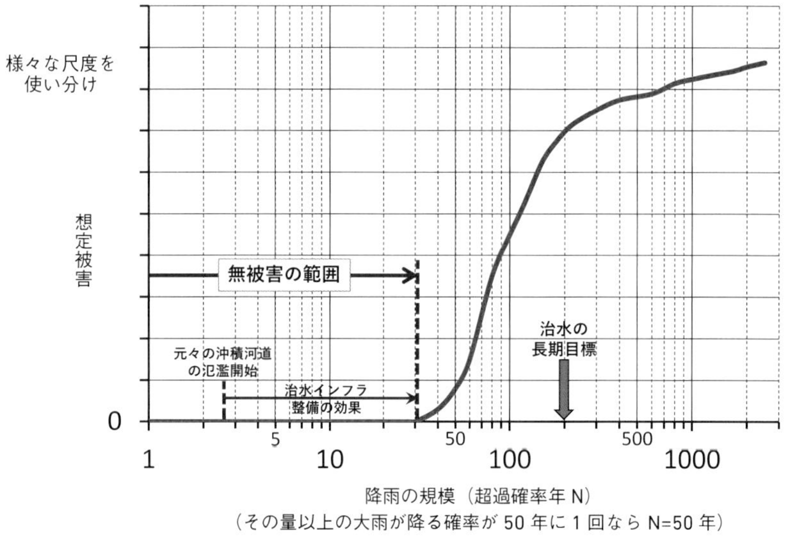

図1　水害リスクカーブ
赤太線が典型的な形を表す（横軸の数字は例示）。ここでは外水氾濫（堤防により河川内にとどまっていた洪水流が堤防を乗り越え、さらに破壊して河川外に流出する状況）を対象に表示した。豪雨を排水しきれずに氾濫・浸水が生じて起こる内水被害の場合、赤太線の立ち上がりは一般にこれよりも緩やかだが、より高頻度でゲリラ的な特徴を持ちやすい

氾濫は厳しいハザードと認識しなければならない。

こうした人的被害の発生の仕方も含め、無被害の範囲を越えた後の「水害リスクカーブ」の形、すなわち被害の起こり方・増え方は、その地域が河川氾濫、特に破堤氾濫に対してどのような強度を持つのかを総合的に反映したものとなる。

そもそも堤防の外が河川からの洪水氾濫に弱いのは当たり前だ。被害の起こり方が普通に考えられるよりも穏やかであるなら、水害リスクカーブに現れる特性から、「氾濫耐性がどのように増したか」を読み取ることができる。

水害リスクカーブを書けば見えてくる

水害リスクカーブを書けば2つのことが実現する。

・個別の事象にとらわれず大局が見えるようになる

治水インフラの効果で無被害になる範囲と、その対応能力を超える降雨によって起こる被害の両方が見えるようになる。前者は川あるいは水系の中、後者は川の外(生活、産業の場－流域)を意味する。つまり、川の内と外の両方が見えるようになるのだ。治水計画の対象範囲の内と外の両方が見えることによって、流域の各場所で起こり得る被害だけでなく、流域全体の被害の様相も見えるようになる。

こうして、治水整備や災害対策に携わる様々な組織が、それぞれの直接担う役割だけでなく、全体を考えられるようになる。これは、「全体最適」への必要条件である。

・大局を見るからこそ個や具体を見るようになる

このカーブを描くためには、水系での氾濫の起こり方を把握したうえで、洪水氾濫の行く先にどのような施設(病院、工場、老人福祉施設、重要な公共施設)などがあるかを把握しなければならない。さらに、特に大きな被害や支障が出る部分もつかんでおく必要がある。それらを全て重ね合わせて初めて、このカーブが描けるのだ。

こうして、水害リスクカーブを描く中で、具体的に流域のどこが、どの程度脆弱かが分かるようになる。つまり、河川水系の中で、氾濫によって特に厳しい災害をもたらす部分が分かってくるのだ。そして、治水インフラの機能向上と流域の氾濫耐性の向上をうまく組み合わせ、被害を流域全体として起こりにくくする具体策を考えるための重要な判断材料になる。これは、全体最適への十分条件である。

写真1 **都市を防御する堤防**

2001年台風15号による洪水流から都市を守る江戸川堤防(埼玉県三郷市新和付近)。図1の赤太線の無被害の範囲(被害0のフラット区間)にある状況(写真:国土交通省資料)

写真2 **千曲川で起こった越水**

2019年の東日本台風で洪水流が千曲川左岸堤防を越水する状況。10月13日午前2時10分の状況。赤太線の無被害の範囲を少し越えた状態(写真:国土交通省北陸地方整備局)

写真3 **破堤・氾濫が起こった状況**

写真2から越水が続き破堤した。2019年10月13日に撮影。長野市穂保付近の被害箇所。赤太線の無被害の範囲を越え急激に立ち上がった状況(写真:国土地理院ウェブサイトのUAV動画の一部)

4-1 治水の技術理念

3 治水の技術理念の根幹

無被害の範囲の拡大は、 万人に等しく効く

治水インフラの整備が進捗して、無被害の範囲が降雨規模N=30～40年（超過確率年）から60～80年になれば、ある年にその流域で洪水氾濫が起こる確率が半分に、120～160年になれば4分の1になる。70年というスパンで氾濫に遭わずに済む確率で言えば、1割強→4割弱→6割程度と増える。

しかも、この効果は万人に等しく確実に効く。人命も財産も地域を支える様々な社会・経済システムも無被害ということで、この意義は極めて大きい。

日本の治水インフラ整備の進捗は、長期目標に対してまだかなり遅れている。しかも、その長期目標自体は諸外国に比べて決して高い水準ではない※3。無被害の範囲の拡大は、治水施策の中でも基本として行われなければならない。

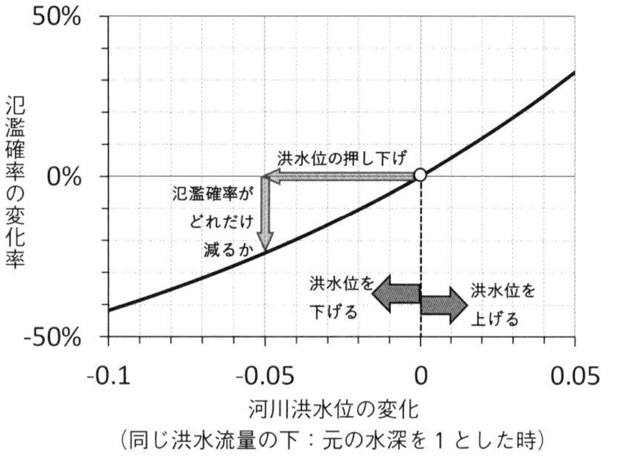

図1　**洪水位を下げれば氾濫確率は下がる**

単純条件での計算例。水深8mなら-0.05倍、つまり40cmの洪水位の低下で、氾濫確率が25%近く減少する。水位低下量とともに、氾濫可能性の変化にも着目することがポイントだ

数十センチメートルの洪水位押し下げが重要

無被害の範囲の拡大は、2つの方法で実現する。1つ目は、ダムや遊水地への洪水の一時貯留や放水路などにより、河川を流れる洪水流量のピークを極力減らすことだ。洪水をゆっくり流せばピークをつぶせる。もう1つは、川幅の拡大や河道整正（掘削、浚渫を含む）、古い構造物の改築などを行い、同じ降雨規模でも低い水位で洪水を流せるようにすることだ。併せて所定の高さの洪水位（計画洪水位という）に対し、特段のことがなければ安全で氾濫を防ぐ堤防を造り、増強することによって実現できる。

こうした治水インフラの整備は大きな労力を要するので、一朝一夕にはできない。我々は先人の営為の恩恵を受けているが、将来の人たちのためには我々が努力を積み重ねていかなければならない。

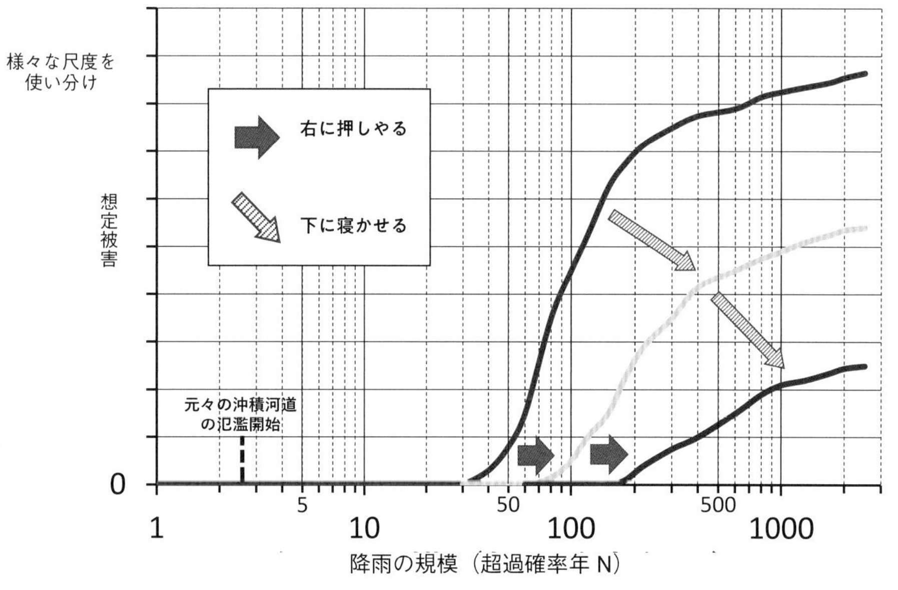

図2
治水の技術理念の根幹

技術や施策をこのために総動員、統合注入、そして新規開拓する（横軸の数字は例示）

治水インフラ整備の進捗は一歩一歩の歩みで、一つのプロジェクトに区切りがついて得られる洪水位の低下効果（同じ降雨規模や洪水流量の下で）が数十センチメートルということは珍しくない。

しかし、この数十センチメートルを決して軽んじてはならない。その理由は次の3つである。(1) 階段は1段ずつ進まなければ高い所に到達しない。(2) その数十センチメートルが無被害か大災害かを分けることがある。水害リスクカーブの立ち上がりに当たった場合だ。(3) 最も重要と考えられるのは、その数十センチメートルが一番大事な「無被害で済む確率」を相当、増やすということだ（図1に典型例）。

防ぎきれない氾濫をしのぐ氾濫耐性の向上

無被害の範囲の拡大で氾濫の頻度は減る。だが、治水インフラの能力を超える規模の豪雨に見舞われれば被害が起こり、それは大きいものになる。治水インフラ整備が進んでも、被害発生リスクはゼロにはならない。せっかくの無被害範囲の拡大が、洪水氾濫への無防備さ、脆弱さにつながってはならない。だから、図2に示す曲線を「右に押しやる」ことと「下に寝かせる」ことを同時に進めることが大切だ。

曲線を「下に寝かせる」ためには、氾濫の危険性が存在する流域（場）において、氾濫しても被害が少なく、回復が早く、後遺症が小さくなる準備を普段から整え、緊急時にはそのように対処できるようにする。すなわち「氾濫耐性」を向上させることが重要だ。

どんな豪雨にも“大負け”しないように

大切なのは、地域が再起できなくなるほどの打撃を受けないように、持続性を確保することだ。致命的な打撃に対して、“滅多にない”と諦めてはならない。人命が失われないようにすることは一丁目一番地であるが、地域にとって大切なものは、それだけではないはずだ。

無防備の場合にその地域が受ける打撃、特に弱い部分、厳しい部分を認識して、何をどう守りたいのかを地域が選択するということが肝要になってくる。「寝かせる」方策を実現するには、その地域のこと（氾濫する場の特徴）をよく知ることが欠かせない。加えて、地域の人々が主体的に、かつ腰を落ち着けて関与することが必須となる。ここにおいて、「水防災意識社会」をつくることと深いつながりが出てくるのだ。

「下に寝かせる方策」は、無被害範囲を拡大する方策とは違う。“効き具合”は様々で、万人に平等に作用するわけではない。厳しく言えば、賢く準備し行動した人と組織が、被害から逃れられるという側面を持つ。つまり、無被害範囲の拡大のような包摂性をいかに持たせるかが勝負どころだ。これは決してたやすい道のりではない。

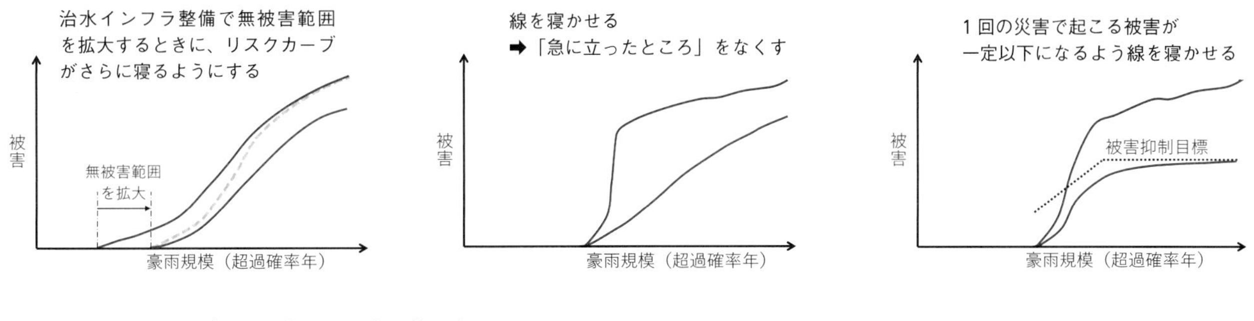

図3　**水害リスクカーブを下に寝かせる際の着眼点**

リスクの高い赤いカーブを、リスクを低減した青いカーブに移行させるよう考える。リスクカーブが“崖”のように立つと、そこで被害が一気に大きくなる。ここは一番注意すべきポイントだ。それを見つけてなくすことが、代表的な着眼点になる（中央）。どれだけ低頻度であっても、1回の災害で起こる被害（例えば死者数）を一定以下に抑えるべきであるという施策がオランダや米国で取り入れられている（右）。これらはリスクカーブ改良を検討する参考材料であり、現時点で統一された基準があるわけではない。対象地域の有り様と、そこを防御している治水インフラの機能・限界・特性を把握して、縦軸の被害に何を採るかを吟味しながら、線の寝かせ方、その目標を各水系、各地域で考え、その過程を共有していく

（資料：国土技術政策総合研究所プロジェクト研究報告、第56号、図-Ⅲ 2.2.8を基に作成）

4-1 治水の技術理念

4 組み合わせで挑む「流域治水」

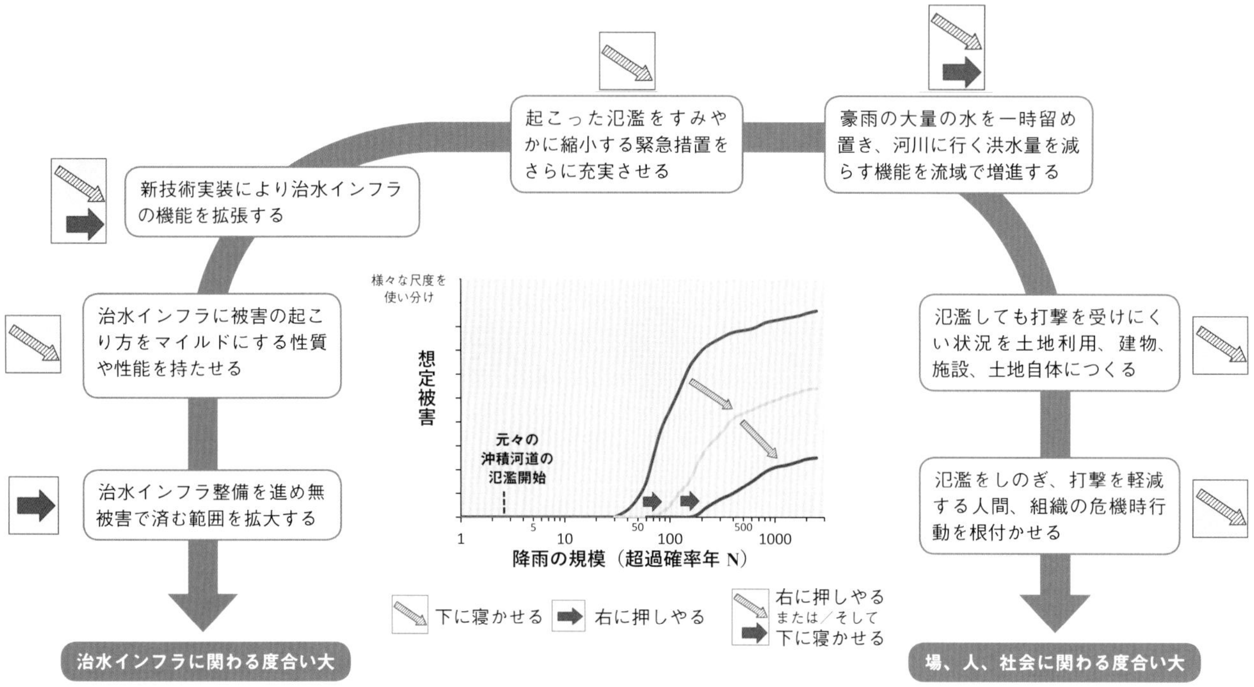

図1　**様々な方策を組み合わせて水害リスクを抑える**
代表的な方策を7つの類型で示した。反時計回りに進むほど治水インフラに関わる度合いが強くなる。逆に、時計回りに進むほど、場-人-社会に関わる度合いが増す。各施策に記した3種の矢印のマークは、その類型の方策が水害リスクカーブをどう変化させるのかを表す（資料：国土技術政策総合研究所プロジェクト研究報告、第56号、図-Ⅲ 2.2.9を基に作成）

治水インフラは基本の上にさらに展開

図1の左下の「治水インフラ整備を進め無被害で済む範囲を拡大する」は、治水施策の基本である。その上に示す2項目は、治水インフラをさらにもう一段階展開させた施策だ。

「被害の起こり方をマイルドにする性質や性能を持たせる」は、洪水氾濫から直接防御するインフラが対象となる。その代表が河川堤防だ。河川堤防は、完成したものであっても、洪水位が計画高水位を超えると堤防が決壊する可能性が出てくる。堤防は通常、土でできているので、洪水が堤防からあふれ始めると決壊の危険が差し迫る。

もし、こうした外力が堤防に作用しても、一気に決壊には至らず、越水した状態でも堤防が粘り強さを発揮すれば、被害は随分と緩和される。このように“ポキッと折れないで粘る”性質や性能が堤防に付加されれば、その場所については水害リスクカーブを下に寝かせることに寄与する（4－3 2に詳述）。

個別区間の堤防からスケールを拡げ、水系として氾濫防御を担う堤防システムに着目すると、さらに新たな施策を展開できる。例えば、水系の洪水防御限界を超えた豪雨を受けた際に、超過分の氾濫が、相対的に被害が小さいところに起こる仕組みを取り入れるといったことだ。この際、堤防を決壊させないようにして氾濫させる（実施上の課題は4－1 5）。

「新技術実装により治水インフラの機能を拡張する」は、最近進展が著しい諸分野の研究開発の成果を治水インフラの技術に取り込んで実現するものだ。代表例として、気象予測を活用したダム操作の高度化が挙げられる。予測される豪雨を織り込み、事前にダムから放流して治水容量を増やすことや、大規模豪雨に対して治水容量を安全な範囲で目一杯使うこと（予測精度が十分でない場合、ダムが満杯にならないよう洪水調節容量の使い方に余裕を持たさざるを得ない）などに当たる。これらは、降雨予測という技術に裏打ちされた情報を用いて、治水容量を増やす方策と言える。

上中央の箱は“救急救命の止血処置”

「起こった氾濫をすみやかに縮小する緊急措置をさらに充実させる」は、様々な施策を統合的・効率的、そして迅速に実施できるようにすることを意味する。決壊箇所の迅速な締め切り、既存の排水機場・緊急仮設ポンプ・既設水門の操作による氾濫水の排除、氾濫水の川への戻りを妨げている堤防緊急開削などが相当する。氾濫パターンの周到な事前想定やリアルタイムの氾濫発生・挙動把握のための技術を積極的に取り込む必要がある。浸水深や氾濫域の早期減少、浸水時間の短縮は、復旧着手の早期化はもちろん、人的被害を減らすうえで大きな効果を発揮する（図2）。

場と人と社会が主役になる方策も

「豪雨の大量の水を一時留め置き、河川に行く洪水量を減らす機能を流域で増進する」は、あらゆる機会を捉えて、豪雨を洪水流にする場（上流流域）に貯めて、下流への流出を遅らせる特性を持たせることだ。

「氾濫しても打撃を受けにくい状況を土地利用、建物、施設、土地自体につくる」としては、まずは、厳しい氾濫となりやすい場所の土地利用をそもそも被害が生じにくい種類のものにして、土地利用の面から氾濫耐性を向上させる方法がある。

また、当該地域の打撃軽減や復旧早期化の鍵となる拠点的施設・建物の耐氾濫・浸水性向上、甚大な被害が予想される建物に対する耐性向上策、危機の際に避難しやすく、多種多様に避難手段を見つけられる都市構造の形成などが考えられる。

「氾濫をしのぎ、打撃を軽減する人間、組織の危機時行動を根付かせる」は、必要な避難が的確になされるようにすることにほかならない。官民を問わず地域にとって重要な機関、組織において、BCP（事業継続計画）、さらにはDCP（地域継続計画）が実践されることも重要だ。

施策は積み上げではなく掛け合わせる

各施策を足し合わせるという縦割り・束ね方式で発揮できる効果は限定的だ。水害リスクカーブの改良という共通目標を踏まえ、個別の施策検討から“越境”し、他の施策との“掛け合わせ効果”を柔軟に、そして果断に追求することが肝要となる。以下がその具体例だ。

- 治水インフラの手段を技術の力で拡張し、オーソドックスな治水インフラの積み重ねと融合させる。
- 豪雨の起こり方と治水インフラの性能発揮に対する深い理解から、どのような氾濫が起こり、どこからは予測できないのかを認識して、実効ある氾濫耐性向上策を編み出し、これを危機管理時にも行う。
- 氾濫耐性向上に効果的という観点と、治水インフラの特性を踏まえ、氾濫水の排除方法を用意する。

「流域治水」への転換を支える技術的枠組みに

国土交通省水管理・国土保全局は、現在、関係部局と連携して「流域治水への転換」を新たに打ち出している。ここまでに述べてきた「水害リスクカーブを右に押しやり、下に寝かせるという目標の下、様々な方策を組み合わせて実施投入」するという枠組みは、4－1 5 で述べる流域が連帯して取り組む方向、および4－1 6 で述べる気候変動適応の取り組みとの一体化と併せ、新たな技術的枠組みとなるはずだ。

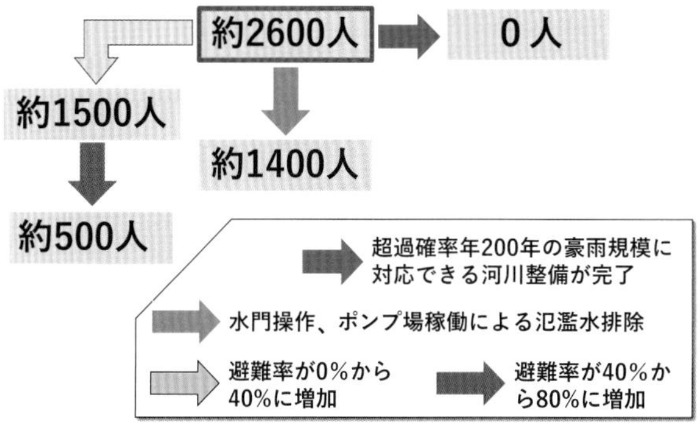

図2　**豪雨による死者数は施策で劇的に減る**

超過確率年200年の豪雨による想定死者数が各種方策の適用でどう変化するかを試算した例。縦軸を想定死者数とした水害リスクカーブにおいて、横軸の値が200年のときの縦軸の値に対応する。異なる施策を統合的に扱う意味が見えてくる。ハード、ソフトなどの類型よりも、目標達成に向けた施策群の総合効果の吟味が重要だと分かる。ただし各数字の確実性の違いを十分考慮しなければならない

（資料：中央防災会議専門調査会報告を基に作成）

4-1 治水の技術理念

5 氾濫耐性の向上に不可欠な地域の力

治水と地域の関係に新次元を求める

水害リスクカーブを寝かせていくためには、3つの大事なポイントがある。まずは信頼度が100％でない技術や情報を使いこなすこと。続いて、日常と非日常に関わる取り組みを融合させること。そしてもう1つが不利益（嫌なもの）の配分を実践する仕組みを構築し、機能させることだ。これらには、治水インフラの整備によって無被害の範囲を拡大する取り組みとは本質的に異なる部分がある。

信頼度100％でない技術を使いこなす力

オーソドックスな治水インフラの整備においては、ここまでは確実に所定の機能を発揮するという「ライン」が明確であった。加えて、その性能は整備の進捗に伴って向上する。例えば、完成堤防は基本的に計画高水位以下の洪水に耐える半面、外力がそれを上回れば、氾濫防御という堤防本来の機能を期待できなくなってくる。さらに越水に至れば、水防活動や避難などのうえでは決壊が間近に迫っていると考えなければならなかった。

それに対して、越水しても一気には決壊しない粘り強い堤防が発揮する耐越水性能は“グレー”（普通の堤防より上だが不確実性を持つもの）だ。こうした堤防技術については、的確な使いこなしが求められる（4－3 2 に詳述）。

気象シミュレーションに基づく降雨予測をダム操作に活用する場合も、予測が外れて裏目に出るリスクがある。新技術の活用時において、良い面だけを見たり、逆に短所だけを理由に活用を諦めてしまったりしないようにすることが重要だ。

短所については、副作用が出た場合のバックアップ策を講じ、無防備な弱点を新技術の実装時につくらないようにすることが欠かせない。恩恵を受ける地域や関係者が、技術特性の両面を理解したうえで、活用にかじを切る状況を構築するのが望ましい。

信頼度100％でない情報を使いこなす力

河川氾濫の想定を、様々な可能性を把握したうえで、最悪の場合となる情報に基づいて行えば、「外れる」という局面は生じにくくなる。他方、「ここが他に比べ氾濫しやすく、こういう被害がこのエリアに起こりやすい」等と情報を具体化するほど、“外れる”可能性も増す。このことは、「いつかどこかに強い地震が起こる」という想定と「震度6強クラスの地震がこの時期にこの地域に起こる」という想定を対比すれば分かりやすい。

前者の情報だけでは、起こる可能性の度合いが不明確で、また個々の現象も埋もれ、実感を伴う対応シナリオは整備しにくい。後者のように確度は十分ではないものの、具体性の高いリスク情報の活用にも踏み込まない限り、住民側の主体的な減災行動を喚起することは困難だ。

最近は、洪水解析技術が発達し、左右の堤防間を流れる洪水の水位を10cm以下の刻みで詳細、かつ河川沿いに連続的に表現できるようになった（それまでは水位観測所という点での表示だった）。現況把握はもちろん、6時間に及ぶリードタイムを持った予測にまで広がってきている。

このように、技術の進化は具体性を持った詳細な情報を我々に提供し、水害リスクカーブを寝かせる（氾濫耐性を増す）取り組みに大きな役割を果たす。例えば、3時間先にこの箇所から決壊して氾濫すると明示されれば、緊張感は一気に高まる。もちろん、その確度が100％と誤解され、予測が外れた際に、それだけで情報提供の取り組みが非難される状況となってはいけない。

このような点を踏まえると、情報を的確に使いこなす力が地域に求められると言える。そしてこの力の醸成は、情報を提供する側と、それを自らのために生かす地域の人々の側との間で、共通の理解を形成する仕組みと、その継続的な取り組みとがあって、初めて達成できる。

日常の営みと非日常への備えを融合する知恵

頻度が少なくても、地域に致命的な被害を与え、深刻な後遺症をもたらす氾濫災害への耐性向上に地域が取り組むことの重要性は言うまでもない。

一方、地域住民の関心事がより良い暮らしや経済発展の追求であることも事実だ。地域はそれぞれに将来への不安を抱え、対応に追われている。そうした中、非日常である災害への備えは、それを責務や仕事とする公的機関、民間組織は別として、一般の人々の行動を促す動機という点では弱い面がある。

このために、「地域が日頃から災害に備えるのは当然」という“べき論”にすがるのではなく、日常の営みと非日常への備えを融合する知恵を出すことに重きを置くことが大事である。そして、行動を起こす動機の醸成が要であり、人や組織体の行動原理にかなう方策を並行して追求し、地域を良くすることと氾濫耐性の向上が相乗効果をもたらす方策を考えることが重要である。

以上のことは、あくまで地域の人々が主役であり、災害対応を地域に“従わせる”のではなく、地域にとっての効用が総体的に増大する営為の結果、氾濫耐性の向上も図ることを実現しようという理念に根差すものである。そのような中から、真に必要で実効的な施策が見えてくるだろう。

不利益配分の難しさを乗り越える

無被害の範囲の拡大は、水系の治水安全度が目標に向かって全体として上がっていくという「増加利益の配分」という局面にある。背景には、全国的バランスと水系全体のバランスを考慮しつつ、国民が所定の治水安全度を享受できるように河川整備を進めるという基本方針がある。

これに対し水害リスクカーブを寝かせる取り組みは、無被害の範囲を超えた豪雨がもたらす河川からの氾濫、いわば“害をもたらす余計な水”を、被害が小さくなるように受け流す方策とも表現できる。無限大とも言える水量の津波氾濫と異なり、洪水氾濫の場合、ある場所に多くの水が行けば、他の場所に行く水が減るという特性を持つ。例えば、上流で氾濫が起これば、下流での堤防決壊や氾濫の可能性が減る（逆もしかり）。ここにおいて、不利益の配分という流域内地域間の利害対立が不可避になる。

4－1④で記述した「超過分の氾濫が、相対的に被害が小さい所に堤防決壊を伴わずに起こる仕組み」は、全体として見れば合理的な方策と言える。半面、上記の不利益配分を解決する具体的な方法を無視すれば、それは絵に描いた餅にすぎない。

水系一貫で河川管理に当たる河川行政は、この場合でも重要な役割を担うが、無被害の範囲の拡大と同じ位置付けで施策遂行を担うのは難しい。なぜなら、今の施策遂行の枠組みの下で、ある場所に相対的に不利益をもたらす行為を国が採ることは困難だからだ（河川整備としての遊水池を造る場合は別）。

このため、当事者である流域内の各地域が一緒になって胸襟を開いてとことん議論し、被害を最小化するために、この不利益配分を解決する方法を見いだすことが重要である。もちろん、判断のために必要なリスク情報、新しい技術、インフラ整備、まちづくりに関わる諸制度等は有用な手段となる。

しかし、これらも地域が当事者として主体的に作り上げる“希望のための不利益配分”を遂行する意志と実践方法があって、初めて意味を持つ。単に合理性だけでなく、各地域が内にある大切なものを見極める力、地域間で感謝する相互の理解と尊重、そして運命共同体としての連帯意識の醸成が最終的な鍵を握るのだ。その核心は以下の項目である。

- 課題を直視し、グレーなことでも真正面から受け止め、役立ててしまうタフさ
- 短期～長期、日常～非日常を橋渡しし、地域の多様なプレーヤーの自発力をまとめるリーダーシップ
- 魅力・資源から災害脆弱性までの地域の特徴を認識し、施策形成に結びつける力
- 相互依存の構図を理解し、それぞれが感謝する環境をつくり、それを実践していく力

地域が底力を発揮しやすくするという観点から、河川行政の新たな役割がきっと見えてくるはずだ。

4-1 治水の技術理念

6 気候変動影響への備え方

水害リスクカーブを左にシフトさせる気候変動

気候変動の影響は、同じ量の降雨であれば発生頻度の増大（30年に1回だったものが15年に1回というように）、同じ発生頻度であれば降雨量の増大という形で現れる。そしてこの影響によって、水害リスクカーブは左に平行移動する（図1）。これは、治水インフラの整備によって広げられてきた「無被害の範囲」が縮小すること、すなわち、時間とともに上がってきた治水安全度が低下トレンドに転じる意味を持っている。

1割の降雨量増加でも治水には大きな負荷

日本について現時点で見込まれる20世紀末から今世紀末にかけての降雨量増加（同じ生起頻度で比較）は、全国平均で1～3割である[※4]。一見小さいという印象を受けるかもしれない。だが例えば、降雨量の1割増は河川洪水のピーク流量の2割増、洪水氾濫の発生頻度の10割増（倍増）となって現れる。降雨から治水安全度を計算して行く過程で、影響は増幅するのだ。降雨量増加の予測結果を吟味する際には、この点を理解しておくことが重要である。

シフト前（気候変動の影響なし）からシフト後（影響あり）の間で、水害リスクカーブがどう上がるか（同じ横軸値での縦軸値すなわち想定被害の増大）が、その水系での気候変動の影響度を示す。そこから課題を整理することが適応策を検討する出発点となる。

最新の降雨予測結果の注視は必要な行為であるものの、その数値の増減に一喜一憂してはいけない。さらに、降雨予測結果を待つという姿勢にとどまらないことも大切だ。そして、想定される降雨量変化を幅で捉え、その流域における気候変動適応のあり方をあらかじめ大局的に押さえておくというスタンスが肝要となる。

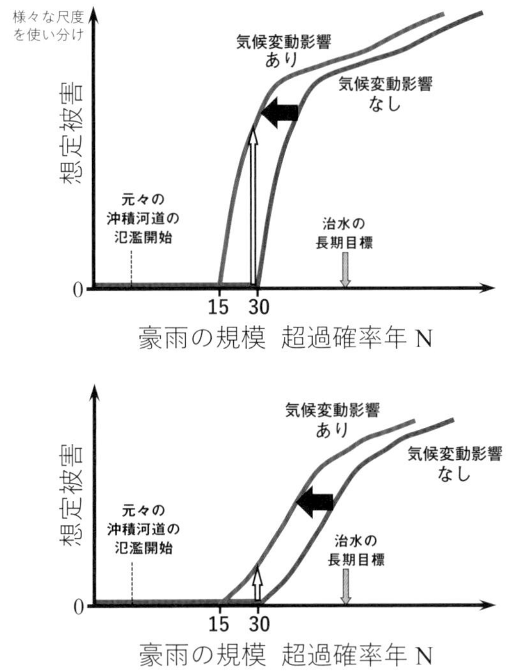

図1 **気候変動影響は水害リスクカーブを左へ**
赤線が気候変動なし、紫線がありを示す。上図はカーブの立ち上がりが急で、下図はカーブが寝ている。黒矢印は左方移動量（上、下とも同量に設定）。上向きの白矢印は、同じ横軸代表地点での気候変動影響による被害増大の程度を表す

気候変動適応でもリスクカーブへの対応は同じ

適応策においてまず求められるのは、水害リスクカーブの気候変動による左方向へのシフトを押しとどめ、さらに引き続き右に押しやることだ。つまり、治水安全度が低下トレンドに転じないように、取り組みを強化・加速することが欠かせない。

また、カーブを下に寝かせる取り組みを進めることも求められる。仮に水害リスクカーブが左へシフトしても、カーブが寝た形になっていれば、シフトに伴うカーブの上がり方は穏やかで済む。これは、気候変動に対して生じる問題が大きくなりにくい状況を獲得していることに相当する。

このように、気候変動適応は、水害リスクラインを改善するための取り組みをさらに発展させる中にある。気候変動適応のための施策を治水施策や水害対策と分けて考えるのではなく、同じ技術理念に根差して、両者を一体的に進めることが重要だ。

4-2 重み増す事前防災と成功事例

1 継続的な治水対策で救われた利根川

2019年の東日本台風の際、利根川では治水の基準点となっている八斗島《やったじま》地点の上流域で平均310mmの雨量を記録した。戦後最大規模の被害を出したカスリーン台風時の雨量(309mm)とほぼ同じだ。一方、被害状況は全く異なる。カスリーン台風では決壊した利根川の氾濫水が東京都江戸川区にまで到達。埼玉・東京の平地部が広く水没した。一方、東日本台風では利根川の堤防は持ちこたえた。カスリーン台風以降に整備したダムや遊水地をはじめとする貯留施設、堤防等が機能したからだ。

第2次世界大戦前までの利根川の治水

カスリーン台風来襲以降の治水対策を紹介する前に、それまでの治水対策を解説する。江戸・東京の繁栄は、利根川や荒川での治水事業がなければ成し得なかった。戦後の治水対策の意義を理解するうえで、この事実を知っておく必要がある。

図1の丸数字の順番は時間的な順序を示す。①の中条堤は、現在の行田市から熊谷市の辺りに位置しており、自然堤防を繰り返し強化して形づくられてきたと考えられている。利根川の対岸側にある文禄堤と合わせて、上流側に口が広がった漏斗のような形をしており、漏斗の出口は狭窄部になっていた。このため、中条堤の上流側には利根川や荒川の氾濫水が貯留され、狭窄部を通じてゆっくりと流れ出る。中条堤は当時の利根川の治水システムの要であった。中条堤がなければ江戸の街を襲っていた氾濫流は、このシステムによって防がれていたのだ。

江戸時代の治水対策としては、江戸湾に流れていた利根川を銚子方面に切り替えた利根川東遷事業が有名だ。利根川東遷事業は、②会の川締め切り、③新川通開削、④赤堀川開削などを組み合わせている。

しかし、当初の利根川東遷事業では、治水の比重は高くなかった。新しく掘削された水路(赤堀川)の当初の幅は7間(13m)、完成時でも幅10間(18m)にとどまった。とても大きな洪水を流せるような規模ではなかったのだ。利根川東遷の目的は、東北方面から銚子経由での関東内陸部への舟運ルートの確保や新田開発の促進という面の方が大きかった。北方の伊達藩等との間に防御ラインを設ける目的もあったとも言われる。

利根川の治水システムは、1783年(天明3年)の浅間山の大噴火を契機に試練を迎える。大量の降灰と泥流が利根川に堆積し、噴火以前は10～20年に1回程度の頻度で発生していた堤防決壊が、3～5年に1回程度に増えた。その対策として、狭かった利根川が拡幅されていった。

明治時代になると、1900年(明治33年)から大規模な改修事業が行われた。河道は掘削され、その土砂を利用して堤防が築かれた。この工事による掘削・浚渫の土量は2.14億m^3、わが国最長のトンネルである青函トンネルの掘削土量の約7.5倍、東京ドーム173個分の体積に相当する膨大な量であった。治水面での利根川東遷は、ここで実質的に成立したとも言われる。

この段階では、栗橋地点で毎秒3750m^3の流量を安全に流すことが目標だった。しかし、この流量は、現在の利根川の河川整備基本方針における目標流量である毎秒1万7500m^3の21%に過ぎない。利根川の下流部は、元々上流部の洪水が流れて来る場所ではなく、そこに大量の洪水を流すことは、歴史的経緯からは考えられないことだった。中条堤に代表されるように、中上流部で水を遊水させるのが利根川の治水対策であった。

しかし、1910年(明治43年)の大洪水による中条

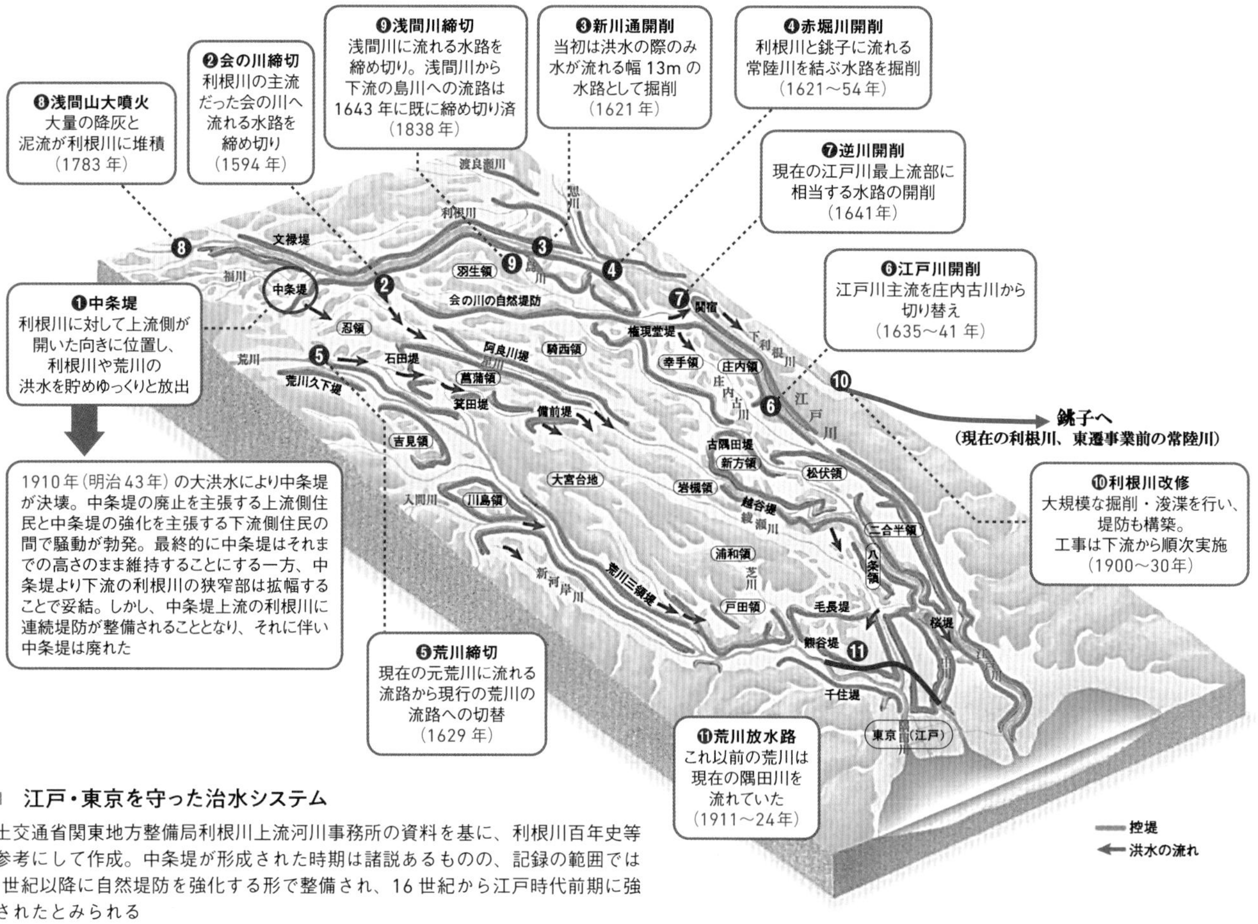

図1　**江戸・東京を守った治水システム**

国土交通省関東地方整備局利根川上流河川事務所の資料を基に、利根川百年史等を参考にして作成。中条堤が形成された時期は諸説あるものの、記録の範囲では13世紀以降に自然堤防を強化する形で整備され、16世紀から江戸時代前期に強化されたとみられる

堤の決壊の後、中条堤の廃止を主張する上流側住民と中条堤の強化を主張する下流側住民の間で騒動が勃発。これを契機として中条堤で氾濫流を食い止める方式から、利根川沿いに連続堤防を築き、堤防で閉じ込めた河道を通じて洪水を流す方式への移行が始まった。

まず、1910年の大洪水を契機とした見直しでは、栗橋地点での利根川の計画流量を毎秒5570m^{3}に引き上げた。しかし、1935年、1938年、1941年に洪水が発生、利根川の下流部で大きな被害が生じた。

このため、利根川の改修計画は1941年に「利根川増補計画」として改められ、八斗島地点で毎秒1万m^3、その下流の栗橋で毎秒9500m^{3}の流量（上下流で目標流量が逆転しているのは途中の渡良瀬遊水地での貯留効果の影響）を流せるようにするための工事が開始された。だが、既に第2次世界大戦に突入しており、この事業は未完に終わった。

こうして戦前の治水事業は、中条堤等によって中上流に遊水させる方式から利根川の河道を通じて洪水を流す方式への移行途上で止まった。

第2次世界大戦後の利根川の治水

終戦間もない1947年（昭和22年）、カスリーン台風に伴う洪水によって利根川は決壊。大被害が発生した。これを受け、利根川の治水は新しい時代を迎える。

カスリーン台風後に利根川水系で実施された治水対策のうち、主なダムや調節池等の貯留施設整備を図2に示す。

1956年に完成した五十里ダムから2020年に完成した八ッ場ダムまで国等が管理する12のダムが建設された。遊水地や調節池については、渡良瀬遊水地を筆頭に菅生調節池、田中調節池、母子島遊水地等が建設された。

これ以外に利根川では中流部での大規模な引堤（堤防の位置を陸側に移し川幅を広げること）や堤防

も年々強化している。さらに、地下空間に水を貯め込む首都圏外郭放水路（埼玉県春日部市等）も建設された。

東日本台風の際に発揮された治水効果

ここまで述べてきた治水施設が、東日本台風の際に発揮した効果を見てみる。利根川上流の矢木沢ダム、奈良俣ダム、藤原ダム、相俣ダム、薗原ダムと神流川にある下久保ダムを合わせて7000万m^3、試験湛水中の八ッ場ダムで7500万m^3、合わせて1億4500万m^3の洪水を貯め込んだ。

それにより、利根川の治水基準点である八斗島地点では、約1m水位が低下した。ダム群がなければ、氾濫危険水位を30cm上回る水位に達していた。氾濫危険水位とは、それ以上の水位になるといつ氾濫が発生してもおかしくない水位を意味する。住民の避難もこの水位に達する前に完了すべきとされている。八ッ場ダムが試験湛水初期で水がわずかしか貯まっていない状況だったということも手伝い、何とか大きな被害の発生を免れた。

活躍したのはダムだけではない。渡良瀬遊水地で1億6000万m^3を貯留したのをはじめ、利根川の遊水地や調節池全体で2.5億m^3を貯留した。

下流部では、首都圏外郭放水路も効果を発揮した。中川・綾瀬川流域では、1982年（昭和57年）の洪水の際に流域で195.5mmの雨が降り、2万9457戸が浸水したが、2019年の東日本台風の際には、雨量は215mmと多かったにもかかわらず、浸水家屋は2375戸と1割以下にとどまった。この流域では1982年以降宅地開発も大きく進んだ。首都圏外郭放水路がなければ、大きな被害が生じるところであった。

図2
利根川水系で整備された治水施設
（資料：①②⑥⑦⑬は最上有香子、⑪は水資源機構、⑫は清水建設。その他は国土交通省）

4-2 重み増す事前防災と成功事例

2 過去の治水投資が実を結んだ神奈川県

城山ダムと宮ヶ瀬ダムにより救われた相模川下流

2019年の東日本台風の際には、箱根で総雨量が1000mmを超える等、神奈川県でも記録的な大雨となった。県管理河川の一部では溢水被害等が生じたものの、神奈川県全体としては大きな被害には至らなかった。

これは、これまでの治水施設整備の努力の積み重ねがあったからにほかならない。

相模川は下流部に厚木市、海老名市、平塚市等を擁する流域人口128万人の重要河川だ（図1）。想定氾濫区域内資産は5兆円に及ぶ。流域内にある大月（山梨県）や相模湖（神奈川県）の観測所で従来の記録を上回る1日の雨量を観測し、城山ダムでは緊急放流せざるを得ない事態となった（図2左）。

一方、相模川水系の支川中津川にある宮ヶ瀬ダムでは流入する洪水を貯め続けた（図2右）。これによりピーク流量を毎秒約1770m^{3}小さくした。

結果として、下流の治水基準点である厚木では、氾濫危険水位を6cm上回る水位を記録したものの、堤防の決壊には至らず、大きな被害を受けずに済んだ。両ダムがなければ、水位はさらに1.1m高くなっていた。ダムの働きによって、街はぎりぎりのところで守られたのである。

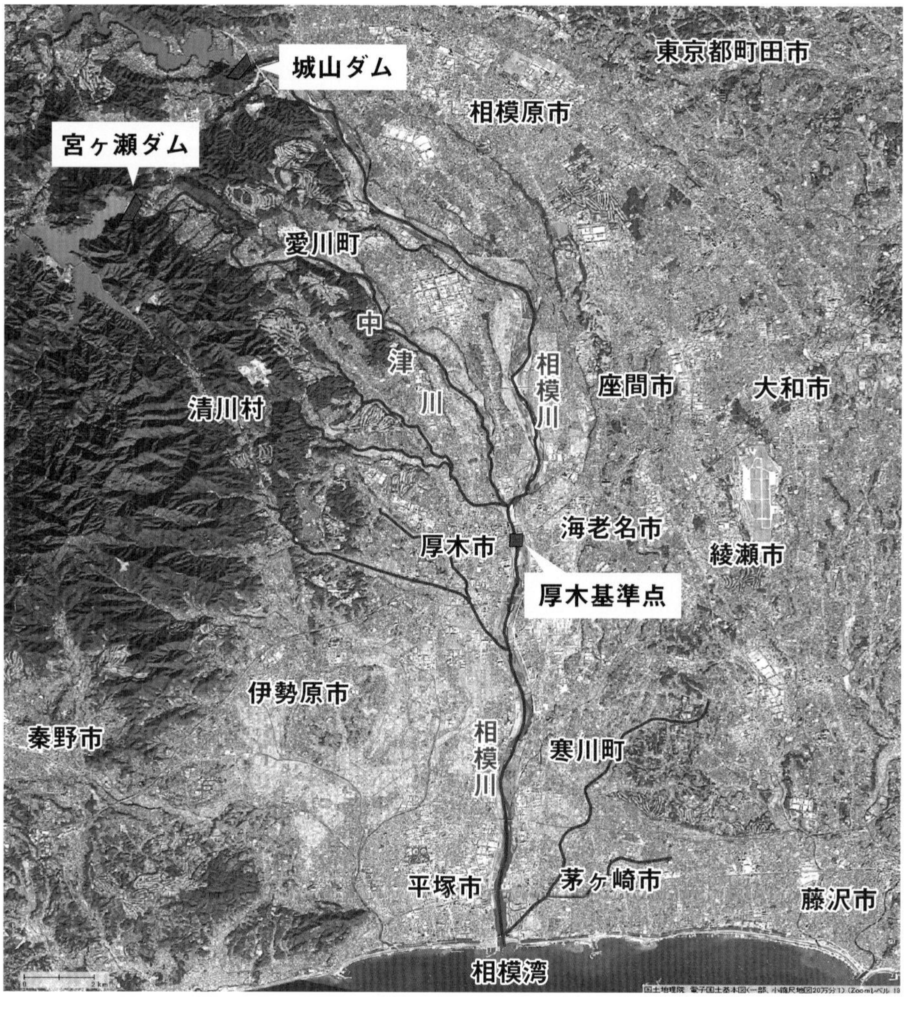

図1　城山ダムと宮ヶ瀬ダムの位置
地理院地図に追記した。地理院地図はLandsat8（GSI,TSIC,GEO Grid/AIST）、Landsat8 画像（courtesy of the U.S. Geological Survey）、海底地形（GEBCO）の画像を用いたもの

総合治水の効果を発揮した鶴見川

ラグビーワールドカップ日本大会の予選リーグで行われた日本対スコットランド戦。東日本台風の翌日に横浜国際競技場（日産スタジアム）で開催されたこの試合は、中止される恐れがあった。その場合、試合は引き分け扱いで日本が決勝リーグ進出となったのだが、相手国側はそれを批判。この試合を実施できなければ後味の悪い結果になっていた。

横浜国際競技場がある鶴見川流域では大小合わせて4900もの貯留施設が設置されている。高度な土地利用がなされていた鶴見川流域では、河川拡幅等を実施するのは困難だ。そこで1980年以降、手を尽くして雨水の流出を抑制する「総合治水対策」を展開してきた。

横浜国際競技場がある鶴見川多目的遊水地は、390万m^3を貯められる流域中でも最大規模の遊水地だ（図3）。東日本台風の際には、鶴見川（亀の子橋地点）の水位を約30cm低下させた（図4）。この遊水地がなければ水位は氾濫危険水位を上回っていた。洪水被害を防ぐとともに、ラグビーワールドカップの成功も支えていたのである。

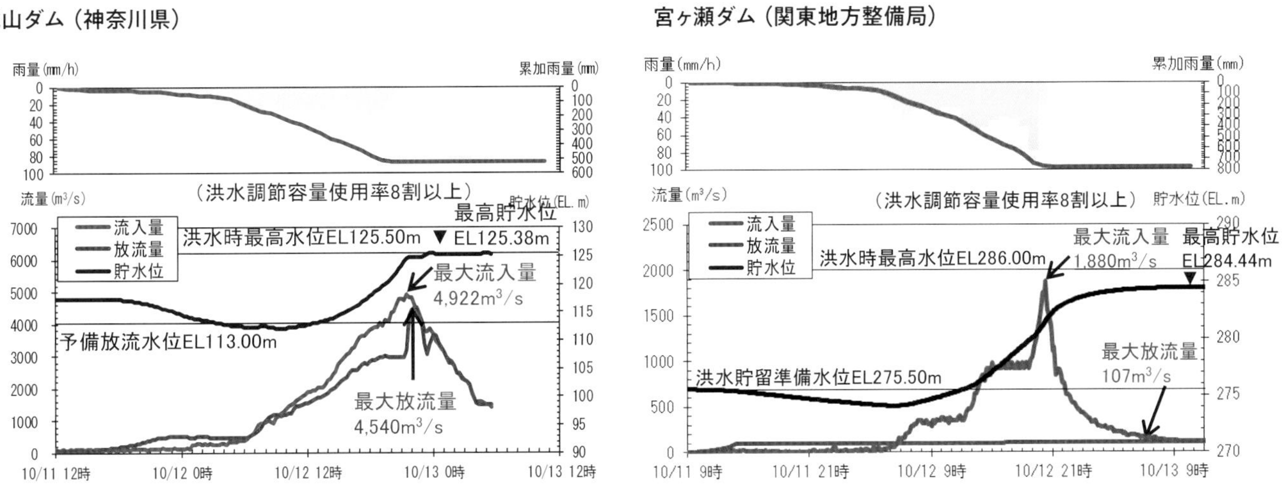

図2　2019年の東日本台風での相模川水系のダムの状況

（資料：国土交通省が設置した「ダムの洪水調節に関する検討会」第1回検討会の資料に基づく）

図3　鶴見川多目的遊水地の全景

（資料：国土交通省京浜河川事務所）

図4　東日本台風通過後の鶴見川多目的遊水地

（資料：国土交通省京浜河川事務所）

4-2　重み増す事前防災と成功事例

3「狩野川台風の再来」で起きたこと

2019年の東日本台風は、1958年の狩野川台風の進路とほぼ同じルートで日本に接近してきたために、最低気圧887hPaを記録した狩野川台風の再来と言われた。狩野川台風では、静岡県の狩野川流域において、図1に示すように、沼津・三島・伊豆長岡等にまたがるエリアが浸水。死者・行方不明者853人、家屋浸水6775戸という大きな被害が発生した。メディア等は国民への警告として、「再来」という表現を用いたのだ。実際に東日本台風では狩野川台風での総雨量739mmを上回る778mmを記録した。

しかし、毎秒2500m^{3}の流量のうち、6割の毎秒1500m^{3}を1965年に完成した狩野川放水路を通じて海に流したこと等が奏功。堤防決壊を免れ、死者・行方不明者も発生させず、内水による浸水被害も1300戸にとどめた。

また、斜面崩壊も狩野川台風の際には狩野川流域で75カ所発生したのに対し、東日本台風の際には14カ所にとどまった。長年にわたる砂防施設の整備効果が現れたのである（図2、3）。

図1　狩野川台風による浸水被害範囲と狩野川放水路
（資料：国土交通省沼津河川国道事務所）

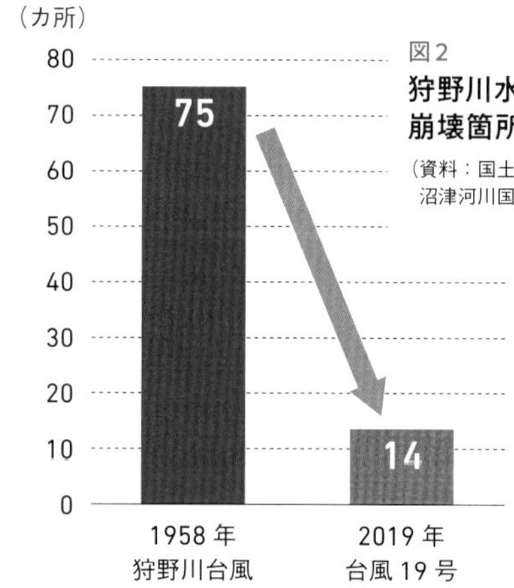

図2
狩野川水系での崩壊箇所数
（資料：国土交通省沼津河川国道事務所）

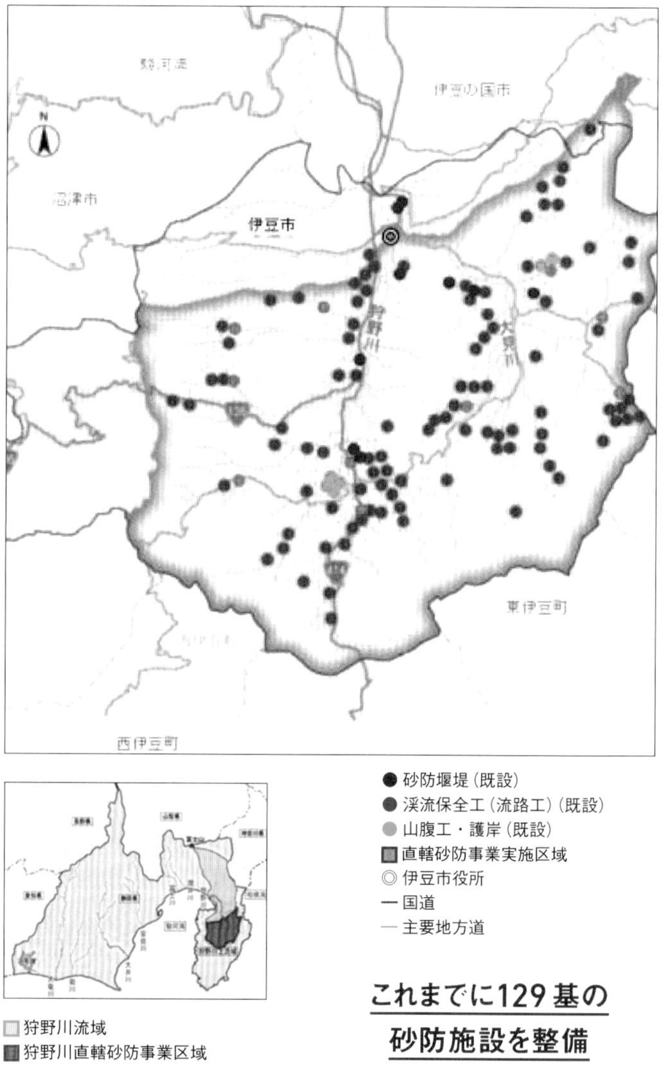

図3　狩野川水系直轄砂防の整備状況
（資料：国土交通省沼津河川国道事務所）

4-2 重み増す事前防災と成功事例

4 大阪湾三大水門等による高潮防御

ここまで、2019年の東日本台風の際に、事前に投資された治水施設の効果を見てきた。水害は河川の氾濫だけでなく高潮によっても発生する。この点で事前の備えの重要性を示したのが、2018年の台風21号だ。

この台風は、2018年9月4日に徳島県南部に上陸し、大阪を直撃した。高潮により13万戸が浸水した第二室戸台風と似たコースだ。大阪湾で生じた高潮は、第二室戸台風以上の潮位を記録した。

しかし、大阪湾岸の低地部における高潮による浸水被害はゼロで済んだ。大阪湾や淀川河口部の堤防や大阪湾に流れ込む淀川の支流に防潮堤が備え付けられ、それらが機能したからだ。1500億円程度の投資が、約17兆円の被害を防いだのだ（図1）。

淀川では、枝分かれした河川の河口部を防潮堤でシャットアウトするとともに、淀川と国道や鉄道とが低い高さで交差する場所には、洪水時に道路や鉄道を遮断する防潮扉を設けている。現在の防御システムは、様々な工夫を積み重ねてきた結果なのである（図2）。

図1
大阪湾岸の高潮防御システムの費用と効果
（資料：国土交通省近畿地方整備局）

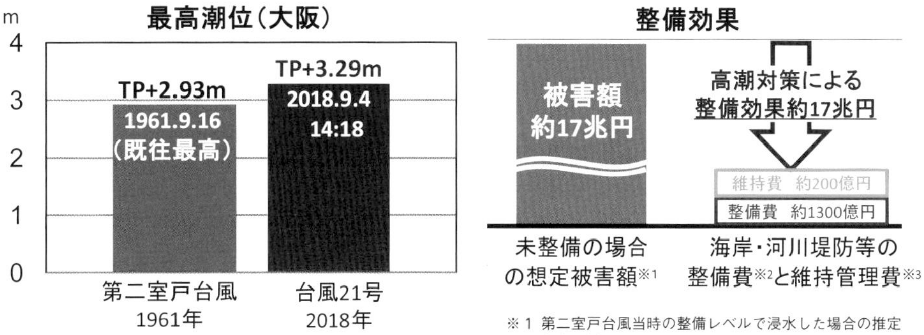

※1 第二室戸台風当時の整備レベルで浸水した場合の推定値（概略）
※2 関連する直轄および大阪府、大阪市の河川・海岸堤防、水門等の整備費を集計
※3 関連する直轄および大阪府、大阪市で管理する河川・海岸堤防、水門等の維持管理費を昭和40年代以降で集計

図2 **大阪湾・淀川河口付近の高潮防御システム**
（資料：ベースマップと水門・河川の系統図、安治川水門写真は大阪府、標高別段彩図は国土地理院のデジタル標高地形図データを基に国土交通省近畿地方整備局が作成。その他は国土交通省近畿地方整備局）

4-2 重み増す事前防災と成功事例

5 下水道施設で内水氾濫抑える

内水氾濫が危惧される地域において、雨水排水のための管渠やポンプ場整備、雨水貯留施設建設等の対策が下水道事業として計画されているが、いまだ途上の地域も多い。その一方で、これらの施設が既に整備された地域では確実に効果が現れており、事前防災の重要性を改めて確認できる。

岡山市の事例（西日本豪雨）

岡山市は特に南部地域が干拓事業で開発された平坦な地形で、自然排水が困難な地域が多く存在する。都市整備や宅地開発が行われた地域では、これまで下水道事業として排水管等の整備が進められてきたものの、対策が途上の地域をはじめとして、過去に浸水被害が何度も発生している。近年では2011年台風12号で過去最大の24時間雨量を記録し、大規模な浸水被害が起こったことを受け、笹ヶ瀬川流域でポンプ場の整備が進められた。

その結果、対策済みの排水区では、2018年の西日本豪雨において被害を大幅に抑制できた（図1）。一方、対策が途上の区域では浸水被害が発生した。対策をスピードアップする必要性が高まっている。

図1　岡山市における下水道浸水対策の効果

2018年の西日本豪雨におけるデータ（資料：国土交通省が監修する「アメッジ・下水道浸水対策ポータルサイト」内の資料を一部加工）

●2011年台風12号による浸水区域

■浸水確認箇所

2011年	
時間最大	24.5mm
24時間最大	**198.0mm**
48時間最大	213.0mm
3日間雨量	213.5mm

2011年台風12号による浸水

●笹ヶ瀬川、旭川に囲まれた地区の浸水戸数

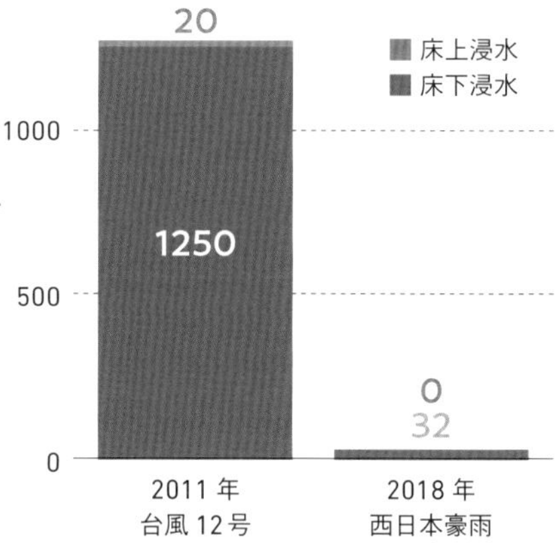

●2018年の西日本豪雨による浸水区域

■浸水確認箇所

2018年	
時間最大	22.0mm
24時間最大	**197.0mm**
48時間最大	306.5mm
3日間雨量	310.5mm

●2011年台風12号による被害を受け、ポンプ場を整備

北長瀬ポンプ場
2012年7月　稼働開始
排水能力　200m³/min

当新田ポンプ場
2016年3月　305m³/min 増強
排水能力　955m³/min

浦安ポンプ場
2015年3月　356m³/min 増強
排水能力　792m³/min

**2018年7月の西日本豪雨では、増設分だけで
149万 m^3（東京ドーム1杯分）の雨水を排水**

東京都・和田弥生幹線の事例（東日本台風）

東京都中野区の神田川や善福寺川周辺では、これまで多くの浸水被害に悩まされてきた。特に1993年の台風11号では大規模な浸水が発生した。そこで、河川に流入する前の雨水（下水）を貯留する下水道貯留管「和田弥生幹線（容量12万m^3）」が整備された。都内最大の規模で、神田川の環七地下河川等とともに地域の浸水被害の軽減に寄与している。2019年の東日本台風では、和田弥生幹線と関連する下水道幹線の総容量15万m^3は満杯まで活用され、地域の浸水被害の軽減に大きく貢献した（図2）。

図2　**東京都における下水道浸水対策の効果**　2019年の東日本台風におけるデータ（資料：東京都の資料を一部加工）

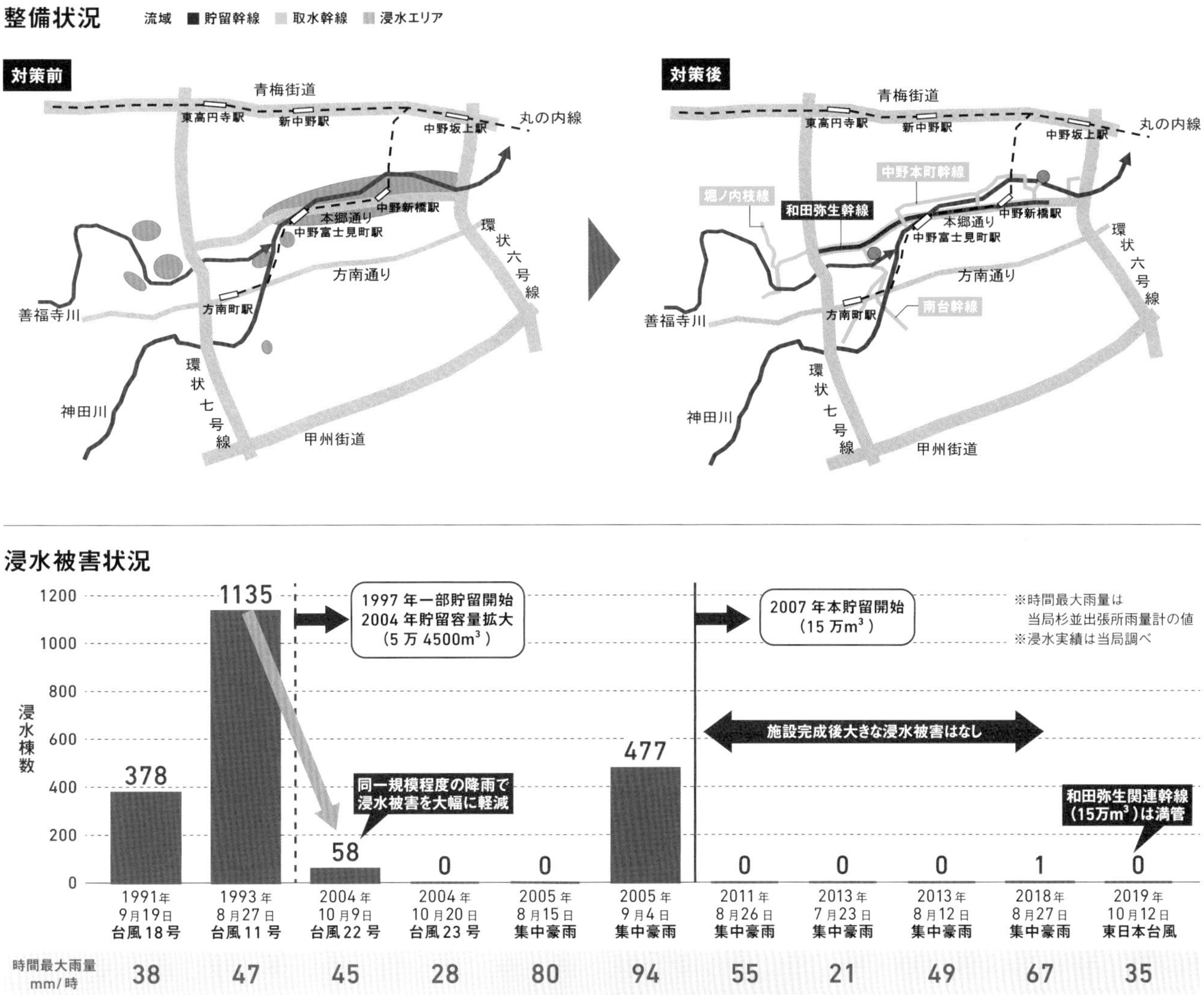

効果

対策実施に伴い、浸水被害を大幅に軽減

和田弥生幹線
（貯留管：直径8.5m、延長2.2km）

【貯留容量：合計15万m^3】
和田弥生幹線（12万m^3）
南台幹線など関連幹線等（3万m^3）

4-2　重み増す事前防災と成功事例

6 土石流災害の防止

砂防堰堤が土石流を捕捉した結果、住宅や住民が土石流の直撃を免れた例は、2018年の西日本豪雨や2020年の7月豪雨等でも数多く確認できている。このような事前防災としての砂防堰堤等の施設整備を長年にわたって継続することは、土砂災害に対する地域の安全性の向上につながる（写真2）。

神戸市をはじめ、背後に六甲山を抱える阪神間の地域は、700人近くの命が奪われた1938年の阪神大水害（写真3）をきっかけに、約80年の歳月をかけて砂防堰堤等の整備を着実に進めてきた。その結果、かつての大災害時に匹敵する豪雨であった2018年の西日本豪雨で死者・行方不明者を出すことなく、土砂災害による被害を最小限にとどめられた。（図1、写真4）

近年、大量の流木を伴って土石流が流下し、被害を拡大する事例が特に顕著になっている。これまでに数多く整備されてきた不透過型と呼ばれるコンクリート砂防堰堤でも流木を捕捉する効果を期待できるが、さらに流木を効果的に捕捉する構造も出てきている。透過構造を持つ鋼製の砂防堰堤だ。この鋼製の砂防堰堤の導入効果が出ている事例も増えている（写真5、6）

写真1
呉市安浦町の土砂災害の状況
2018年7月の西日本豪雨後の様子
（写真：国土交通省中国地方整備局）

写真2　**砂防堰堤が土石流を捕捉**
広島市西区井口台。2020年7月の豪雨後の様子（写真：国土交通省）

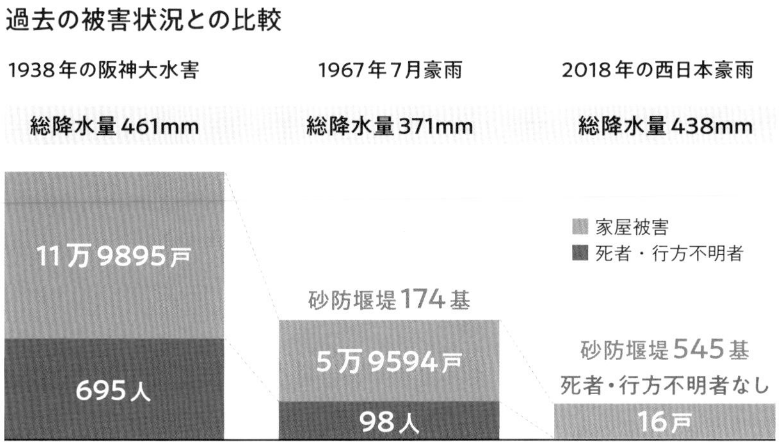

図1　**六甲山における砂防事業の効果**

神戸市では、死者・行方不明者 695 人等の被害をもたらした昭和 13 年（1938 年）の阪神大水害の直後から、砂防堰堤 545 基等を整備してきた。その結果、平成 30 年（2018 年）7 月の西日本豪雨では、阪神大水害と同程度の降雨に見舞われたにもかかわらず、重大な人的被害等が発生しなかった。仮に砂防施設が整備されず、阪神大水害と同様の災害が発生したとすれば、被害額は約 2 兆円に上ると推計されている（資料：国土交通省）

写真3　**阪神大水害**

埋没した家屋（上）と脱線した市電（下）
（写真：国土交通省六甲砂防事務所）

写真4　**地道に整備してきた砂防堰堤が街を守る**

2018 年 7 月の西日本豪雨では砂防堰堤が土石流・流木を捕捉した
（写真：国土交通省六甲砂防事務所）

写真6　**透過型堰堤で機能を向上**

透過型砂防堰堤は、土石流とともに流木を捕捉する機能が高い
（写真：国土交通省）

写真5
大量の流木を捕捉

2017 年の九州北部豪雨で流木を捕捉した
福岡県朝倉市の須川第 1 砂防堰堤
（写真：国土交通省）

4-2 重み増す事前防災と成功事例

7 避難により土砂災害から命を守る

豪雨時に避難を怠って土石流等に巻き込まれ、尊い命が犠牲となる例は後を絶たない。一方、危険性を認識して適切な避難行動を採り、命を守ったケースも数多く報告されている。

2018年7月の西日本豪雨の際、東広島市黒瀬町洋国団地では約50戸ある人家のうち、約10戸が土石流で全半壊し、約20戸が床下浸水した。それでも、人的被害は発生しなかった。この団地では、防災マニュアルや防災マップを作成し、自力での避難が難しい住民の避難を支援する「担当者」をあらかじめ設定。年2回、土砂災害を想定した避難訓練を行う等していた。

被災前日の朝から自主避難が始まり、土砂災害警戒情報が発表された後は、高齢者が「担当者」に車で

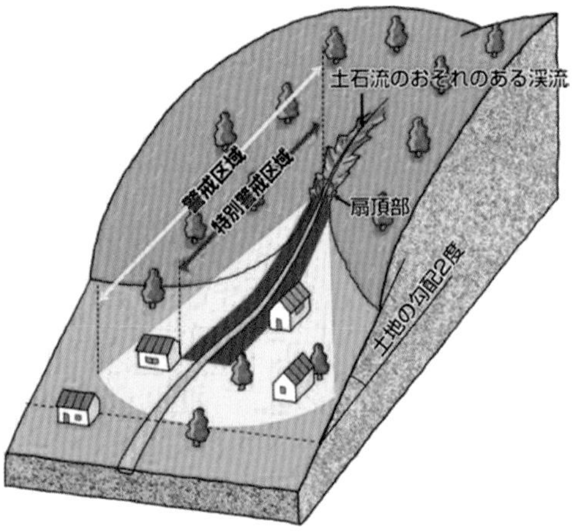

図1　**土砂災害警戒区域等の概念図**

土砂災害防止法により警戒避難体制の整備が必要となる土砂災害警戒区域（イエローゾーン）と特定開発行為等が規制される土砂災害特別警戒区域（レッドゾーン）（資料：国土交通省）

写真1　**団地を襲った土石流**

2018年7月の西日本豪雨がもたらした被害（写真：国土地理院）

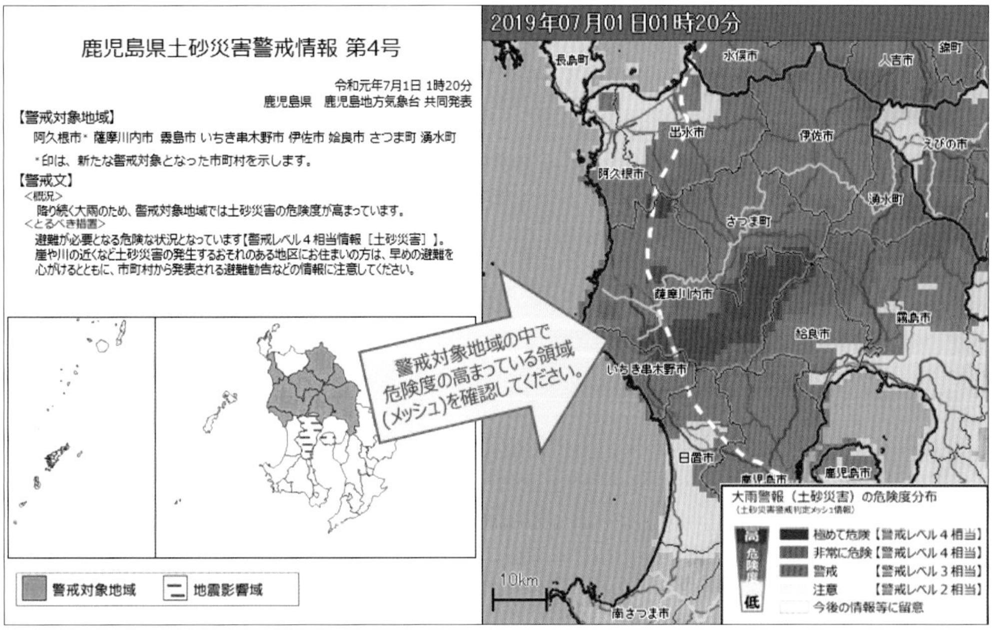

図2　**土砂災害警戒情報**

命に危険を及ぼす土砂災害がいつ発生してもおかしくない状況となったときに土砂災害警戒情報が発表される。危険度が高まっている詳細な領域は大雨警報（土砂災害）の危険度分布で確認できる（資料：気象庁）

迎えに来てもらったり、中には高齢者を背負って避難したりした。その結果、一人の命も失わずに済んだ（図3、写真1）。

2019年の東日本台風の際には、土砂災害警戒区域内に立地していた静岡県小山町の特別養護老人ホームにおいて、土砂災害警戒情報の発表後、入所者をあらかじめ作成していた避難確保計画を基に2階へ移動させた。この行動のおかげで、その後に発生した土石流の一部が施設の1階部分に流入したにもかかわらず、利用者および職員全員が難を逃れることができた（写真2）。

このように土砂災害から的確に避難するためには、どこが危ないのか、いつ危険が差し迫るのかといった情報が不可欠となる。土砂災害防止法に基づく土砂災害警戒区域や土砂災害警戒情報を基本的な防災情報として活用することが望ましい。さらに、住民等が自ら主体性をもって避難行動を採るために、日頃から自治会単位での避難計画づくりや避難訓練等を積み重ねる重要性は、数多くの事例が示している通りだ。

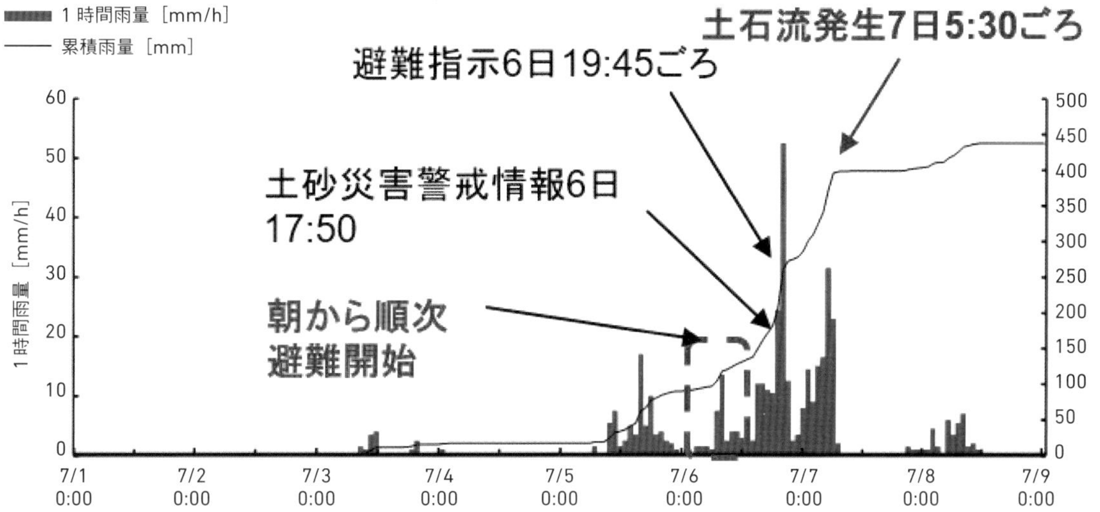

図3　**洋国団地における土石流発生までの経過**

住民は防災情報が出る前から自主避難を開始し、住民同士が助け合いながら避難を行った（資料：国土交通省）

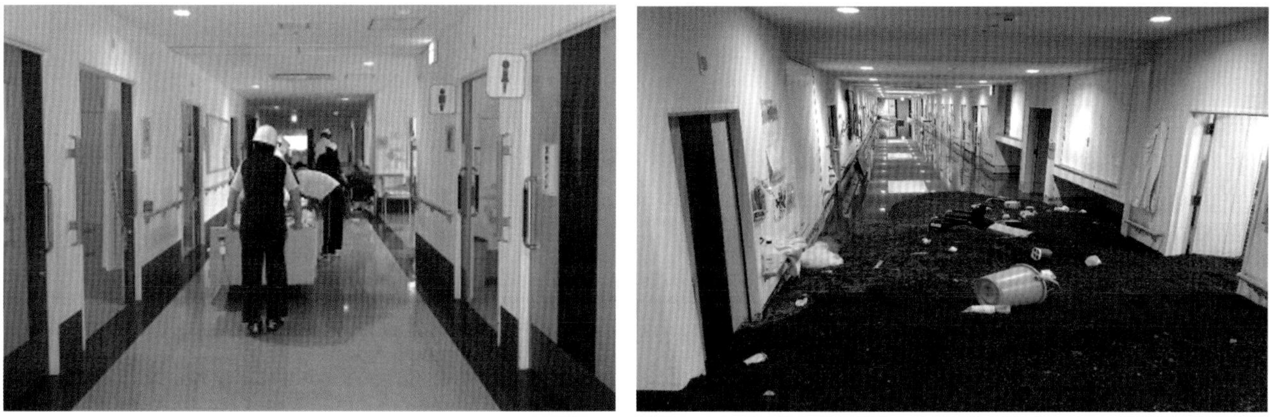

写真2　**避難によって人的被害を免れた老人ホーム**

2019年の東日本台風で土石流が1階に流れ込んだ老人ホーム。左は訓練の様子、右は土砂が流入した状況（写真：国土交通省）

4-2 重み増す事前防災と成功事例

8 ハード・ソフトの一体化で効果

浸水を完全に防ぐことは現実的ではない。被害を最小化するためには、行政だけでなく、民間事業者や住民と協力する取り組みが重要になる。ハード、ソフト、そして地域のコミュニケーションを組み合わせる対策が有効だ。

例えば、民間施設に雨水貯留施設を併設する、家屋への浸水を防ぐために水田の浸水は許容する、地域住民が自治会単位で自ら水防活動やポンプ運転を行う――。こうした各地域の特性を生かした対策が効果的だ。ここでは、令和元年度（2019年度）「循環のみち下水道賞」「防災・減災部門」で国土交通大臣賞を受賞した兵庫県西脇市と、民間事業者との役割分担で効果的な浸水対策を実現した神奈川県藤沢市の事例を紹介する。

まずは兵庫県西脇市の事例。西脇市黒田庄町では、2013年の台風18号でJRの線路や家屋が約20ha浸水する等、大きな被害が発生した。そのため、行政と地域が一体となり「ながす」「ためる」「そなえる」を基本とする浸水対策計画を立案。2016年度に整備を完了した。

具体的な整備内容は、排水先河川の河床掘削、内水河川（法制度上は下水道と位置付け）の堤防嵩上げ、下水道ポンプ場建設、フラップゲート改良、ため池・水田での雨水貯留、地元住民によるタイムライン作成や施設点検等だ。いずれもトータルコストの削減を意識した内容であった。この結果、2018年の西日本豪雨では浸水被害が大きく軽減され、家屋浸水はゼロに抑えられた（図1）。

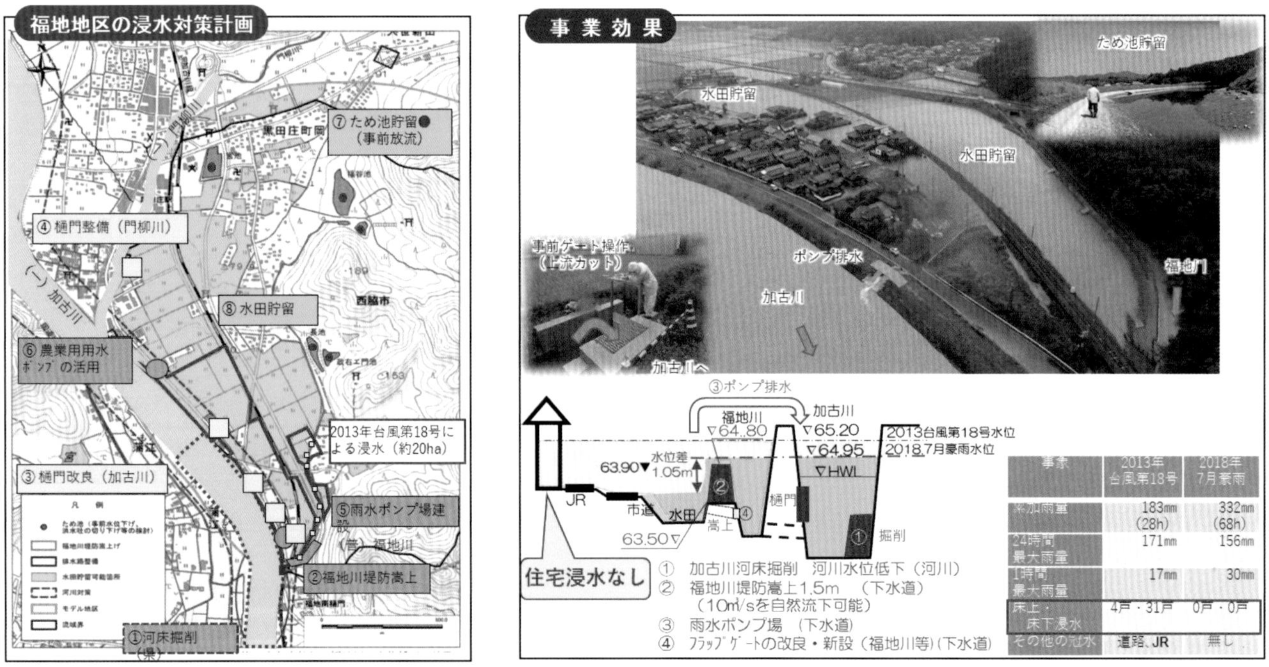

事象	2013年台風第18号	2018年7月豪雨
累加雨量	183㎜（28h）	332㎜（68h）
24時間最大雨量	171㎜	156㎜
1時間最大雨量	17㎜	30㎜
床上・床下浸水	4戸・31戸	0戸・0戸
その他の冠水	道路、JR	無し

図1　**西脇市の官民連携がもたらした下水道浸水対策の効果**

（資料：国土交通省が監修する「アメッジ・下水道浸水対策ポータルサイト」内の資料の一部を加工）

神奈川県藤沢市（遠藤地区）では、河川改修が進められてきたものの、大学誘致をはじめとした開発によって、雨水の流出が増えて浸水被害が頻発していた（図2）。そのため、慶應義塾大学湘南藤沢キャンパス周辺を、下水道法に基づく浸水被害対策区域に指定。下水道管理者である藤沢市と民間事業者が協調し、病院建設に合わせて駐車場敷地内に地下雨水貯留施設を設置した。浸水被害を防ぐという喫緊の課題に対して、官民が応分の費用を負担したうえに、役割分担を図った結果である。このような取り組みは、官民双方にとってメリットがあると確認できる事例だ。

完成イメージ　雨水貯留施設埋設位置

浸水状況写真

図2　**藤沢市における官民連携で実現した下水道浸水対策**

（資料：国土交通省が監修する「アメッジ・下水道浸水対策ポータルサイト」内の資料の一部を加工）

4-2 重み増す事前防災と成功事例

9 鉄道の計画運休で安全を確保

近年、大型の台風等によって激しい風雨が予測される際に、列車の運行を休止する計画運休が、多くの鉄道事業者によって実施されている。広域の路線の全列車を対象に、長時間にわたって行われるもので、事前に利用者に情報を周知したうえで実行される。激しい風雨の中を運行することによって生じる列車の駅間停車や途中駅での運転取りやめによってもたらされる混乱を回避し、利用者や社会全体の安全を確保する狙いがある。

2014年10月の台風19号で、JR西日本は近畿圏で「計画運休」を実施した。以来、2018年には2度（台風21号、24号）、2019年には3度（台風10号、房総半島台風、東日本台風）計画運休が実施されている（図1）。

2019年の東日本台風では、中部・関東・東北の約50事業者、約220路線で大きな混乱もなく、計画運休が実施できた。鉄道利用者の安全を確保しただけでなく、不要不急の外出の抑制にも寄与。社会全体の安全を確保する役割を果たした。

背景には国土交通省と鉄道事業者の間での取り組みがある。過去の計画運休のたびに、両者が検証を重ねてきた。そして、「鉄道の計画運休の実施についての取りまとめ」（情報提供タイムラインのモデルケース含む）を作成するだけでなく更新してきた。利用者への情報提供の内容・タイミング・方法に加え、運転再開に当たっての安全確認のポイント等を示している。

計画運休に対する社会の理解は進んでいる。今後は、運転再開時の利用者の集中による駅での混乱等を回避する必要がある。テレワークや時差出勤の推進、リードタイムの長い高精度な気象・防災情報の活用による計画運休の実施精度の向上、計画運休の実施を前提とした具体的な広域避難の検討が求められる（図2）。

2014年10月	台風19号	JR西日本が初めて計画運休実施
2018年1月	大雪	JR東日本・信越線における長時間の駅間停車
2018年9月	台風21号	四国・近畿・北陸で計画運休実施
	台風24号	首都圏で初めて計画運休実施
2018年10月	検討会議	「鉄道の計画運休に関する検討会議」での中間取りまとめ発表（※1）
2019年7月		「鉄道の計画運休の実施についての取りまとめ」（情報提供タイムラインのモデルケース含む）発表（※1）
2019年8月	台風10号	九州・四国・中国・北海道で計画運休実施
	検討会議	台風10号の際の計画運休について情報共有と検証を実施（※2）
2019年9月	台風15号	首都圏で計画運休実施
	検討会議	房総半島台風の際の計画運休について情報共有と検証を実施（※2）
2019年10月		「鉄道の計画運休の実施についての取りまとめ」更新（※1）
	東日本台風	中部・関東・東北で計画運休実施
2019年11月	検討会議	東日本台風の際の計画運休について情報共有と検証を実施（※2）

※1：国土交通省鉄道局　※2：国土交通省鉄道局・鉄道事業者

図1　**鉄道の計画運休の経緯**

（資料：河原吉秀、「計画運休に関する国土交通省鉄道局の取り組み　ー鉄道の計画運休の実施についての取りまとめー」（日本鉄道施設協会誌）に基づいて作成）

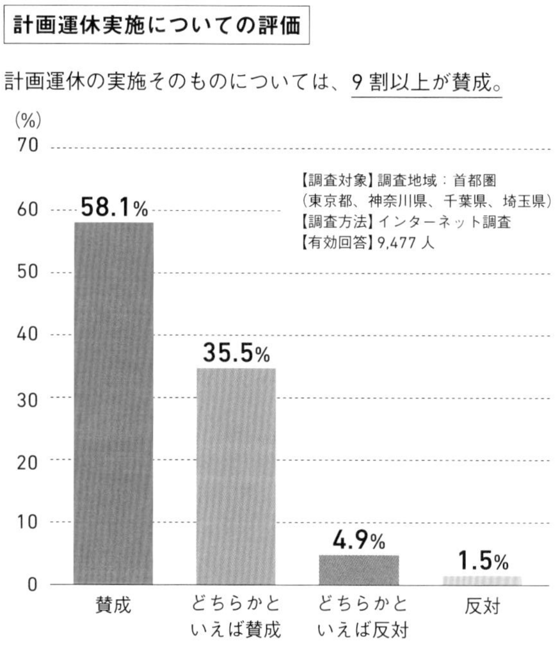

図2　**計画運休に対する評価**

（資料：県立広島大学と東京大学が行った「令和元年台風15号における計画運休に関する調査」を基に国土交通省が作成）

10 機関連携した広域避難を実現

2010年4月、中央防災会議「大規模水害対策に関する専門調査会」の報告「首都圏水没～被害軽減のために取るべき対策とは～」で、まず実施すべき項目として示されたのは、広域避難対策の強化だった。あれから10年、広大なゼロメートル地帯を有する東京湾、伊勢湾をはじめ、各地において広域避難の検討が進められている。

利根川中流4県境広域避難協議会（H29～）
首長間で意見交換し、首長自らが情報発信する場

対象：広域避難に関する意識が高い先行地区の5自治体
加須市（北川辺地域）、板倉町、古河市、境町、坂東市
利根川上流河川事務所
H31から館林市、佐野市が加入
アドバイザー：東京大学大学院 片田特任教授
オブザーバー：栃木市、野木町
群馬県、栃木県、埼玉県、茨城県、気象庁

図1　**利根川中流４県境広域避難協議会のメンバー**
（資料：国土交通省利根川上流河川事務所）

その中で、2019年の東日本台風の際に、「利根川中流4県境広域避難協議会」が主体となって進めた広域避難は、今後のマイルストーンとなるものである。協議会自体の設置は2017年度であるものの、2010年度から順次対象地域を拡大しながら広域避難の枠組みや計画について継続的に検討してきた成果が確認されている（図1）。

利根川沿いで広範囲の浸水が予測される地方自治体では、避難先である周辺の地方自治体と綿密に連携し、事前に広域避難マップを作成。これを住民に周知するとともに、関係公共交通機関との協定を締結する等、避難勧告発令時に備えた体制を整えていた（図2）。

東日本台風による利根川の出水時には、埼玉県加須市で避難者約9500人のうち約8500人が、茨城県境町では避難者約7100人のうち約5900人が広域避難（通常の避難先ではなく大規模浸水を想定した広

図2　**加須市広域避難マップ**　（資料：埼玉県加須市）

域避難先への避難）を行った。

避難の周知には、防災行政無線、防災アプリ、エリアメール、ホームページ、SNS、Lアラート、消防団の災害広報の他、自治会長および民生委員の電話による避難呼びかけ等、様々な手段が講じられた。避難方法としては、地方自治体が広域避難のために用意したバス、公用車、自家用車等を用いた他、警察官による信号の手動動作等の協力も得て円滑な避難を実現した（図3、4、写真1）。

一方、同協議会の取り組みを通じて、広域避難を安全、確実、円滑に行うには、以下の4点についての対応や検討が急務だと分かってきた。①テレビ会議等の導入による迅速な情報共有、協議の仕組みといった意思決定の手段や方法、②実際の河川水位状況を踏まえた避難開始のタイミング、③地方自治体が広域避難勧告・指示の判断を行うために必要な情報の把握と充実、④広域避難時の混雑緩和——。加えて、多数の住民が安全な近隣の地方自治体に「大規模・広域避難」する際の施策の充実も課題となっている。

写真1　**広域避難所に向かう避難者**　（写真：茨城県境町）

図3　**東日本台風での広域避難等の状況**　利根川中流の4県境を示す（資料：国土交通省利根川上流河川事務所）

図4　茨城県境町の避難状況

（資料：茨城県境町）

【凡　例】

: 「避難指示（緊急）」発令対象の27行政区

○○○人／○○○人 : 27行政区の人数／境町全体の人数

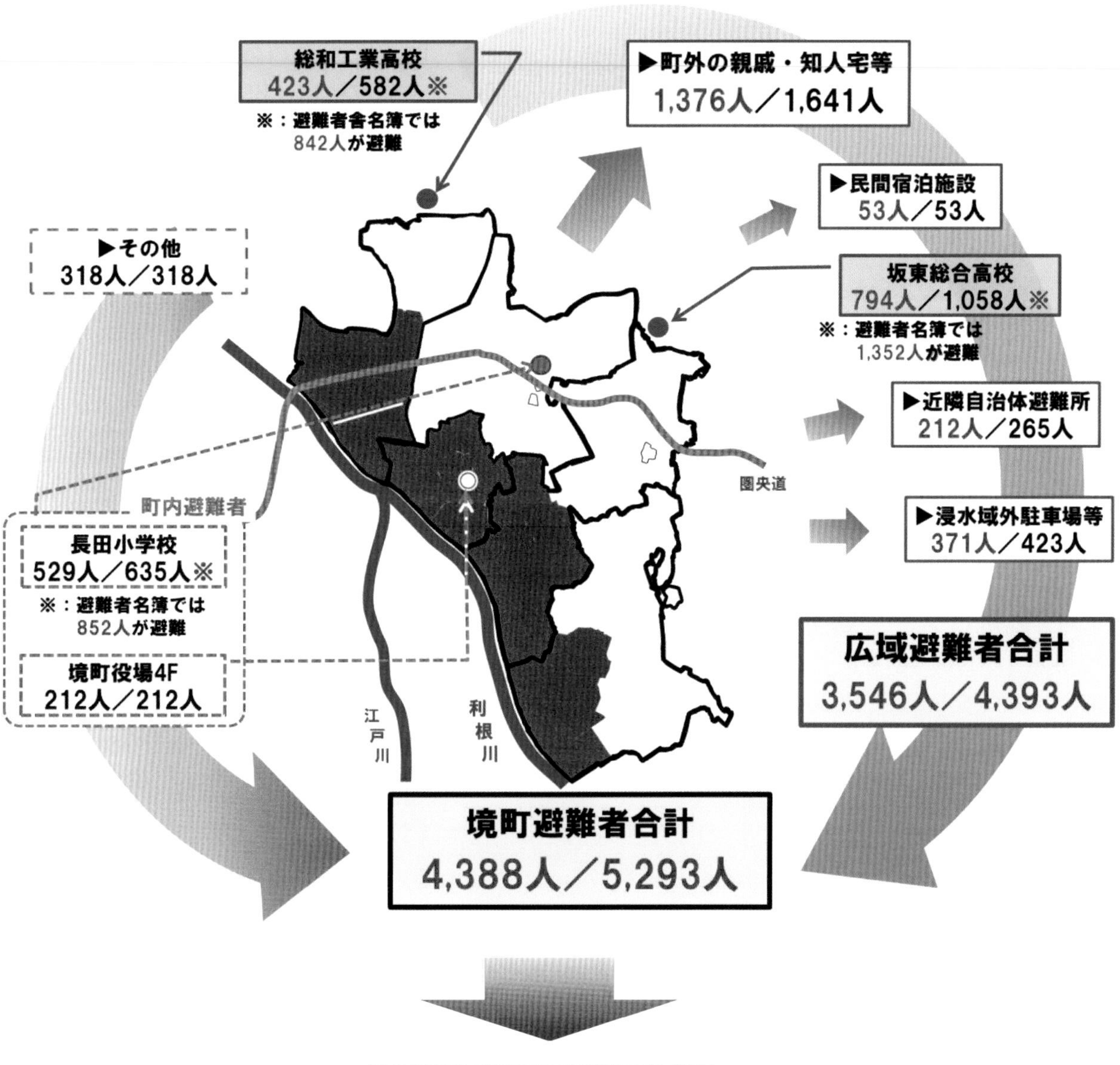

推定避難者者数　※1

避難者数	境町全体	約7,100人
	27行政区	約5,900人
広域避難者数（※2）	境町全体	約5,900人
	27行政区	約4,700人

※1　意識調査結果（回答率75%）を100%換算した数

※2　広域避難者は、避難者数の内数

4-3 今後進めるべき取り組み

1「流域治水」への転換

2018年7月の西日本豪雨、2019年の東日本台風による災害等で見られたように、近年、わが国では多数の堤防決壊や土砂災害を伴う大きな水災害が、毎年のように発生している。西日本豪雨では、気象庁が「地球温暖化による気温の長期的な上昇傾向とともに、大気中の水蒸気量も長期的に増加傾向であることが寄与したと考えられる」と、個別災害に対する気候変動の影響に初めて言及した。最近は、河川整備で目標とする計画規模を超えるような洪水が豪雨によって頻発。降雨量の増加等の気候変動による影響が、河川整備の進捗を上回るようになっている。

今後は気候変動の影響が深刻になると懸念される一方、わが国の社会的な動向を見ると、人口減少や少子高齢化がさらに進んでいく。地域の活力を維持するとともに、水災害にも強い安全・安心なまちづくりが求められている。ここでは、4－1で述べた治水の技術理念の下、これまでの治水対策の経験や効果等も踏まえ、今後の気候変動に伴う水災害の激化に備えるために、どのような考えに基づいてハード・ソフト面の治水対策を進めるべきかを述べる。

これからは、社会のあらゆる関係者が、意識・行動・仕組みにおいて防災・減災を考慮する行為が当たり前と認識するような社会の形成を目指すことが重要である。そのため、河川、下水道、砂防、海岸等の管理者が主体となって行う治水対策に加え、集水域と河川区域のみならず、氾濫域も含めて一つの流域として捉えなければならない。そして、流域全員が協働して、「氾濫をできるだけ防ぐ・減らす対策」「被害対象を減少させるための対策」「被害の軽減、早期復旧・復興のための対策」まで多層的に取り組む「流域治水」への転換が求められる。

流域全体で行う治水対策という考え方は、鶴見川など急激な都市化が進展している一部の流域において実践されてきた。都市化に伴う洪水流出量の増大等に対する安全性を確保するため、治水施設の整備、流域の開発計画、土地利用計画等と有機的な連携、調整を図る総合的治水対策として実施されてきたのだ。その結果、4－2 2 で述べたように鶴見川流域では2019年の東日本台風の際に大きな効果を発揮した。今は、どこで豪雨によって甚大な災害が発生してもおかしくない状況だ。このような取り組みを一層充実させるとともに、全国で展開して、事前防災対策を加速させる必要がある。

気候変動を踏まえて治水計画等を見直す必要

国土交通省では専門家から成る「気候変動を踏まえた治水計画に係る技術検討会」を設置。治水計画において施設整備等の前提として想定している大雨の規模等が、将来どの程度増加するのかを検証している。

すると、産業革命以前と比べて世界の平均地上気温を2℃の上昇に抑えるシナリオ（パリ協定の目標）でも、20世紀末と比べて21世紀末には、全国の一級水系で治水計画の対象とする降雨量の変化倍率が約1.1倍、治水計画の目標とする規模における洪水の

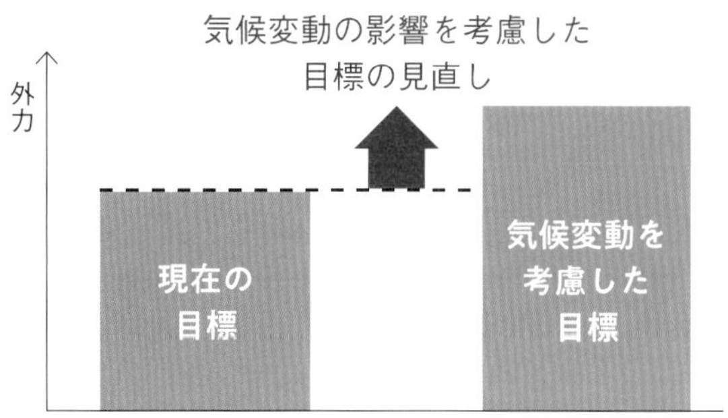

図1　**気候変動を踏まえて目標を改める**（資料：国土交通省）

流量の平均値が約1.2倍になった。洪水の発生頻度の平均値は約2倍と試算されている。

これらの検討を踏まえて、現在の治水計画を「過去の降雨実績に基づくもの」から「気候変動による降雨量の増加などを考慮したもの」に見直したうえで、「流域治水」を進めていくことが重要である（図1）。

「流域治水」の具体的な展開

前述の通り、「流域治水」の考えに基づき、地球温暖化に伴う気候変動によって水災害が激化、頻発化する中で、進めていくべき対策として以下の3本の柱がある。ハード・ソフト一体となって多層的に推進していくことが重要だ（図2）。

①氾濫をできるだけ防ぐための対策

気候変動による水災害の激化・頻発化に応じて適切な規模・内容の対策が講じられるよう、治水計画等の目標設定や施設設計の際に想定する外力を適切に見直す必要がある。その際、計画の目標とする期間や施設の耐用年数等を見据え、洪水、内水氾濫、土砂災害、高潮、高波等の自然現象が気候変動によってどれぐらい激化するのかという将来予測を踏まえる。

そのうえで、堤防やダム、遊水地の整備、下水道による雨水幹線や地下貯留施設の整備等を進めるとともに、既存堤防への越水に対して粘り強い構造の採用、既設ダムの洪水調節機能の強化、防災調整池等の流出抑制といった対策を推進する必要がある。

②氾濫した場合の被害対象を減少させるための対策

河川が氾濫した場合においても、人的被害や経済的被害を最小化させるためには、水災害リスクの高い区域から低い区域に居住や都市機能を誘導していくとともに、氾濫水を拡大させないことも重要である。そのため、土地利用規制や浸水想定区域における建築規制、高台まちづくり、二線堤の整備、自然堤防の保全、水害リスク情報の提供等を推進する。

③氾濫時の被害軽減や早期復旧・復興のための対策

氾濫が発生し、一定の被害が不可避となった場合でも、迅速な避難により人命を守る等、被害を最小限に食い止める警戒避難体制の充実が重要である。被災地が早期に復旧・復興できるよう災害応急対策の体制強化も欠かせない。具体的には、タイムライン、マイ・タイムラインの作成、地区防災計画の策定、企業等の自衛の促進等を推進する必要がある。

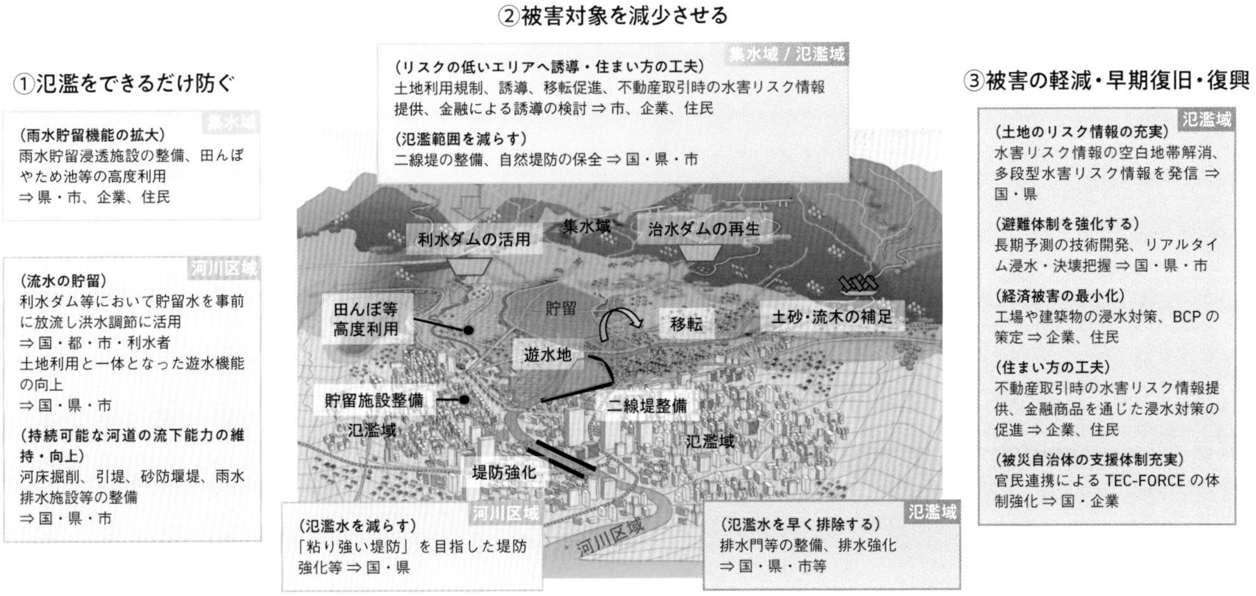

図2 「流域治水」の取り組み（資料：国土交通省）

4-3 今後進めるべき取り組み

2 越水しても粘り強い堤防

被害をマイルドにする性質や性能を加える

3－1 2 にもあるように、洪水が堤防からあふれるだけで済む場合と決壊する場合とでは、被害に天と地ほどの差がある。いきおい、「普通の堤防を越水が起こってもすぐには決壊せず粘り強くする技術」が関心を集める。堤防で守られている場の氾濫耐性の向上が決して易しくないことを考えると、4－1 3 で述べた「水害リスクカーブを下に寝かせる」方策が治水インフラのサイドから加わることは心強く見える。それだけにこの技術の実像を、治水施策上の位置付けを含め、断片的でなく、全体として捉えなければならない。

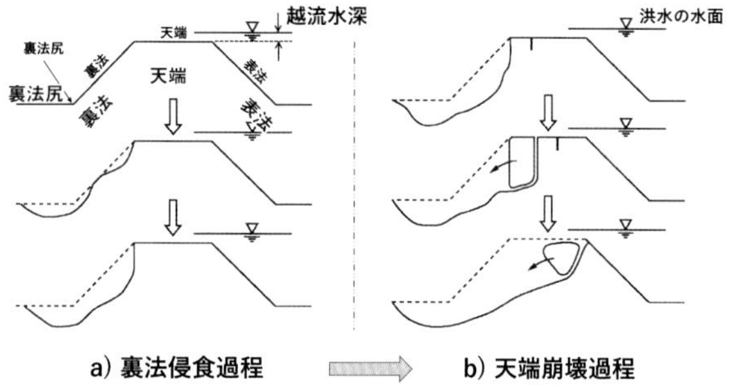

図1 **越水で堤防（土堤）が破壊されるプロセス**
堤防断面を示す。右が河川側だ
（資料：土木研究所資料第 2074 号の図 3.14 を一部改変・加筆）

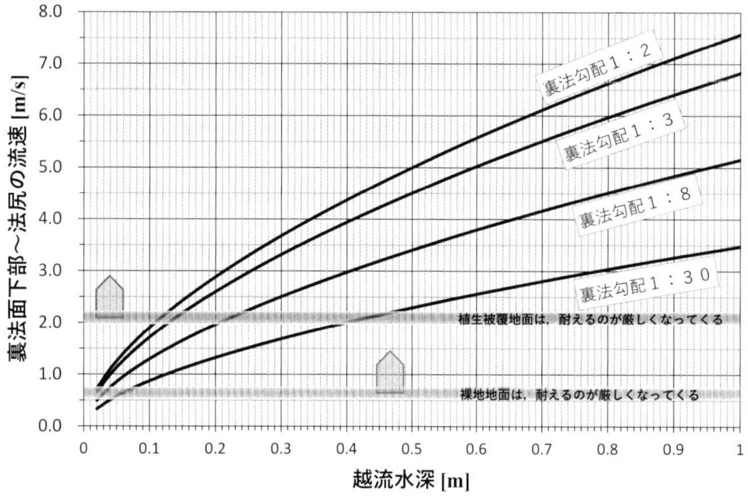

図2 **裏法面を流れる越流水の速さ**
一番速くなる裏法面下部から法尻にかけての流速（縦軸）を、越流水深（横軸）との関係で、4つの裏法面勾配ごとに試算した結果。裏法侵食が起こる前の形状で計算している。越流水深が大きくなると、流速がどのように増え、裏法勾配が緩くなると流速がどの程度減るのかが見て取れる。図には、裸地地面および植生被覆地面のそれぞれが、侵食に耐えられなくなってくる流速の目安を記載した

普通の堤防はなぜ越水に弱いのか

一般的な堤防は土で造られている。堤防頂部の平場である天端は舗装されることもあるが、法面は河川側（表法）、防御側（裏法）とも、芝等の植生で覆われた土の斜面となる。堤防で越水すると、裏法面を流れ下り、流速の大きくなった越流水が裏法面や裏法尻を侵食し、さらにその先の地面に洗掘を起こす。これが裏法侵食過程である（**図1**）。裏法面が大きく流失した後、天端崩壊過程に移行する。これら2つを経るのが典型的な堤防破壊の進み方である。

次に、越水の外力を表す「越流水深」との関係で見てみる。**図2**で裏法勾配が2～3割の線に着目する。越流水深が10cmになると、裏法流速は2m/sに迫り、裸地では侵食が激しくなる。一方、植生被覆があれば2～3時間の侵食への耐性を期待できる。越流水深が20cmになると厳しくなるものの、植生状態が良ければ耐える可能性はある。さらに30cmになると流速が4m/sに迫り、条件の良い植生でも長時間耐えるのは難しい。越流水深がさらに増せば、耐える可能性はぐっと下がる。

裏法は植生に覆われ、そのように維持管理される。そこだけを見れば、越流水深10cm程度で2～3時間の越水に耐えそうだ。ところが、裏法尻の先の地面も裏法と同じように植生で被覆されているとは限ら

ず、裸地であることも多い。そうなると、裏法が侵食に耐えても、その先の地面の洗掘が足を引っ張り、裏法侵食過程になっていくリスクが越流水深10cm未満でも出てくる。防御側に湛水がある場合に、越水に耐える例が見られるのは、湛水がクッションとなり、裏法尻先での洗掘を和らげるからである。

さて、裏法植生の大半が流失すると、決壊に抵抗するのは堤防の土塊そのものになる。だが、堤体土自体に越流に対する大きな抵抗力は期待できない。こうして、普通の堤防の耐越水性能として、例えば2～3時間という越水継続を想定した場合、越流水深20cm程度であれば耐えるとするのは楽観的過ぎる見方で、同10cm未満でも決壊の恐れがある、とまとめることができる。

実用化済みの越水に耐える技術

普通の堤防については、国土交通省河川砂防技術基準設計編の第1章において、「堤防は、護岸、水制その他これらに類する施設と一体として、計画高水位以下の水位の流水の通常の作用＜中略＞に対して安全である機能を有するよう設計する」と定められている。また、堤防高は計画高水位に余裕高を加えた値以上と規定されている。そもそも越水は設計の対象外であり、普通の堤防が越水に弱いことは織り込み済みなのである。

従って、越水に耐えるようにするには、「普通の堤防とは異なる構造にする」必要がある。その代表例が、図3に示す高規格堤防と洪水調節池の越流堤だ。これらの越水への耐え方を以下に説明する。ここで、堤防決壊がどのような現象を経て起こるか（決壊に至る“ルート”を図4に表示）、逆にどの現象を食い止めると決壊を防げるか（図4で“食い止める壁”と表現）、を併せて見ていく。

決壊に至る一つ目のルートは、河川から堤防内への水の浸透による堤防破壊である。河川側に高水位が生じると、堤体が多くの水を含むようになって、堤防の安定を支えていた土の強度が下がり、裏法に崩壊やすべり破壊を起こし、最終的に決壊に至る。

事前の降雨はこの現象を早める。河川側の高水位は、土中水圧の堤防横断方向の勾配を高め、それが限界を超えると堤体下の基盤で土粒子の抜けが始まり、いわゆるパイピング破壊に発達し、やはり決壊につながる。この浸透破壊が起こる危険は、越水しなくても、完成した堤防について言えば洪水位が計画高水位を超えると生じ始める。

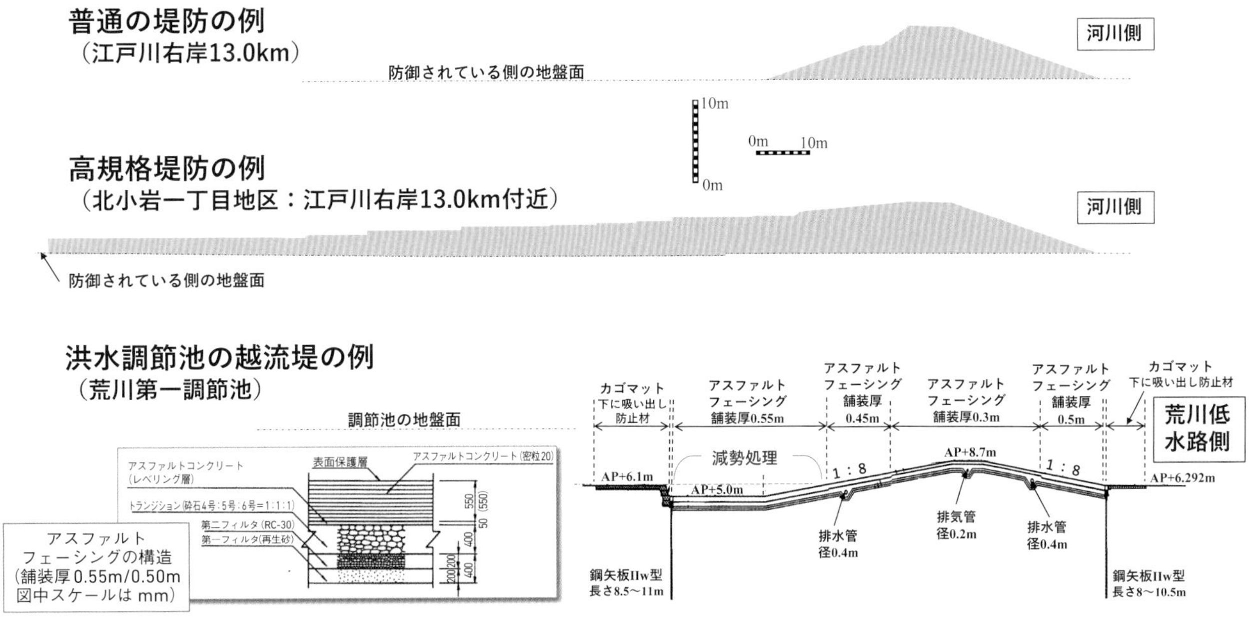

図3　所定の越水に耐えるように造られた堤防と普通の堤防との比較

いずれも横断図（3つとも縮尺は同じ。鉛直方向の長さを、水平方向の1.5倍とした）。設計に用いた越流水深は、この高規格堤防で約15cm、越流堤は約2m（単位幅当たりの越流量で4.8m³/s/m）だ（資料：国土交通省関東地方整備局提供の資料に基づき作成）

このルートによる決壊を止めるには、食い止める壁Ⅰ、すなわち浸透破壊に耐える力を強くしなければならない。このために、高規格堤防は普通の堤防に比べ圧倒的に大きい丘のような構造にして対抗する（図3）。

一方、越流堤は、図3の例では、アスファルトで表法から裏法まで完全に覆い、基盤に止水矢板を打ち、中に水を入れないようにして対抗する。ただ、堤体の中の水や空気が抜けず、揚圧力によってアスファルトが持ち上がるということもあるので、この解消に排気管と排水管を設置する。効き目が強い対策は時として副作用を伴うので、事前の対処が大事になる。

決壊に至るもう一つのルートは、越水外力から始まる。このルートを止める壁のうちⅤ（堤体土が自立して持ちこたえる）には多くを期待できない。そのため残りの壁でこのルートを食い止めなければならない。まず壁Ⅱ（裏法が侵食に耐える度合い）を強くする方法は、高規格堤防と越流堤で異なる。

高規格堤防では、裏法勾配を大幅に緩くして裏法流速を小さくする。実際、裏法勾配が2～3割から30割になると越流水の流速は半減し、力は4分の1まで減る（図2）。このような効果を基本に、そもそも裏法侵食を起こさせないか、軽微に抑えるのである。

越流堤も、壁Ⅱを強くするために裏法勾配を緩くするという方法を用いるが（図3の例では8割）、越流堤の設計での越流水深は、洪水調節を目的にしているため高規格堤防よりずっと大きい。そこで併せて裏法侵食対策を行う（図3の例では分厚いアスファルトフェーシング）。

ただ、そうして裏法を完全に守っても、その先で洗掘が生じるとその影響が裏法に遡り、壁Ⅲと Ⅳを突き抜けるもう一つのルートができてしまう。そこで、壁Ⅲで食い止める（裏法尻洗掘を抑える）ことが必須になる。そのため、図3にあるように法尻とその先で幅25m以上にわたる念入りな減勢（水の勢いを減ずる）処理が施される。

こうして、所定の越水に耐える堤防は、普通の堤防と比べて多くの土地を必要とする。より大きな越流外力を前提とする越流堤は重装備になる。このように、普通の堤防とは構造が根本的に異なってくるのだ。

越水に対して粘り強い堤防技術の現状

既往の代表的な取り組みとして、アーマー・レビーと危機管理型ハード対策がある。

図5に示す加古川で試験施工されたアーマー・レビーの基本構造について見ると、図4の食い止める壁Ⅰの強化を担うのは、表法に敷かれた遮水シートである。基盤の止水対策までは入っていない。食い止める壁Ⅱの強化は、裏法に敷かれた遮水シートが担う。シートの安定と遮水機能が保たれる限り、越

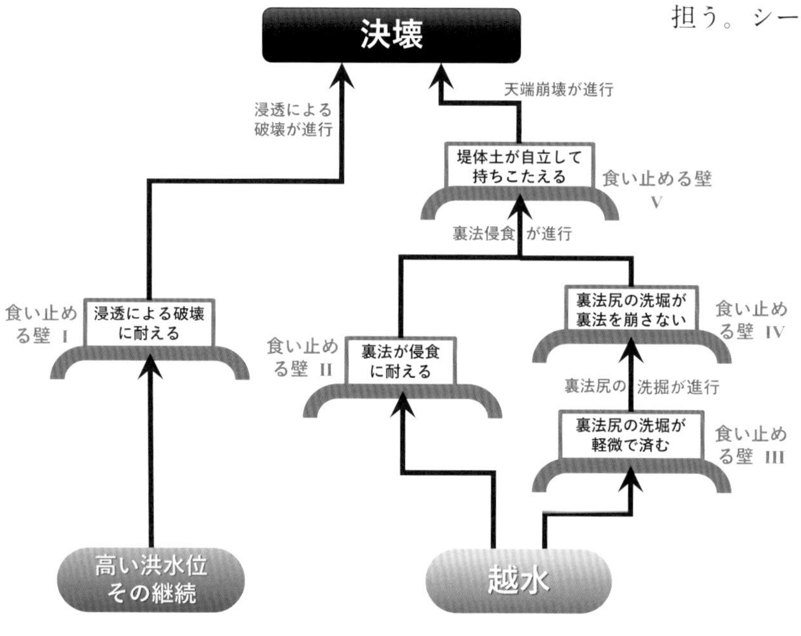

図4　**越水による決壊はどのような現象を経て起こるのか**

最下部に表示された「高い洪水位、その継続」と「越水」という2種類の外力から始まる黒矢印（決壊へのルート）のいずれか一つでも最上部の「決壊」に届くと、決壊が起こる。この図から、どのような現象を経て決壊が起こるか、逆にどの現象を食い止めると（「食い止める壁」と表現）決壊を防げるのかがつかめる。「故障の木」解析の簡易表現。なお、侵食・洗堀による決壊は省略している

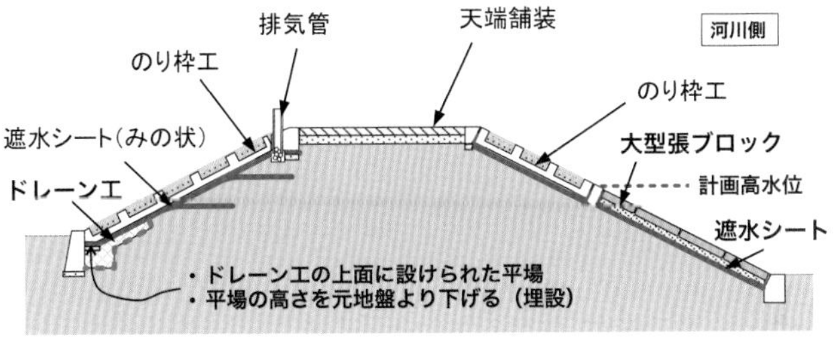

図5　**試験施工されたアーマー・レビー**

加古川で施工された堤防の基本構造。施工時期は 1988 ～ 1995 年度（資料：国土交通省の資料に基づき作成）

流が裏法地面に及ぼす影響は遮断されて侵食を防げるという仕組みだ。

遮水シートの利用による副作用の対策として、裏法シートの施工では一部を重ねた“みの状”の部分を設ける。重なった2枚のシートの隙間から空気や水が逃げられるようにするためだ。さらに排気管を設け、対策を確実なものにする。天端舗装は天端の保護とともに、遮水シートを押さえる役割を担う。

食い止める壁Ⅲの強化に関しては、法尻に設置されるドレーン工（堤体に入った水を早く抜く機能を持つ代表的な浸透対策工法の一つ）の上面に平場を設け、しかもその高さを埋設によって元の地面よりも低くするという工夫を講じている。これらは図6に示す「裏法尻保護工」というアイデアに基づく。なお、裏法に法枠工を設置する主目的は、遮水シート上の法面の滑り対策である。

図7の危機管理型ハード対策は、食い止める壁ⅡとⅢの強化を図っている点では同じであるものの、アーマー・レビーよりもずっと軽装備である。これは、植生被覆地面が元々持つ耐侵食力を最大限に生かし、最小限のコストと労力で耐越水性を少しでも高めるという考えに基づく。裏法侵食のきっかけになりやすい裏法下部から法尻部分だけを重点的に保護しているのだ。

実際、根が一様に張り、土の単位体積当たりの根の量が多いと、堤防地面は、流速3m/sに数時間のオーダーで耐えられる。なお、食い止める壁Ⅰの強化は入っておらず、当該区間で浸透破壊が真っ先には現れないことを期待、あるいは見込んだ対策として位置付けられる。

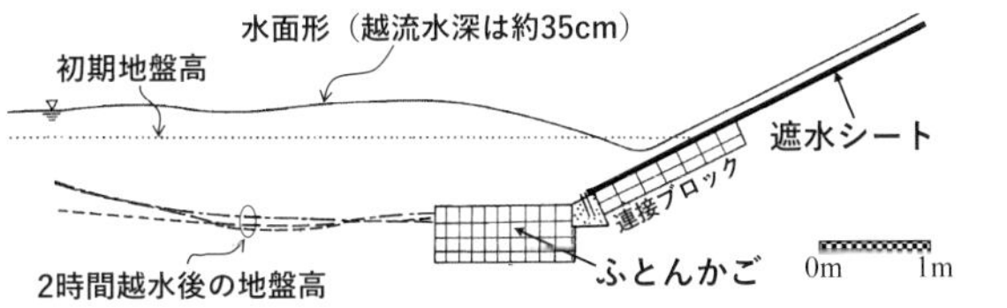

図6　**裏法尻保護工の機能を調べた実大実験**

越流堤にあるような大規模な減勢処理に頼らず、法先洗掘の影響が裏法保護に及ぶのを防ぐ方策として開発された。ふとんかご上面の平場が裏法からの高速流を受け止め、流向を水平に変える。ふとんかごの埋設（本実験では 50cm）によって法先洗掘が減勢池の形成にもなるというのが方策の基本的な考えだった。この実験条件では、洗掘をコントロールでき、上記の目的が達成されている。地盤材料の平均粒径は 1.2mm だった（資料：土木研究所資料第 2621 号の図 -2.19 を一部改変・加筆）

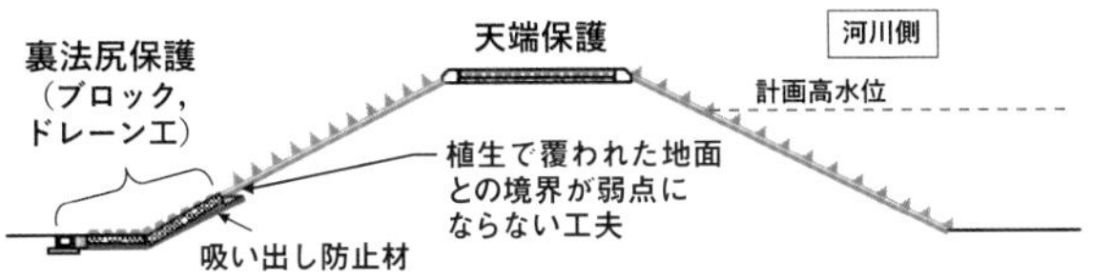

図7　**危機管理型ハード対策の構造例**

2016 年度より現場で施工されている（資料：国土交通省の資料に基づき作成）

越水に粘り強い堤防と耐える堤防は別物

土木・建築分野の構造物設計の基本に、「想定した作用に対して基本的要求性能を確保する」がある[※5]。これに照らして対越水強化技術を考えていく。ちなみに普通の堤防の設計も、この基本に沿っている。

さて、図3で取り上げた越流堤と高規格堤防は、この設計の基本に従って造られている。

すなわち、目的に直結する外力が越流水深で明示され、それが作用しても図4に示された決壊に至るルートを一つも通らないようにする。食い止める壁の強化は、信頼できる工学的手法に基づいて系統立てて検討されることによって、所定の越水に耐えるという要求性能が確保される。実際、高規格堤防については、この枠組みが国交省河川砂防技術基準設計編に定められ、越流堤については、同基準において「設置目的に応じて十分な機能を発揮する安全な構造を個別に定める」と規定されている。

一方、図5、図7で取り上げたような対越水強化技術の実装においては、設計のための越水外力は明示されない。構造検討においては、対策内容と耐越水性向上との関係についての様々な技術知見が投入される（植生の耐侵食力、遮水シートの強度や流水に対する安定性、天端舗装の効果、図6の裏法尻保護工の効果と安定性など）。その際には越水外力の目安も考慮される。しかしこれらは、所定の越水に耐える構造を定める手順とは異なるものである。

粘り強い堤防の肝は柔軟性と容易さ

以上の背景には、「普通の堤防に大きくは手を加えず、大幅な新規の用地を必要としないという制約条件の下で実施可能な工夫を施す」という前提がある。堤防を越水に粘り強くすることは、あくまでも耐越水性能を今よりも高めるという行為なのだ。

「所定の耐越水性能の確保」のための設計を行うケースを考える。例えば、法尻処理について土質が微細砂、あるいは堤防から離れると低くなる地形など不利な土地条件となっている場合、対応できる構造としたり、その土地に改良を施したりする。また、将来その前提条件が変わらないように、用地を確保するか土地利用制限を行うことなども必要になる。

あるいは食い止める壁Ⅰ（浸透破壊防止）では、堤防の堤体や基盤の土質調査も含め、洪水位が計画高水位を越えた条件での浸透破壊の危険度を念入りに調べ、対策を検討することになるだろう。しかし、そうした対策は上記の制約条件から外れて、大規模化、重装備化に向かわせる可能性が増す。

フロンティア堤防と呼ばれる耐越水性強化の試験施工において、壁Ⅱ（図3）を強くする方法（裏法の強化対策）として遮水シートではなく吸い出し防止シートが用いられた事例がある（1998～2003年度施工）。吸い出し防止シートは、流れの勢いをほぼ遮断する一方で、空気や水自体は透過させ、遮水シート利用で懸念される副作用がなくなり排気管が不要になるなど対策としてはシンプルになる。一方で、裏法侵食の防止効果は遮水シートに比べて低下する。

以上に述べたことから、「越水に粘り強い堤防にする技術」は、次のような位置付けにあることが明確である。この技術は、耐越水性を増して決壊の可能性を減らしたり、決壊までの時間を延ばしたりするものではあるが、それは所定の越水に確実に耐える性能とは異なる。そして、そのような位置付けを持つがゆえに、普通の堤防からの改変度合いが小さくて済み、実装のハードルが低くなるという特長を持つ。危機管理型ハード対策の位置付けもまさに同様である。

このことを性能発揮という観点から表現すると、「現状よりも耐越水性能は上がり、場合によっては高い耐越水性能を発揮することもあり得る。だが、そうならない場合もあり得て、一定の越水外力に確実に耐えるものとは言い難い」となる。このように整理してくると、この技術には水防工法との共通性があると気づく。

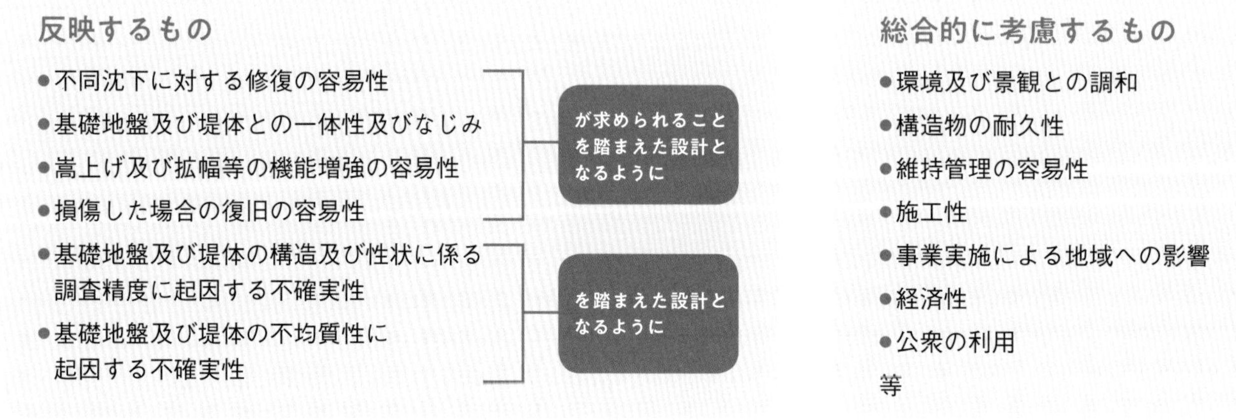

図8　**堤防の設計に反映すべき事項**
国交省河川砂防技術基準設計編の第1章の「2.2.2 設計に反映すべき事項」より要点を抽出

堤防技術の真髄

堤防の技術基準では、有するように設計すべき機能（先ほど紹介した「計画高水位以下の水位の…に対して安全である機能」を含む）と対をなす、「堤防の設計に反映すべき事項」が、図8のように示されている。その内容は、ここで取り上げる対越水技術のみならず、河川堤防の設計全般に反映あるいは考慮されるべきものだ。堤防技術の在り方の基本事項を示すものと言える。前段の、有するように設計すべき機能の確保（対越水強化など拡張部分があるならそれも含め）だけを説明できても、後段の事項が反映・考慮されない限り、堤防の技術としては完結しない。

このことの理解を深めるために、対越水強化技術を図8の事項に照らして吟味してみる。前述のアーマー・レビーやフロンティア堤防の技術に関しては、「構造物の耐久性」「維持管理の容易性」が課題になる。これは、シートやふとんかご材、各部材間の接続・支持部などの耐久性、劣化の把握法、これらを踏まえた必要な維持管理とその労力に関する知見が十分ではないことによる。

河川堤防の供用期間は非常に長い。大河川の堤防が内部に明治期施工のものを擁する例は珍しくなく、400年以上遡る場合もある。ある区間で次に越水が起こるタイミングは、数十年先かもしれないし、半世紀以上先かもしれない。従って、設計図や施工直後というような時点での機能確認で十分とする思考に陥ってはならない。供用期間の長さを見据えて技術を詰めていくことが重要だ。

アーマー・レビーやフロンティア堤防が「試験施工」という位置付けになっている意味はここにある。すなわち、新しい技術にチャレンジする積極性を保ち、同時に、技術の吟味を見切り発車で終わらせないようにするものとしての位置付けなのである。

では、高規格堤防や越流堤はどうか。これらについては、図8の事項が設計・施工段階で織り込まれている。例えば「損傷した場合の復旧の容易性」について、高規格堤防は大規模な地震で損傷を受けると復旧が容易ではない。そもそも高規格堤防は大部分で普通の土地利用がなされることになっていて、地震による損傷はこれらに大きな影響を及ぼす。

そこで技術基準において、地震時における堤防およびその地盤の慣性力が設計荷重として考慮され、地震による損傷を防ぐ策が講じられる。これは、図8の当該事項の必要性自体をなくすアプローチだ。これも反映・考慮の範疇となる。

越流堤については、設計において十分な耐久性が確保される構造が採用され、供用後、必要な補修を行える維持管理体制が確保されている。厚さ30～55cmのアスファルトフェーシング（図3）と遮水シート（図5）という裏法保護部材の対比は、この意味を理解する助けとなろう。

このような方策を、図8の事項を反映させるために採用することで、施設の規模が大きくなったり、重装備になったりする場合も出てくる。大切なのは、そのコスト・労力の増加を織り込んだうえで、治水インフラとしての妥当性が総合的に吟味されていることである。繰り返すが、図8は堤防技術の本質に関わるものなのである。

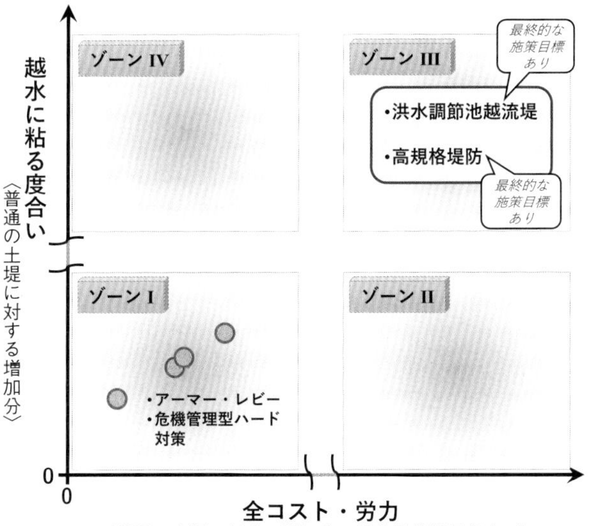

図9　**耐越水性を高める堤防技術の俯瞰的な整理**

横軸は、供用期間を通じて整備目的にかなう機能を発揮させるためにかかる全てで、図8の事項の設計への反映に伴うものを含む（調査・設計、用地確保、建設、点検評価、維持管理、損傷修復、更新、地域との調整等）。供用期間は、「少なくとも100年」と置くと実質的な検討になる。縦軸、横軸ともゾーンが変わる所で大きなギャップがある。堤防名・種別は例示で、プロットはイメージ

耐越水性を高める堤防技術を俯瞰

図9は俯瞰的に整理した図である。ゾーンⅠは「越水に粘り強い堤防」に、ゾーンⅢは「所定の越水に耐える堤防」に当たる。

縦軸は越水に粘る度合い（耐越水性能の高さ）を表す。その具体的な表示は、ゾーンⅢ・Ⅳでは「設計越水外力（越流水深・継続時間）」となるのに対して、ゾーンⅠ・Ⅱでは「強化対策を講じた結果得られる粘り強さ」となり、ゾーンⅢ・Ⅳのように単純には表現できない。横軸も、ゾーンⅠ・Ⅳ～Ⅱ・Ⅲの間で大きなギャップがある。

また、ゾーンⅢに例示した堤防整備は、耐越水性能の向上が最終ゴールではなく、その先に施策目標がある。越流堤であれば洪水調節、高規格堤防であればまちづくり施策との相乗効果の発揮や避難場所の確保等だ。従って、図9をゾーンをまたいだ比較に基づく総合評価に用いないように注意する必要がある。

俯瞰的整理から見通す技術展開の方向性

まずゾーンⅠに関しては、かけるコスト・労力に対して、より高い粘り強さが発揮される、［縦軸値／横軸値］が大きい工法の技術開発・提案が期待される。その際には特に、現場における長期にわたる機能（粘り強さ）発揮の確保がポイントとなる。

このゾーンについては、縦軸が工学的、定量的表現になっていないことが、工法開発・提案はもとより、比較検討と採否判断の隘路となっているので、その課題を解決する手法の提案が求められる。

例えば、比較の共通尺度として代表越流水深を設定し、「それに耐える時間の平均値とばらつきの幅」を表示する、あるいは、同じく比較の尺度として［越流水深－継続時間］の組み合わせを設定し、「それに耐える確率」を表示し、これらを工法間で比較することで性能指標として活用する、等が考えられる。これらの指標が長期的にどう変化するかまで示せるようになると、開発目標の提示や工法評価がさらに系統的に行えるようになる。

ゾーンⅢについては、最終的な施策目標の組み込みは行わずに、所定の越水外力に耐えるという目的に絞った堤防技術の追求があるだろう。そうすることで、ゾーンⅢの中で横軸上の位置の左方への移動（コスト・労力減）も期待できる（もちろん施策目標の組み込みがあってよい）。そして、土堤がそもそも越水に弱いことから、いわゆる土堤原則（河川砂防技術基準設計編第1章2.3）によらないアプローチが技術探求として出てくるだろう。

これは、図4で言えば、「食い止める壁Ｖを強くしてしまえばよい」という発想だ。その堤防技術基準上の位置付けは当然課題になるものの、そもそも技術的に可能かを詰めることが必要であり、それなくして位置付けの議論はできない。大事なのは、前述したように、図8の事項を反映・考慮する技術的手順を検討して、その妥当性を客観的に説明できるようにし、そのうえで期待できる効果と必要なコスト・労力（図9の横軸）、詰めきれない課題を共有して議論できるようにすることである。

ちなみに土堤を前提とした堤防設計は、図8の事項が総じて反映・考慮されたものになるとみなせる。このことは、長い年月をかけて築造し、供用してきた経緯の中で経験的に確認し、それを積み上げてきた実績に根差しており、「土堤原則」の重要な根拠を構成する。

鈍重で地味に見える土堤は、軟弱な沖積平野に長大な規模で非常に長い供用期間を前提に造られる構造物だ。この長い線状の構造は、その1カ所でも破れると氾濫防御という機能を失ってしまう。そうした中、軟弱な地盤でもなじみがよく、弱点箇所が生まれにくい構造物として、今日においても優れたものと言える。

この点で土堤は、他の工種に対してアドバンテージがある。非土堤構造は所定の性能確保はもちろん、図8の事項の反映・考慮を一から検討・確認しなければならないのだ。ただし、これは新しい技術にチャレンジして道を切り開くために当然払うべきポジティブな（開発意欲を刺激する性格の）代価である。

こうした意味からも、従来の堤防技術には精通していない技術者・研究者もこの分野の進展に貢献できるようにすべきだ。堤防技術を支える裾野を広げるために、河川堤防の技術体系・技術基準などにおいて、図8の内容の一層の"技術的翻訳"を進めることが重要になってくる。

なお、図9で残るゾーンのうち、Ⅳは実現の難度が非常に高く、Ⅱは必要とされる局面が考えにくい。いずれも追求の対象としての優先度は低いと言える。

対越水技術は治水施策とつながって輝く

堤防技術は、治水施策全体の中に組み込まれて初めて意味を成す。魅力的な技術になるほど、議論がその技術だけに閉じてしまいがちになる。対越水強化技術について、そのようにならないための5つの留意点を以下に述べる。

まずは総合評価、総合判断を常に心がけることだ。およそ技術には考慮すべき複数の評価軸がある。単純な優劣比較に陥らず、また[耐える－耐えない][高価－安価][良い－悪い]といった単純化した思考でなく、労力をかけただけの効果がどう出るかを、目的に照らして大局的、かつ長い時間軸で捉え、的確・柔軟な判断を下すことが肝要である。

2つ目は、水系一貫で全体を見通して治水を進めるという視点を忘れないことだ。ある区間の耐越水性能を高めることは、それが粘り強い堤防であれ、一定外力まで耐える堤防であれ、対策を講じる前に比べて下流に新たな負荷をかけることになる。地先の耐越水性向上策が、水系全体の治水としてどのような効果、結果をもたらすかを把握し、治水施策と技術適用のあるべき姿に照らして吟味する姿勢が欠かせない。そして、そのことは従来の河川整備とは異なる超過洪水対応のフェーズにおける、もう一つ別の流域内治水秩序形成という議論にまでつながっていく。

3つ目は、耐越水性能向上のための投資と、同じ降雨規模に対して洪水位を下げる河川整備の投資とのバランスを適切に見定めることである。4－1 3で述べたように、水害リスクカーブを右に押しやることと下に寝かせることは両方とも大切だ。単純な選択の議論になってはいけない。加えて、寝かせる方策が堤防の耐越水性能の向上に限られているわけでもない。

当該流域において水害リスクカーブをどう改善していくのかという考えの下、各地域が抱える切実な課題の解決も見据え、上記の見定めを行うべきだ。そして、わが国の治水において、洪水位の低下が大きな意味を持つ実情を踏まえ、通常の河川整備への投資を抑えてまで耐越水性向上に取り組むような構図は避けるべきである。

4つ目は、図9のゾーンⅠに入る技術の性能が決定論的には定まらないという特質を理解した上で、その治水施策への組み込みを行うことだ。すなわち、耐越水性向上策を実施し、維持管理する河川管理者として、この特質をどのように位置付け、流域住民をはじめ関係者にどう説明するかという点を明確にしなければならない。

普通の堤防であれば、少なくとも完成すれば確保される機能が明確で、上記の点も明解だ。しかし、ゾーンⅠに入る堤防技術は異なる。従来の河川管理施設とは違った、特質に合った整理が求められる。

残る1つは、関係する住民との関係だ。もしも、関係する住民が越水に対して粘り強い堤防を「完全に耐える構造」と誤解して、行うべき避難に消極的な状況が地域に生まれてしまえば、本末転倒になる。粘り強い堤防が決壊を確実に防ぐわけではないことを理解し、粘り強さが生み出す越水開始から決壊に至るまでの時間の延びを減災行動に生かすという「使いこなし」を定着させなければならない。

以上のことは、ゾーンⅠのような、性能に幅や不確実性がある技術を受け止める力量が各方面に求められるようになったことの表れ、とも言える。これまでであれば、このような不確実性のある技術には手を出さなかったかもしれない。

しかし、近年の気候変動に伴う厳しい気象条件を前に、技術進展の成果を最大限に取り込み、あらゆる方策を動員して被害を減らしていかなければならないのである。堤防は、50年、100年、そして200年先に人々が見る景色を創るもので、地域を支える構造物だ。だからこそ、限定的な場面、条件、時点、想定による検討だけで判断しない矜持を持つことを忘れてはならない。

「基礎地盤及び堤体との一体性及びなじみ」の意味

124ページ図8の「堤防の設計に反映すべき事項」の中で、この項目は土堤原則によらず、堤防中心部にコアを入れる工法を検討する際に特に重要になる。2005年8月にハリケーン・カトリーナが米国ニューオリンズを襲った際に非越水条件で起こったI型防御壁の破壊は、この意味をつかむために学ぶべき重要な事例である。

I型防御壁は、鋼矢板の上に鉄筋コンクリートパネルを接続させた構造で、それを必要なだけ基礎地盤に打ち込むことにより、土堤で造る場合に比べて小さな盛土で所定の高水位に耐えられるようにしたものだ。高潮が発生する湾と直接つながった運河に生じる高潮位から街を守るために用いられていた。

この構造では、運河側の水位が上がるにつれて、防御壁がより大きな水圧を受け、防御側に少しだけ傾く。それ自体は問題にならないが、この傾きによって運河側において、防御壁と盛土との間に隙間ができ、壁と土との密着がなくなる。まさに、「一体性及びなじみ」が確保できない状況が生じる。そこに水が流れ込み、隙間を満たし、防御壁に対して水深分の高い水圧を土中深くまで作用させる。これは当時の設計の想定外であった。このため、パイピングあるいはすべりを主因とした防御壁の破壊が起こった。

堤防の主たる部分を土以外の材料で造る場合、「土との密着がなくなり隙間を生じる」状況が、上述の例以外の理由によっても様々に起こり得る。通常の土木構造物であれば、隙間ができることが力学的な不安定性をもたらす状態にまでは至りにくいが、堤防は違う。高い水圧に対抗するという性能を課せられており、隙間の形成とそこへの水の浸入が、その性能を大きく毀損する。この点を十分に踏まえたうえで、設計と維持管理法などの検討を行い、そうした工法の実現性について的確な評価・判断を下していかなければならない。

土木学会が2008年に出した耐越水堤防整備の技術的な実現性の見解も、「堤体中央へのコアの導入は、様々な理由で剥離、空洞化が発生しやすいことから、技術的に難しい」と判断している。新しい技術開発や提案に挑むことはもとより重要であり、そうしたチャレンジを価値のあるものにするためにも、上述のような、堤防技術に求められる要件と従来認識されていた隘路を正確に理解しておくことが重要である。

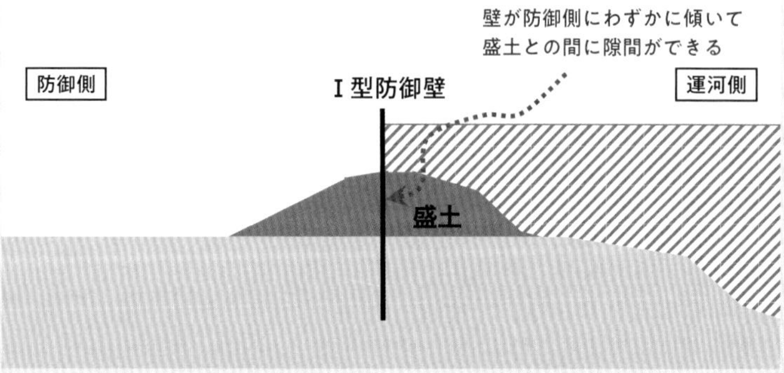

図　ロンドン通り運河で起こったI型防御壁の破壊の様子（右）とI型防御壁構造の横断イメージ図（左）

4-3 今後進めるべき取り組み

3 既設ダムの有効活用

図1　ダムをビルに見立てると

利水容量の活用

「流域治水」への転換とは、気候変動に伴う水害が増えている中で、あらゆる施策を動員して治水対策を実施するということを意味する。その一環として、利水ダムも含めた既設ダムを徹底的に活用することが重要だ。

ビルは、それぞれの事業者が用地を確保したうえで、オフィス、店舗、住宅等、様々な用途を想定して建設される。ダムも同じだ。電力会社や国・都道府県の土木・農業・水道部局等がダム建設に適した場所を見つけ、そこにそれぞれのニーズに応じたダムを建設するのが長らくの基本であった。

しかし、時がたつにつれてダムに期待されるニーズも変化する。気候変動時代を迎える今、治水のために必要な容量を確保することが課題となっている。

図1の上段は、ダムをビルに見立てた図だ。緑色のビルがかんがい目的のダム、赤と青の2色のビルが治水と水道用水供給を目的とした多目的ダムといった具合だ。それぞれのダム（ビル）では、建設時の費用負担の割合に応じて利用権が定められている。

ここで、ダムに対する社会的なニーズが変化してくれば、スペース（貯水容積）を融通したり持ち分を変えたりすることによって、ダムを合理的に使える可能性がある。しかし、ビルのテナント同士が勝手にスペースを融通し合うのが困難なのと同じように、容量の「転用」や「貸し借り」を行うためには事業者間での権利調整が必要だ。実際にこのような調整が成立するケースはこれまで一部にとどまっていた。

しかし、それが大きく変わった。2019年10月の東日本台風を踏まえ、同年12月に「既存ダムの洪水調節機能強化に向けた検討会議」が政府に設置された。検討会議では、計画規模を上回る豪雨がダムの上流で予想される場合には利水用にダムに貯めていた水をあらかじめ放流し、洪水の受け皿を増やす事前放流を、利水専用ダムも含めてできる限り実施する基本方針を打ち出した。事前放流の役割と効果は、21ページの草木ダムの例で示した通りだ。

一級河川におけるダムの有効貯水量のうち、治水目的の容量の割合は3割（約54億m^3）しかない。そこで、事前放流を最大限実施することにより、大きな洪水が発生すると予想されるときにはその量を大幅に増やすのだ。図1の下段はそのイメージを示したものだ（赤い「治水」の部分が増加）。

ダムの再生

図2に既設ダムの機能向上を図る取り組み（ダム再生）の例をいくつか示す。上で紹介した事前放流の強化はその中のAだ。

このようなダム関係者が協力して行う事前放流という施策は、ビルの例で言えば、各ビルのオーナーが協力して、大地震の際に避難者や帰宅困難者のために、所有スペースを最大限提供するようなものだ。電力、水道、農業用水等の事業者にとっては、雨が想定通りに降らなかった場合に、治水のために事前放流して空けた容量が回復しない可能性もある。

それでも、国や地域全体のことを考えて協力することになった。そして国も、利水者に損失が生じた場合にそれを補填する制度を新たに用意して、利水者の協力に応えた。気候変動に伴う洪水の激化、頻発化に対し、利水関係者も協力する仕組みが整えられたのだ。

協力体制が整っても事前放流にはダムの構造的な制約が伴う。図3の左側に示すように、利水ダムの多くは放流管が小さく、台風が接近してから事前放流をしても、洪水を貯めるために空けられる容量は限られる。そこで、放流能力の増強も併せて行うことが望まれる場合が出てくる。ビルの例えで言えば、IT化に対応したオフィスのリノベーションといったところだ。また、治水目的を有する多目的ダムでも放流能力が不十分な場合がある。そのような場合にも、放流能力の増強が必要だ（図2のB）。

既設ダムを用いたより抜本的な対応策として、ダムの高さを高くする嵩上げにより、治水容量を増やす方法もある。図2のCのケースだ。ダム湖の湖岸全体にわたって水没範囲を増やす余地が無い場合には実施は難しいものの、治水容量を確実かつ大きく増やせる利点がある。事前放流は、気象予測が豪雨の発生を見通せなかった場合には十分には実施できない。確実な対策とは言えず、あくまで「使える場合には使う」ものだ。ダムの嵩上げは、ビルに例えれば「増築」に相当する。気候変動によって大水害が頻発する時代に備え、確実な対策であるダムの「新築」や「増築」を着実に進めることも重要になってくる。この他、図2のDに示すように、ダムに流れ込む土砂をうまく排出してダムの長寿命化を図る取り組みも実施されている。既設ダムを長持ちさせるこのような取り組みも肝要だ。

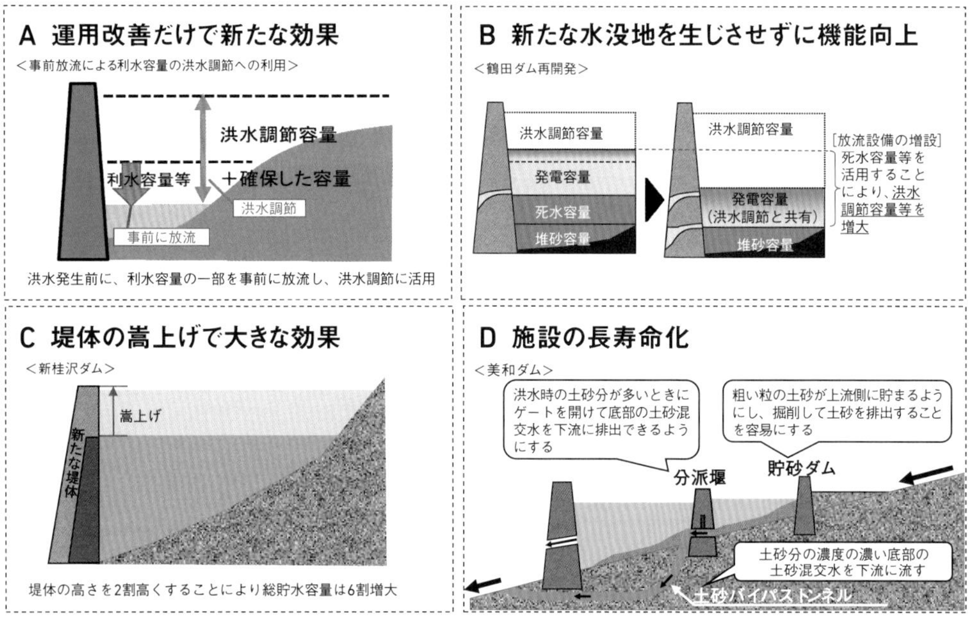

図2
ダム再生の主な事業メニュー
（資料：国土交通省の資料に一部加筆）

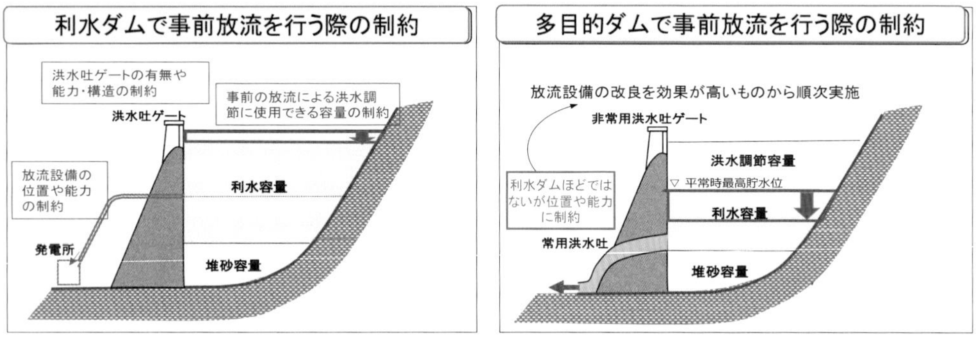

図3
利水ダムと多目的ダムにおける事前放流の構造的な制約
（資料：国土交通省）

4-3 今後進めるべき取り組み

4 下水道の都市浸水対策

内水氾濫は、河川堤防決壊等による外水氾濫と比較して、一般に被害規模は小さい。しかし、その発生頻度は高い。特に都市部における集中的、局所的ないわゆるゲリラ豪雨では、内水氾濫が多発する傾向にある。水害統計においても、全国ベースで内水氾濫による被害額が4割程度に及ぶと報告されている。東京都など都市部では、内水氾濫が被害額に占める割合が高くなっている（図1）。

都市の内水氾濫対策を主に担うのは下水道だ。ただ、都市開発等によって社会経済活動や人口・資産の集中が進むと、従来の雨水貯留浸透の機能が失われていく。加えて、内水氾濫による被害の潜在的なリスクが増大している点を踏まえると、下水道事業による内水氾濫対策を、ハードとソフトの両面から一段と推進することが重要だ。

なお、水害はその原因が外水であれ内水であれ、被災者にとっての痛みは変わらない。浸水被害自体が問題であるからだ。水害の発生頻度や被害規模は降雨形態等によって多様で、対応策は一律の解とはならない。

今後の気候変動の影響等も考慮し、相対的に大規模で頻度が少ない水害から中小規模で頻度が大きい水害まで複数のシナリオを用意して、ハードとソフトの対策の選択肢を柔軟に考える必要がある。ただし、経済合理性を高く保つ点は忘れてはならない。

排水能力の向上に加えて雨水貯留などの機能も組み合わせる等、対策の余裕を準備することが、多くのシナリオに対応しやすくするうえで大切だ。

内水氾濫対策の計画の立案・実施で考えられるのは、下水道事業による排水、ポンプ場整備だけではない。排水域における雨水の貯留・浸透を組み合わせる他、排水先である河川事業、まちづくりなど関連事業との連携を図り、全体として効率的で効果的な対策としていく姿勢が欠かせない。

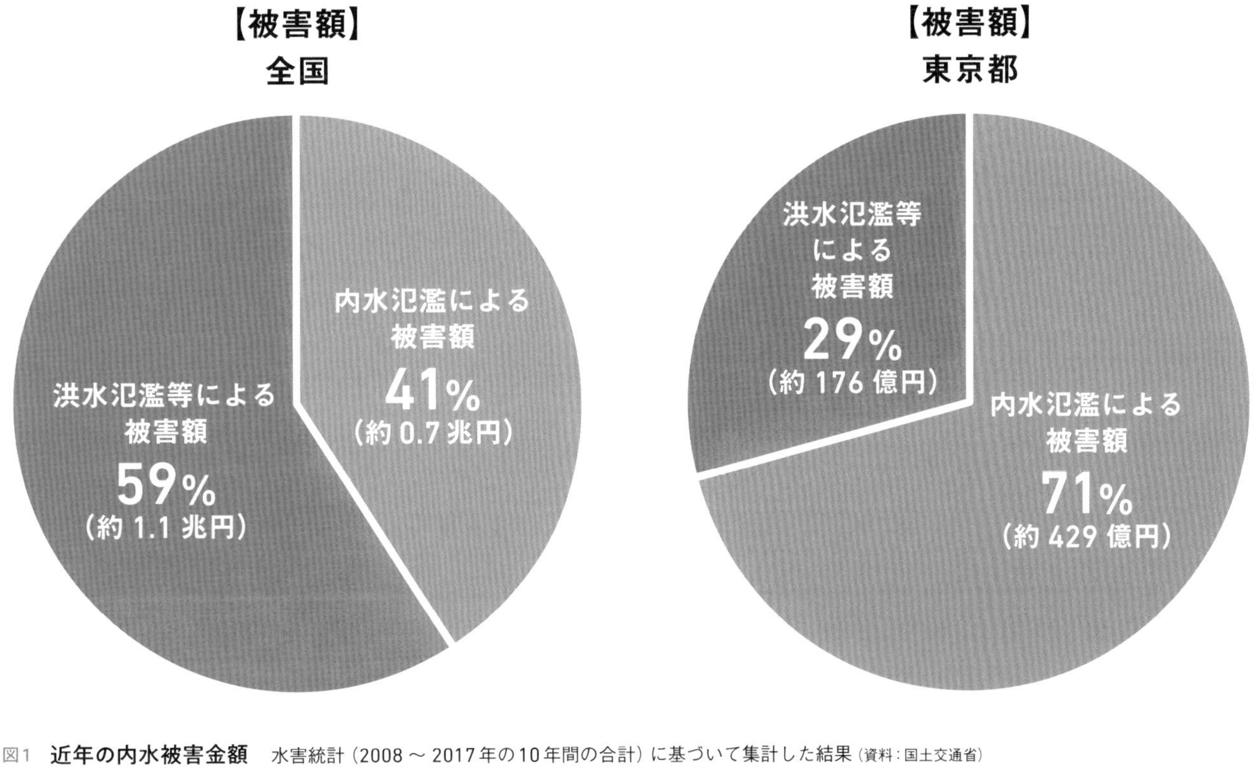

図1 **近年の内水被害金額** 水害統計（2008～2017年の10年間の合計）に基づいて集計した結果（資料：国土交通省）

2018年の西日本豪雨を踏まえて国土交通省が設置した「都市浸水対策に関する検討会（2018年12月提言）」では、下水道整備の着実な推進とともに、関係部局や市民等との協働、超過降雨対応、事業継続計画（BCP）や施設の耐水化、被災後の速やかな復旧が重要と位置付けている。

気候変動に伴う降雨量の増加や2019年の東日本台風等における被災形態を踏まえ、さらなる検討が必要との認識もある。そこで国土交通省では、「気候変動を踏まえた都市浸水対策に関する検討会（2020年6月提言）」で今後の下水道浸水対策の方向性について課題を提言した。主な課題は以下の5つだ。

①気候変動を踏まえた下水道による都市浸水対策に係る中長期的な計画の策定の推進
②下水道施設の耐水化の推進
③早期の安全度の向上
④ソフト施策の更なる推進・強化
⑤多様な主体との連携の強化

①では気候変動を踏まえた雨水計画量の設定、下水道による都市浸水対策の中長期的な計画の策定、②では耐水化の対象外力の設定、効率的・効果的な対策手法、段階的な対策の進め方、③では効率的・効果的なハード整備、既存施設の運用の工夫策、街づくりとの連携によるリスク軽減手法、④では内水ハザードマップ作成・公表・周知の加速化、効果的なソフト施策の推進、⑤では既存協議会の活用も含めた多様な主体との連携の枠組みの構築、を検討すべきとしている。

下水道事業の実施主体は地方公共団体、特に市町村である。一方、河川改修等は国（国土交通省）と都道府県が河川管理者として責任を持つ。そのため、地域の水害に対する安全性を高め、住民が安心して暮らせるようにするには、全体として合理的、かつ効果的な対策の立案が欠かせない。そのためにも、下水道と河川で異なる各事業主体、さらには民間事業者等、関係組織や地域の住民が常日頃から連携し、一体となって対応に当たることが不可欠だ。

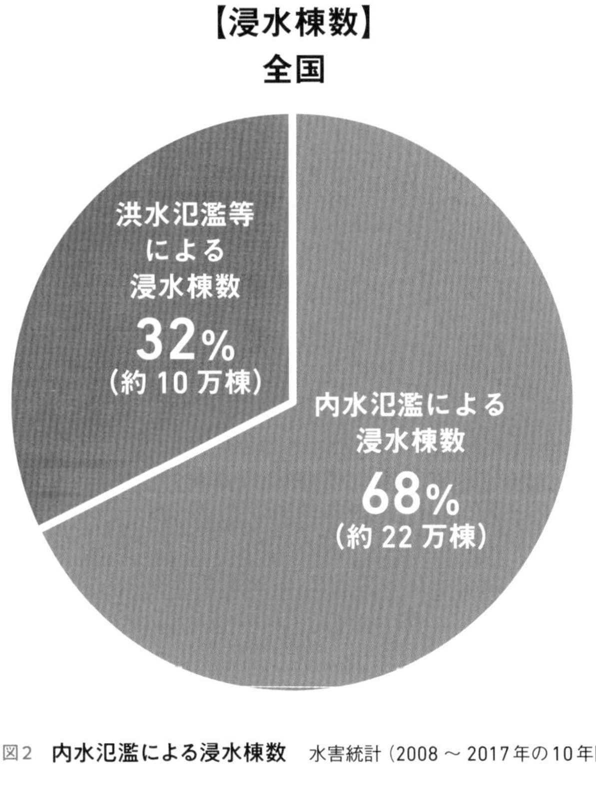

図2　**内水氾濫による浸水棟数**　水害統計（2008～2017年の10年間の合計）に基づいて集計した結果（資料：国土交通省）

4-3 今後進めるべき取り組み

5 土地の使い方や建物構造の工夫

ハザードマップの浸水想定が現実に

直近2年間に起こった猛烈な水害は、多くの人々に衝撃をもたらした。全国のハザードマップで示された浸水想定区域に居住する人口は3500万人とも言われている。その多くが抱いていた「まさかわが家に限って」という考えを吹き飛ばしたからである。

2018年の西日本豪雨は、西日本を中心に広い範囲で記録的な大雨をもたらした。各地で河川の氾濫が相次ぎ、浸水による被害は、家屋の全半壊等2万2001棟、家屋浸水2万8469棟に上った。また、2019年の東日本台風は、静岡県や新潟県、関東甲信地方、東北地方を中心に、広い範囲で記録的な大雨をもたらした。多くの河川が氾濫し、家屋の全半壊等7万652棟、家屋浸水3万1021棟にも及ぶ被害が生じた。

特に衝撃的だったのは、東日本台風による一度の豪雨によって、河川堤防の決壊が国管理と県管理の河川で142カ所に達したという点だ。決壊にまでは至らなかったものの、計画高水位を超えて、堤防を越水、溢水したケースはさらに多発した。内水の排除もできず、浸水が広がって甚大な被害が出た。現代の技術力で守られているはずという期待が、自然の脅威の前にもろくも崩されたのである。

実際に発生した浸水は、ハザードマップで想定されていた浸水区域とほとんど一致していた（**図1、2**）。ハザードマップで示された浸水リスクは、実際に起こり得る事態として受け止める必要がある。

開発が認められた場所が安全とは限らない

江戸時代の生活は、川の水が時々あふれる前提で成り立っていた。そのため、洪水と共生する工夫が存在したのである（**図3、写真1**）。

明治以降になり、治水のための土木技術が導入され、淀川や荒川の放水路等によって、それまで氾濫常襲地帯だった所に住宅や工場が進出するようになると、全国的に治水の安全度を上げることが地域か

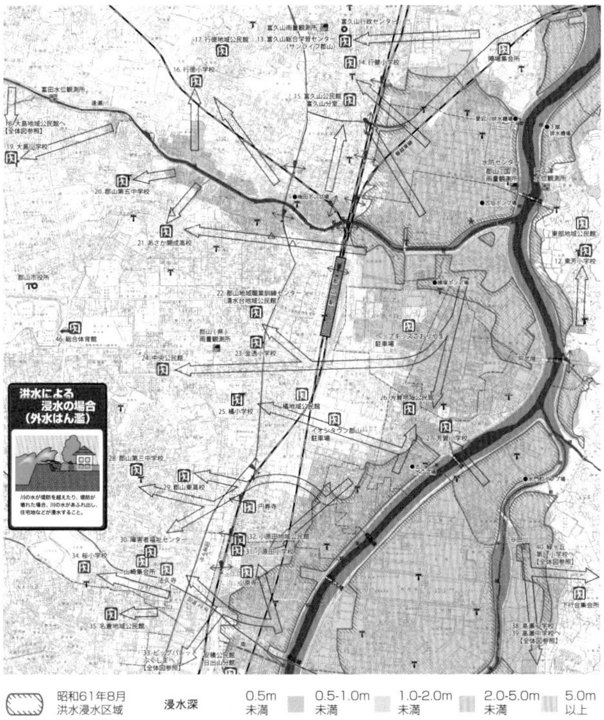

図1 **郡山市の洪水ハザードマップ**（2013年5月発行）（資料：福島県郡山市）

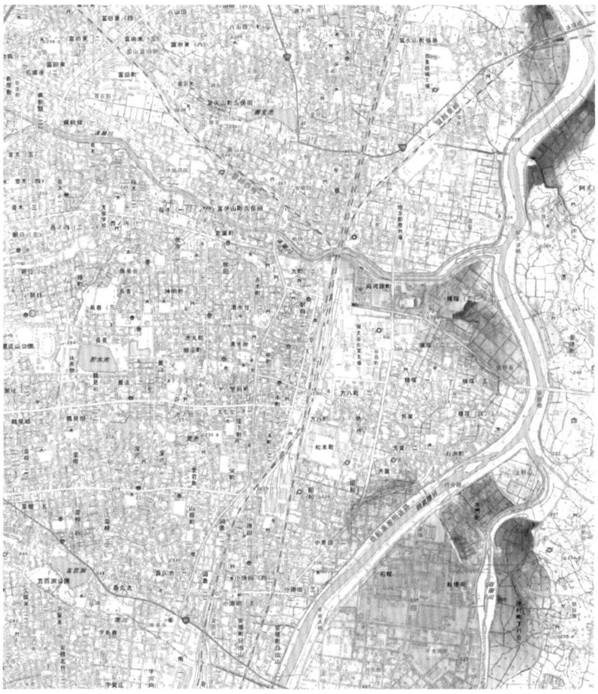

図2 **郡山市の浸水実績**
2019年の東日本台風でのデータ（資料：国土地理院）

ら要望されるようになった。そして、国も地方自治体もこれらの要望に応えるべく、治水事業を進めるようになっていく。

そのような中、1969年に施行された新都市計画法の下、高度成長期の都市化から現在に至るまで市街地の整備・拡大が展開されてきた。都市計画法の基準として、「溢水、湛水、津波、高潮等による災害の発生のおそれのある土地の区域」においては、市街化区域の設定や市街化調整区域の開発許可は認められていない。

しかし、それは治水の安全度がある一定水準を満たしているという前提の上で成立している。自然の脅威は計り知れず、現時点で考慮している一定の水準を上回る災害が発生する可能性は決して低くない。従って、市街化区域あるいは開発許可によって、行政から開発を認められた地点だからといって、水害に対して安全であるとは限らないのだ。

ある水準を超える災害がやって来たとき、江戸時代のような水害をしなやかにやり過ごす工夫を備えておく重要性が増している。

レッドゾーンとイエローゾーン

人口減少時代においてコンパクトなまちづくりを目指した立地適正化計画という制度が整備されている。そして国は、市街化区域の中で一定の人口密度を維持するために、居住を誘導する区域を居住誘導区域と定めるよう「都市計画運用指針」に示している。同指針では、図4に示すレッドゾーンについて、原則として居住誘導区域に含まないようにすべきと規定する。

一方、イエローゾーンについては「それぞれの区域の災害リスク、警戒避難体制の整備状況、災害を防止し、又は軽減するための施設の整備状況や整備見込み等を総合的に勘案し、居住を誘導することが適当ではないと判断される場合は、原則として、居住誘導区域に含まないこととすべき」と定めている。

ある水準を超える災害が発生した場合に、水害をしなやかにやり過ごす工夫を具体的に検討する際は、このレッドゾーン、イエローゾーンの考え方を出発点とすることが妥当であろう。

今後の土地の使い方や建物構造の方向性

水害対策としては、治水事業によってできる限り水害が起こらないようにする取り組みが進められている。それでも、一定の確率で大きな豪雨が発生し、浸水による被害がもたらされるリスクは避けようが

洪水時の水塚と揚舟

図3　**水害と共生するための工夫「水塚」**

（資料：国土交通省利根川上流河川事務所）

写真1　**今も保存されている水塚**

群馬県板倉町に立つ水塚。昔、水害の多い地域の住居は、田畑よりも一段高い所に建てられていた。それでも、大きな洪水のときは、水に浸かってしまう。そこで母屋の後ろに土を高く盛り上げて、そこに「水塚」と呼ばれる建物を建て、洪水が引くまで家族が避難した。川の恵みを受けながら、洪水に対しては人の命と食糧、大切な家財道具だけは守り、しなやかにやり過ごす。経験に基づき、被害の軽減を目的とする工夫だ

（写真：国土交通省利根川上流河川事務所）

ない。とりわけ、近年の異常気象の状況を振り返ると、その頻発は想像に難くない。

ある地域において、どの程度の浸水リスクが存在するのかは、河川管理者や市町村等が作成しているハザードマップで知ることができる。重要なのは、そのようなリスクが実際に起こり得ると理解し、それに対して備えておくことだ。深刻な被害を受けないように、土地の使い方や建物構造の工夫によって、しなやかにやり過ごすことができるのであれば、水害対策としては大変有効な手法になる。現在そのようなまちづくりがいくつかの地域で試みられつつある。

最も確実な方法は、浸水リスクのある所には居住しないといった土地利用面での配慮だ。これから新たに開発を進める場合には、浸水リスクの高いエリアを避けることは可能であり、そうすべきである。例えば、河川の沿川で一定の頻度で床上浸水が発生しそうな場所については、市街化区域に編入しない、開発許可も行わないといった取り組みは可能だろう。

しかし、既に市街化されている地域での対応は容易ではない。既にそこに住居を構えて暮らしていたり、そこで事業を営んでいたりする人たちに理解してもらい、さらには他の場所への移転を認めてもらわなければならないからだ。

まずは、前述のレッドゾーンについては、できるだけ早くエリア外へ移転してもらうような措置が求められるだろう。一方、イエローゾーンについては、エリアにおける危険の大きさと、エリアの将来に向けての役割の大きさを勘案して対応を決めることが重要になる。

人口減少の時代にあって、コンパクトなまちづくりを目指す都市では、市街地の面積を減らすことが求められている。この動きをうまく生かせば、危険なエリアでは土地利用をしないということを実現していくことは十分に可能だ。例えば、浸水深が2階以上になって居住者や利用者の命が脅かされるようなエリアでは、そのような対象にしてもいい（図5）。ただし現実的には、強制力をもって実行するのは難しい。30年、50年といった時間をかけ、安全な都市の形を実現していくような長期的な視点で、緩やかに自主的な移転を促すやり方も必要だ。

東京都の江東5区は、ゼロメートル地帯にある市街地で、リスクの大きいエリアだ。ところが、ここにはわが国の社会経済活動を担う重要な機能が集積しており、将来に向けて重要な役割を担うエリアとしても位置付けられている。そのような今後も確固たる役割のある市街地については、一定のリスクを許容しつつ、土地の嵩上げや建物構造の工夫などによってリスクに対応した防災性能の高い市街地づく

区域		指定	（参考）行為規制等
レッドゾーン 住宅等の建築や開発行為等の規制あり	災害危険区域（崖崩れ、出水、津波等） 〈建築基準法〉	地方公共団体	災害危険区域内における住居の用に供する建築物の建築の禁止その他建築物の建築に関する制限で災害防止上必要なものは、前項の条例で定める。（法第39条第2項）
	土砂災害特別警戒区域 〈土砂災害警戒区域等における土砂災害防災対策の推進に関する法律〉	都道府県知事	特別警戒区域内において、都市計画法第4条第12項の開発行為で当該開発行為をする土地の区域内において建築が予定されている建築物の用途が制限用途であるものをしようとする者は、あらかじめ、都道府県知事の許可を受けなければならない。（法第10条第1項） ※制限用途：住宅（自己用除く）、防災上の配慮を要するものが利用する社会福祉施設、学校、医療施設
	地すべり防止区域 〈地すべり等防止法〉	国土交通大臣、農林水産大臣	地すべり防止区域内において、次の各号の一に該当する行為をしようとする者は、都道府県知事の許可を受けなければならない。（法第18条第1項） ※のり切り（長さ3m）、切土（直高2m）等
	急傾斜地崩壊危険区域 〈急傾斜地の崩壊による災害の防止に関する法律〉	都道府県知事	急傾斜地崩壊危険区域内においては、次の各号に掲げる行為は、都道府県知事の許可を受けなければ、してはならない。（法第7条第1項） ※のり切り（長さ3m）、切土（直高2m）等
	津波災害特別警戒区域 〈津波防災地域づくりに関する法律〉	都道府県知事	特別警戒区域内において、政令で定める土地の形質の変更を伴う開発行為で当該開発行為をする土地の区域内において建築が予定されている建築物の用途が制限用途であるものをしようとする者は、あらかじめ、都道府県知事の許可を受けなければならない。（法第73条第1項） ※制限用途：社会福祉施設、学校、医療施設、市町村の条例で定める用途
イエローゾーン 建築や開発行為等の規制はなく、区域内の警戒避難体制の整備等を求めている	浸水想定区域 〈水防法〉	（洪水）国土交通大臣、都道府県知事 （雨水出水）都道府県知事、市町村長 （高潮）都道府県知事	なし
	土砂災害警戒区域 〈土砂災害警戒区域等における土砂災害防災対策の推進に関する法律〉	都道府県知事	なし
	都市洪水想定区域 都市浸水想定区域 〈特定都市河川浸水被害対策法〉	国土交通大臣、 都道府県知事等	なし
	津波災害警戒区域 〈津波防災地域づくりに関する法律〉	都道府県知事	なし
	津波浸水想定（区域） 〈津波防災地域づくりに関する法律〉	都道府県知事	なし

図4　**レッドゾーンとイエローゾーンの内訳**　都市計画関連規制における区分を示す（資料：国土交通省）

りを積極的に進めることが適切だと考える。

安全度に応じた土地利用と建築の規制

「川の中の対策」に加えて「川の外の対策」も並行し、ハード・ソフト一体となって講じることが重要である――。そんな認識の下、滋賀県は2014年3月、「滋賀県流域治水の推進に関する条例」を制定した。この「条例」では、どのような洪水でも人の命を守ることを最優先の目的とし、「ながす」「ためる」「そなえる」「とどめる」の4つの対策を総合的に実施していくと定めている。

このような取り組みの前提として、県民の自宅や勤め先などにどのくらいの水害リスクがあるのかを「地先の安全度マップ」として公表している。これは、大河川の浸水想定だけでなく、中小河川や水路などがあふれた場合も含めて、どの程度の浸水深になるのかを示したものだ。10年確率、100年確率、200年確率の降雨に対応した最大浸水深を知ることができる。

この地先の安全度マップを踏まえて、頻繁に床上浸水が生じるような場所では、積極的にまちをつくることはやめるよう規定している。10年確率降雨時において、想定浸水深が0.5m以上となる土地の区域は、原則として新たに市街化区域に編入しないと定めているのだ。

さらに、200年確率降雨において3m以上浸水すると予測される範囲に家屋が存在する地域を重点地区と設定し、「水害に強い地域づくり」の取り組みを進めている。これは、一般的な家屋の2階床面が地盤から3m程度の高さになるために、避難空間を確保できなくなることや、浮力によって木造家屋が浮

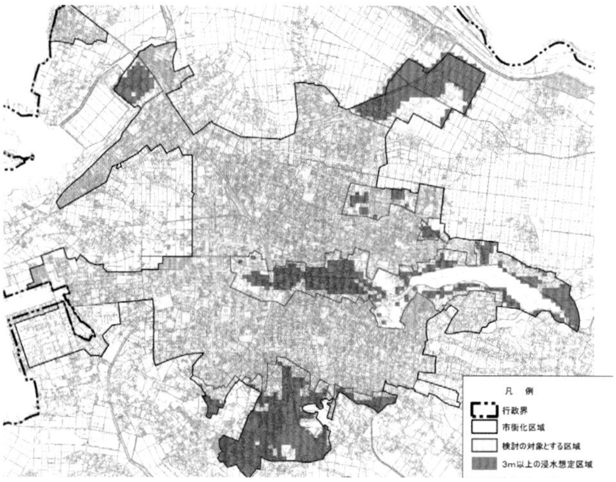

図5　**館林市では浸水想定区域を居住誘導区域から除外**

群馬県館林市における利根川等の水害時の想定浸水状況を見ると、市街化区域の多くが浸水する。一部は3m以上の高さでの浸水が想定され、発生した場合には家屋等の物的被害だけでなく、人的にも甚大な被害が発生すると見込まれている。このため、「想定される浸水深が3m以上」の区域を居住誘導区域から除外している（資料：群馬県館林市）

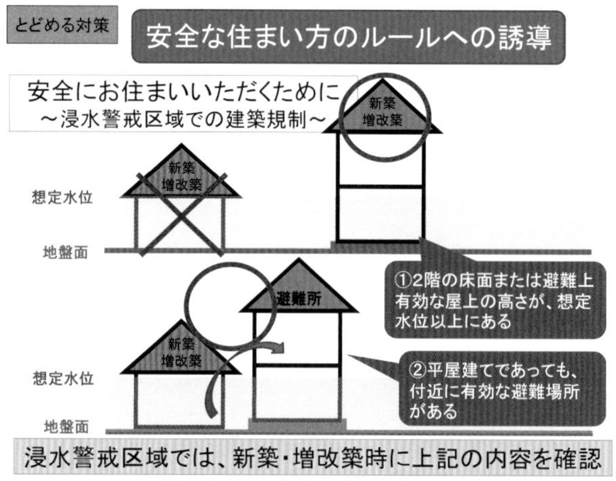

図6　**浸水警戒区域における建築規制**（資料：滋賀県）

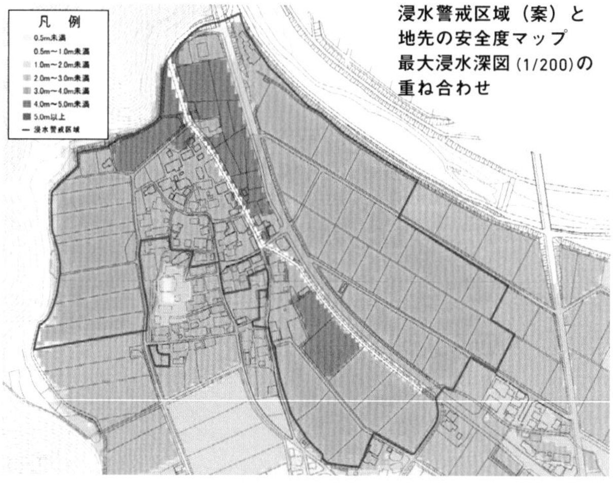

図7　**浸水警戒区域の例**

滋賀県米原市村居田地区では3m以上の浸水が予想される区域約13haが浸水警戒区域に指定された。対象区域には22世帯が暮らしている（資料：滋賀県）

き上がることを想定した施策だ。

重点地区における取り組みでは、将来にわたってその地域で安全に暮らし続けることを考え、4つの対策のうち、「そなえる」と「とどめる」に沿った対策を、地域・市町と連携して行っている。例えば「そなえる」対策としては、地域の防災力を向上させつつ、実効性のある避難計画を作成している。

「とどめる」対策としては、建築物の建築制限を伴う「浸水警戒区域」の指定について検討を行っている。浸水警戒区域においては、条例に基づき、住宅や社会福祉施設等の居住用途の建築物を対象に、「想定水位より上に部屋や屋上があること。または、浸水が生じた場合にも確実に避難することができる避難場所があること」との許可基準を定め、水害リスクを踏まえた「安全な住まい方」への転換を図っている（図6）。そして、そのような条件を満たすための嵩上げ等を伴う住宅の新築・増改築、避難場所の整備に対して、補助制度を設け、積極的な推進を促している。

これまでに、約50の重点地区において検討が進められてきた。既に浸水警戒区域として、米原市村居田地区（図7）、甲賀市信楽町黄瀬地区の2地区が指定されている。ただし、検討中の地域からは「浸水警戒区域の指定は地価の下落につながる懸念がある」「河川整備の促進を怠り、住民へ負担を押し付けている」等の意見も出ている。今後さらなる浸水警戒区域の指定に向けた地域と行政との協働が不可欠だ。

脆弱な広域ゼロメートル市街地

荒川や江戸川が氾濫した場合、あるいは猛烈な台風に伴って高潮が発生した場合、江東5区のほぼ全域が浸水する恐れがある。浸水深5mを超えるエリアも想定されている。さらに氾濫水がポンプアップされるまで少なくとも2週間以上孤立する地域も想定され、被災生活は長期に及ぶ。

しかも、ここはわが国の首都東京の東部地域で、250万人もの人々が暮らしている。わが国の社会経済活動を担う重要な機能が集積している極めて価値の高い地域であるのだ。ひとたび深刻な災害がこの地域を襲えば、わが国の中枢機能は麻痺し、社会経済への影響は計り知れない。

このような危機意識を背景に、2019年6月に葛飾区において「浸水対応型市街地構想」がとりまとめられた。この構想では、大規模水害対策として3つの対策を進めることとしている。「治水対策」「広域避難対策」に加えて、第三の対策として「浸水対応型市街地づくり」を打ち出したのだ。

図8
浸水対応型拠点建築物のイメージ
（資料：東京大学生産技術研究所 今井公太郎研究室・加藤孝明研究室）

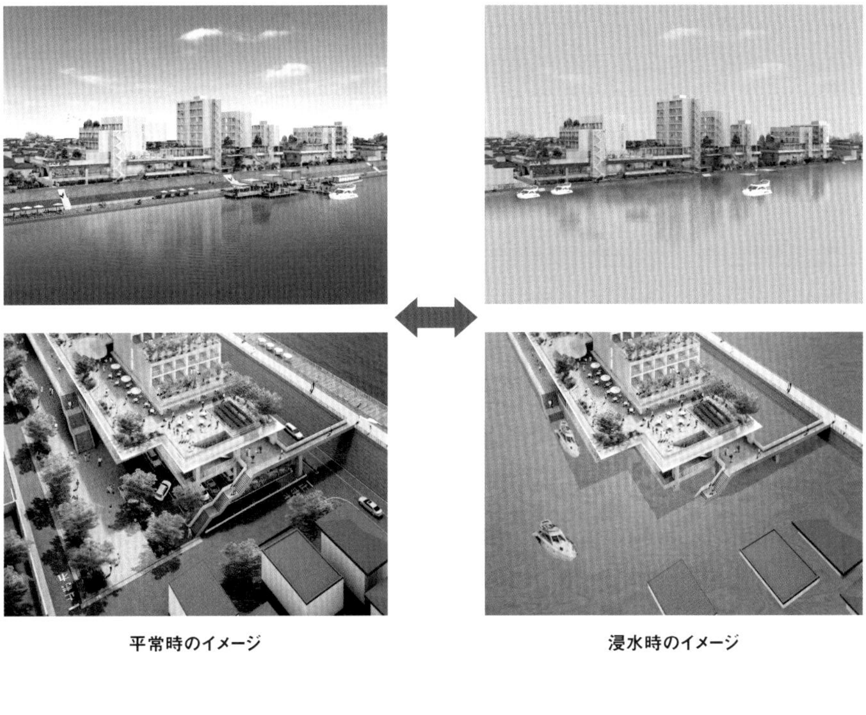

平常時のイメージ　　浸水時のイメージ

これは大規模水害発生時に、確実に命を守れる避難空間と湛水期間における長期的避難に耐えられる機能とを持った非浸水空間（浸水対応型拠点建築物（図8））を市街地内の随所に配置する内容となっている。さらに、堤防と一体となった高台空間を沿川に確保して、避難および速やかな応急復旧活動が可能な市街地を段階的に整備していくことも盛り込まれている。

このような市街地づくりを着実に進めるため、さらには、いざ災害が発生した場合の適切な避難行動を実現するためには、行政とまちづくりの担い手となる住民・企業・NPO等との協働が不可欠だ。2006年から葛飾区新小岩北地区において地域住民が主体となった取り組みが行われている。今後このような取り組みを地域全体に広めながら、浸水対応型市街地づくりが実現されることが期待される。

土地利用規制と建築規制等の充実

各地域で試みられつつある土地の使い方や建物構造の工夫による安全なまちづくりを法制度の面から積極的に支援するため、2020年6月、都市再生特別措置法の改正が行われた。

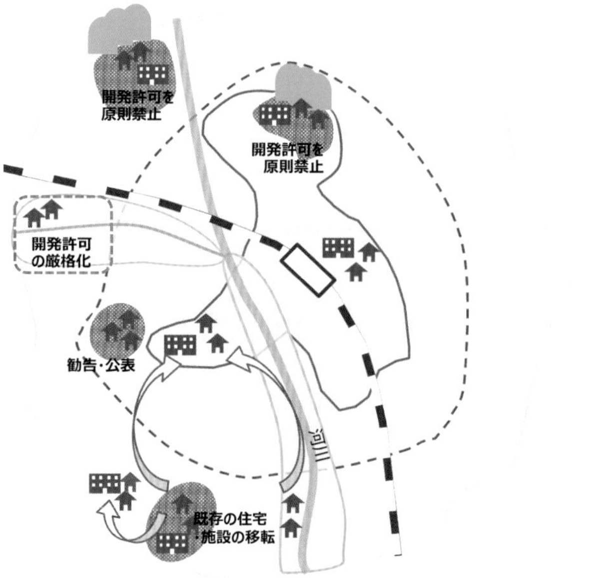

図9
都市再生特別措置法改正のイメージ（資料：国土交通省）

近年の頻発・激甚化する災害を背景に改正された同法では、開発規制、立地誘導、移転促進といった様々な土地利用方策が措置された。これらを効果的に組み合わせた総合的な防災・減災まちづくりの推進が狙いだ（図9）。

改正法ではまず、これまで許容されていた市街化調整区域における自己業務用の様々な開発行為について、災害レッドゾーンについては病院、社会福祉施設、店舗、工場、学校等の開発を原則として禁止することとした。自己業務であっても病院や店舗などは様々な人が利用する施設で、災害リスクの低減は非常に重要だからだ。さらに住宅に関しても、昨今の自然災害において新たに開発された住宅地等で浸水被害が発生している状況等を踏まえ、浸水ハザードエリアでの住宅の開発規制を厳格化し、安全上・避難上の対策を許可の条件とする等、住まい方を踏まえた対応が導入された。

また、市町村が策定する立地適正化計画において、居住誘導区域における避難地、避難路の整備や、宅地の嵩上げ、警戒避難体制の充実等を定める「防災指針」が位置付けられた。これによって、市町村が居住誘導区域等で行う防災対策・安全確保策を定められるようになった。この防災指針に基づき、既に立地している住宅や病院・福祉施設等についても、災害ハザードエリアからの移転を促進するため、市町村が主体的に住民や施設の所有者等の意見を調整したうえで、移転手続等の代行をできるようにする新たな「防災移転計画」制度が創設された。これらの取り組みを支える支援制度についても、様々な予算拡充が図られている。

このように浸水域の管理を治水行政と都市行政が連携して行えるようになったことは画期的なことだ。今後、安全なまちづくりの実現に向けて、これらの制度が広く活用されることが期待される。様々な災害ハザードエリアの中でも浸水想定区域にはレッドゾーンが規定されていない。今回創設された制度の着実な活用のためには、浸水想定区域のうち、どのエリアを規制の対象とすべきかについて、説得力のある説明が可能となるような浸水リスクの評価方法の確立が必要になってくるだろう。

4-3 今後進めるべき取り組み

6 土砂・洪水氾濫対策

土砂・洪水氾濫は、掃流状集合流動と呼ばれる土石流から掃流に遷移する過程で生じる水理現象等によって生じると言われている。これらの作用によって大量の土砂が運搬され、流速の低下する中下流域において堆積。河床上昇や河道埋塞によって氾濫が発生する現象だ（図1）。

近年は豪雨の激甚化に伴い、同時多発的に斜面崩壊や土石流が発生し、一度に大量の土砂が流水とともに河道内に供給されるケースが増加する傾向にある。その結果、土砂・洪水氾濫が頻発するようになったと考えられる（図2）。

こうした土砂・洪水氾濫に対し、流域全体の土砂流出を低減させてきたこれまでの砂防事業には、一定の効果を期待できる。今後も効率的に施設整備を進めることが基本となる。

国土交通省は、近年の災害実績を踏まえて土砂・洪水氾濫のリスクポテンシャルを流域ごとに評価したうえで、河床変動計算を用いた数値解析によって土砂・洪水氾濫がもたらす土砂の流出、堆積をシミュレートし、施設計画の見直しを図る取り組みに着手している。見直された計画によって、土砂生産源となる渓流や斜面における土砂の生産抑制のための砂防堰堤等の整備、遊砂地等の氾濫域における大規模な土砂堆積施設の整備、砂防堰堤の嵩上げといった既存ストックの活用等、多様なメニューを組み合わせて対策を進める考えだ。（写真1、2）

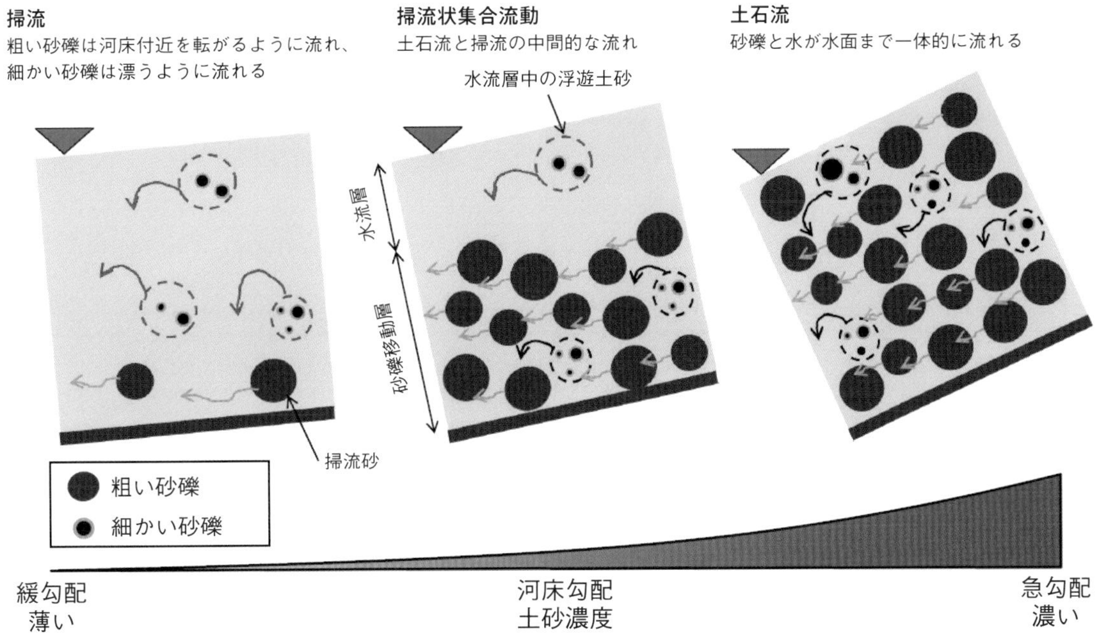

図1 **掃流状集合流動の概念図**（資料：国土交通省「土砂・洪水氾濫の概要」を基に作成）

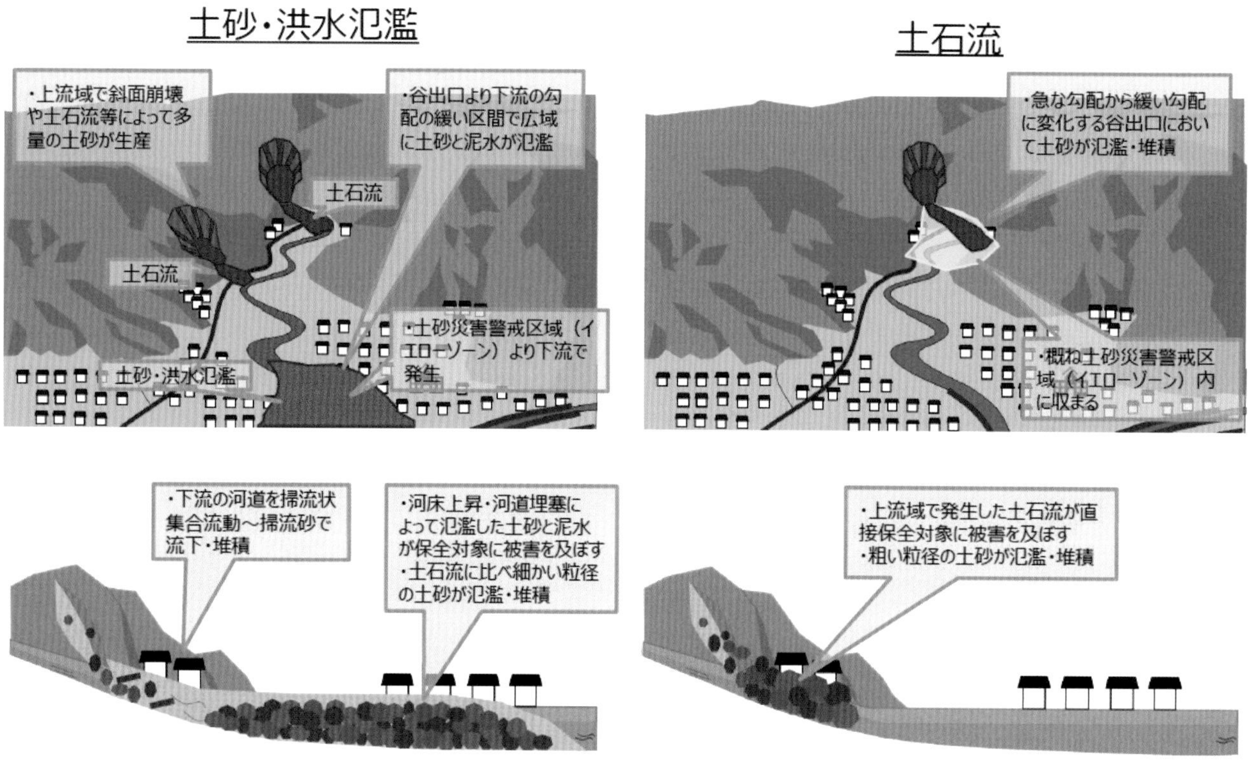

図2　土砂・洪水氾濫と土石流の比較（資料：国土交通省）

写真1　岐阜県中津川市の四ツ目川遊砂地

土砂・洪水氾濫により被災する危険性が高い箇所等において、砂防堰堤、遊砂地等の整備が進められている

（写真：国土交通省）

写真2　山口県防府市の遊砂地工（写真：国土交通省）

4-3 今後進めるべき取り組み

7 タイムライン、マイ・タイムラインの整備と実践

タイムライン（公助から共助・自助へのアプローチ）

タイムライン（防災行動計画）とは、災害の発生を前提に、「いつ」「誰が」「何を」するかに着目して、採るべき防災行動とその実施主体を時系列で整理した計画だ。防災関係機関が連携し、災害時に発生する状況をあらかじめ想定、共有して作成する。

災害の発生時点（ゼロアワー）を定め、そこから時間を遡り、個々の防災行動を実施するタイミングと防災行動に必要な時間（リードタイム）、事態の進行状況を事前に想定する。そうして、より具体的な対処を可能とするのだ（図1）。

2018年の西日本豪雨において、そのタイムラインが有効に機能した。兵庫県豊岡市を流れる円山川・奈佐川の国の直轄管理区間では、河川管理者と地方自治体が連携して作成していた水害対応タイムラインに基づき、防災行動チェックリストを共有したうえで、国の出先機関の事務所長と市長間のホットラインが洪水期間中に延べ27回実施された。

4時間後の予測情報も含めて、避難の目安となる水位到達情報といった河川状況を国から適時適切に伝えた結果、地方自治体は十分な余裕（リードタイム）を確保しながら避難準備や避難勧告を発令。住民へ避難を呼びかけることができた。併せて、漏水が発生した際に、タイミングよく水防活動の指示を行えた。その結果、浸水等による人的被害や堤防決壊を回避できた（図2、写真1）。

タイムライン作成の全国展開は、2014年度から進められてきた。2017年度には国が管理する河川に関して、対象となる全730市区町村で作成が完了している。都道府県が管理する河川では、2019年6月末時点で1180市町村のうち681の市町村が作成を終えた。2020年度中に対象の全ての市町村で作成を終えるよう目指す。

2019年の東日本台風において、浸水等によって家屋をはじめとした一般被害が生じた東北・関東・北陸・中部地方の約600の市町村を見ると、そのうちの3割の市町村でタイムラインが未作成となっていた。その作成は急務だ。さらに、町会や自治会が主体となって、行政によるタイムラインやまるごとまちごとハザードマップと連携したコミュニティタイムラインを作成する取り組みも始まっている。

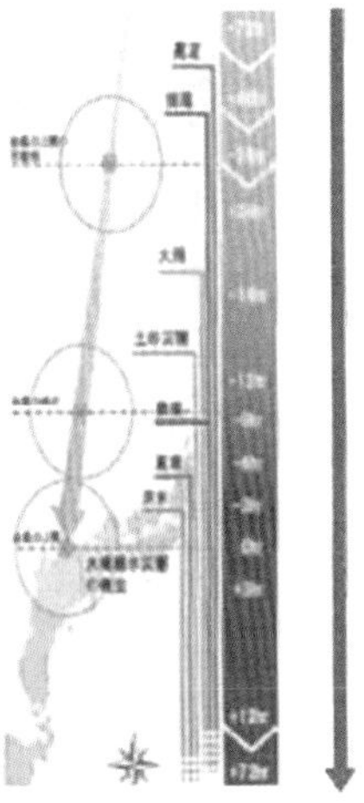

台風上陸	気象・水象情報	国土交通省	市町村	住民
3日前	●台風情報	●体制の確認 ●施設の点検 体制の早期構築	●体制の確認 ●資機材の確認	●気象情報の確認
1日前	●大雨洪水警報		●休校などの判断 避難所の早期準備	●避難カード確認 ●防災グッズ確認
12時間前	●氾濫注意情報	●水防警報（出動） ●リエゾンの派遣	●水防団の出動指示 ●避難所開設準備	要配慮者の避難
9時間前	●氾濫警戒情報	●漏水などの重点監視 ●水位の現地確認	●避難準備情報発表	●要配慮者避難開始 早期の避難開始
6時間前	●氾濫危険情報	●ホットライン	●避難勧告の発令 避難勧告	●避難開始 ●避難完了 屋内での安全確保
上陸	●堤防決壊	●決壊情報、氾濫予測の発表 ●TEC-FORCEの派遣	●避難指示の発令 避難指示	●屋内安全確保 ●氾濫流到達エリアにおける避難開始

図1 **タイムラインのイメージ** 台風に伴う洪水を想定した場合（資料：国土交通省）

マイ・タイムライン（自助・共助から公助とのコラボ）

タイムラインを作成する主体は、一般的に河川管理者や行政だ。避難勧告・指示等が発令されたとしても、住民一人ひとりの意識や具体的な避難行動が伴わなければ、実効性は低いままに終わる。2015年9月の関東東北豪雨では、鬼怒川の決壊によって4300人が逃げ遅れ、消防・警察・自衛隊のヘリコプターやボートで救助された。その大きな要因は被災地域の住民の約7割がハザードマップを「知らない」「見たことがない」という点にあった。市民に水害に対する理解や知識を深めてもらい、いざというときにどのような行動を採るべきか準備しておいてもらう重要性が浮き彫りになった。

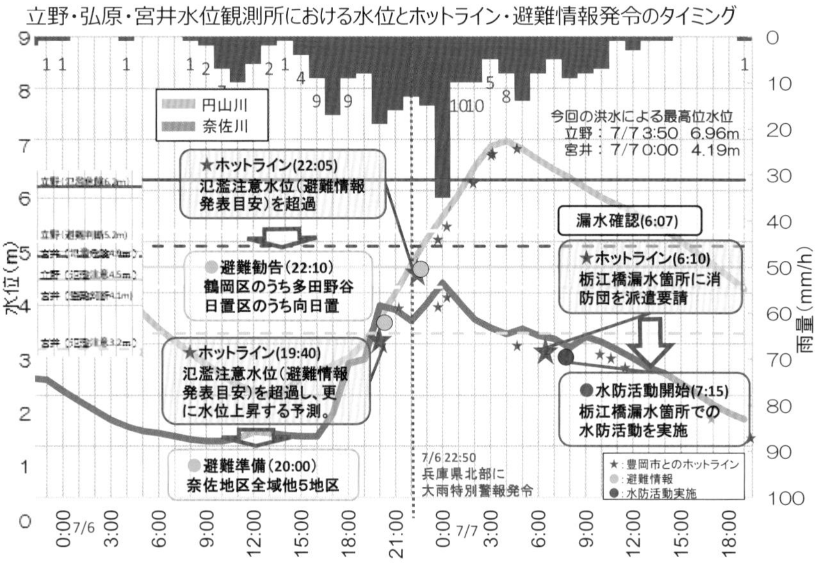

図2　タイムラインに基づいてホットラインで情報共有と意思決定（資料：国土交通省）

写真1　豊岡消防団の水防活動状況
（写真：兵庫県豊岡市）

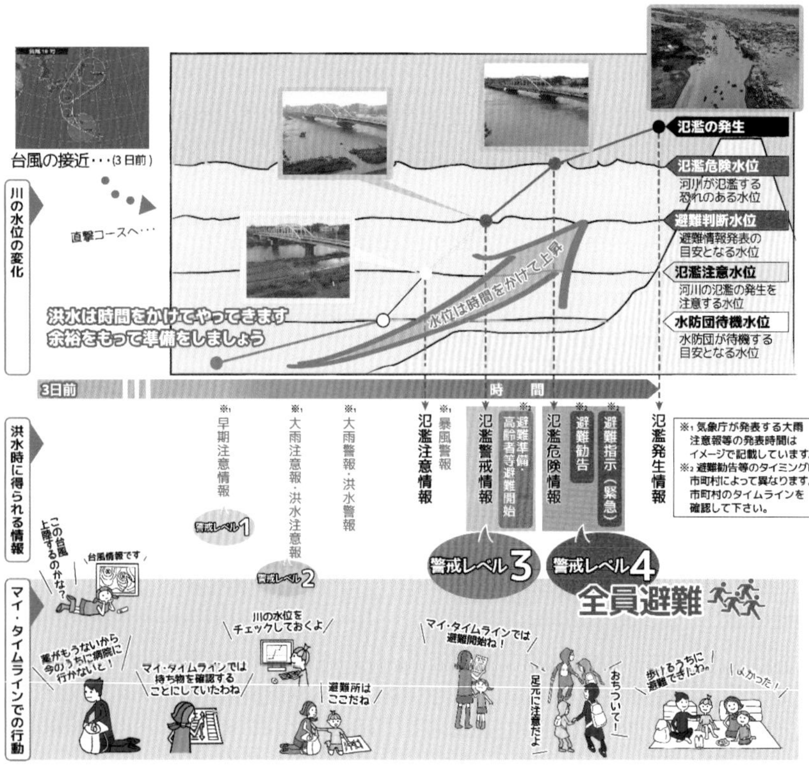

図3
タイムラインとマイ・タイムラインの連動
（資料：国土交通省）

そこで、関東東北豪雨による被災を教訓にして、避難行動をより具体的に実現するための取り組みが始まった。マイ・タイムラインだ。

マイ・タイムラインとは、豪雨等が予想された際に、河川水位の動向に応じて住民一人ひとりの家族構成や生活環境に合わせて、「いつ」「何を」するのかをあらかじめ時系列で整理した自分自身の防災行動計画である。公表されている洪水ハザードマップを活用し、自分が住んでいる地域の水害リスクを認識するとともに、避難に必要な情報・判断・行動を知ることによって、避難の実効性を高められる（図3）。

マイ・タイムラインを作成するメリットは、住民一人ひとりが、自分の居住地等の洪水リスクや洪水時に得られる防災情報を知ることにある。さらに、市区町村が作成するタイムラインと組み合わせて、居住地や生活環境を踏まえながら、逃げるタイミングや避難行動を考え、自分に合った逃げ方を認識することにある。

加えて、地区単位での住民参加型ワークショップ形式で検討を進めることは、個人の避難行動等に足りない部分に光を当てる機会になる。地区の課題も認識できるうえに、地域のコミュニケーションを広げる可能性もある（図4）。

マイ・タイムラインの取り組みは緒に就いたばかりだ。洪水ハザードマップを作成する必要がある約1350市区町村のうち、取り組みを進めているのは2019年3月末時点でまだ4％に過ぎない。

しかし、普及促進のためのツール作成やポータルサイトの設置、自治体職員や住民を対象とした作成講座、地域防災リーダーや自主防災組織との連携、小中学校での防災訓練での活用等、全国各地・各団体で様々な取り組みが進められている。マイ・タイムラインを使って命を守る行動の輪は着実に広がっている（図5）。

図4
マイ・タイムラインを作成するメリット
（資料：国土交通省）

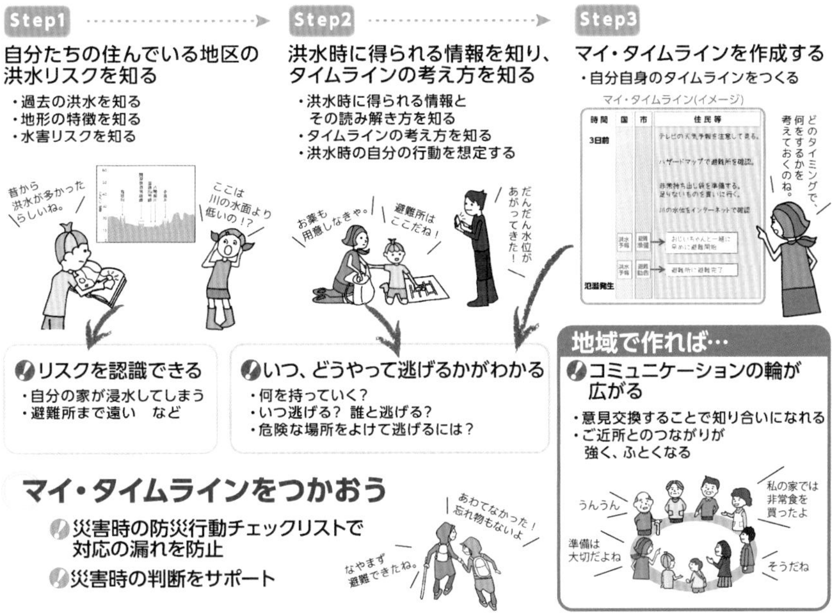

図5　**マイ・タイムラインの普及促進に向けて**（資料：国土交通省）

ワークショップ形式

小中学校の防災教育

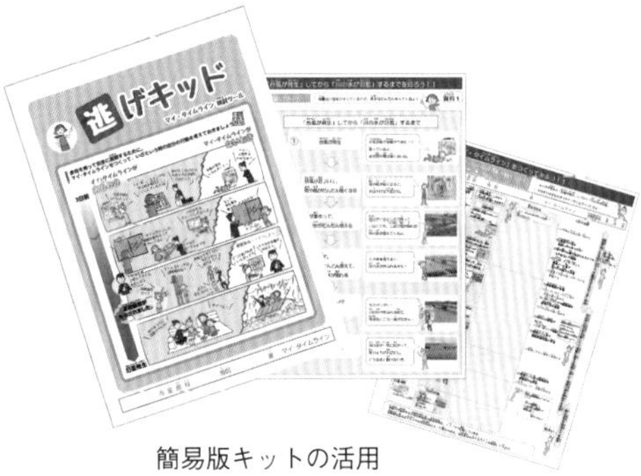

簡易版キットの活用

4-3 今後進めるべき取り組み

8 国土強靭化の推進と市町村計画の策定

大規模自然災害における防災・減災対策は、国、地方自治体、防災関係機関、企業、住民が一体となって取り組むべき総力戦である。各者が個別に、そして、連携・協力して体制を整えながら施策を講じなければならない。自助・共助・公助を適切に組み合わせ、人命を守り、経済社会の壊滅的な被害を防いで迅速に回復させる、「強さとしなやかさ」を備えた国土、経済社会システムを平時から築いておかなければならないのだ（図1）。

そのためには、事前防災による被害激減効果、ハード・ソフト対策の組み合わせによる被害抑制効果、災害の複合的・連鎖的な影響の軽減効果等を実現できるよう、被災前からの計画的な備えが肝要だ（図2）。

このような視点で、2013年度に施行された国土強靭化基本法に基づく国土強靭化地域計画が、全国の地方自治体で順次策定されている。2020年4月1日時点で、既に策定済みが411市区町村、策定中（予定含む）が1034市区町村となっている。

被害を縮小し、強靭な地域づくりを目指し、各種施策の効果的かつ迅速な進捗を図るとともに、地域の持続的な成長・地方創生等への波及が期待されている。国は地方自治体が国土強靭化地域計画を策定する際のガイドラインの充実や出前講座等による支援も行っている。

加えて、計画に上げられた事業の推進に対する財政支援等も、関係府省庁から積極的に行われている。各地方自治体における国土強靭化への取り組みの積み重ねが、災害に負けない国づくりへとつながっていく（図3）。

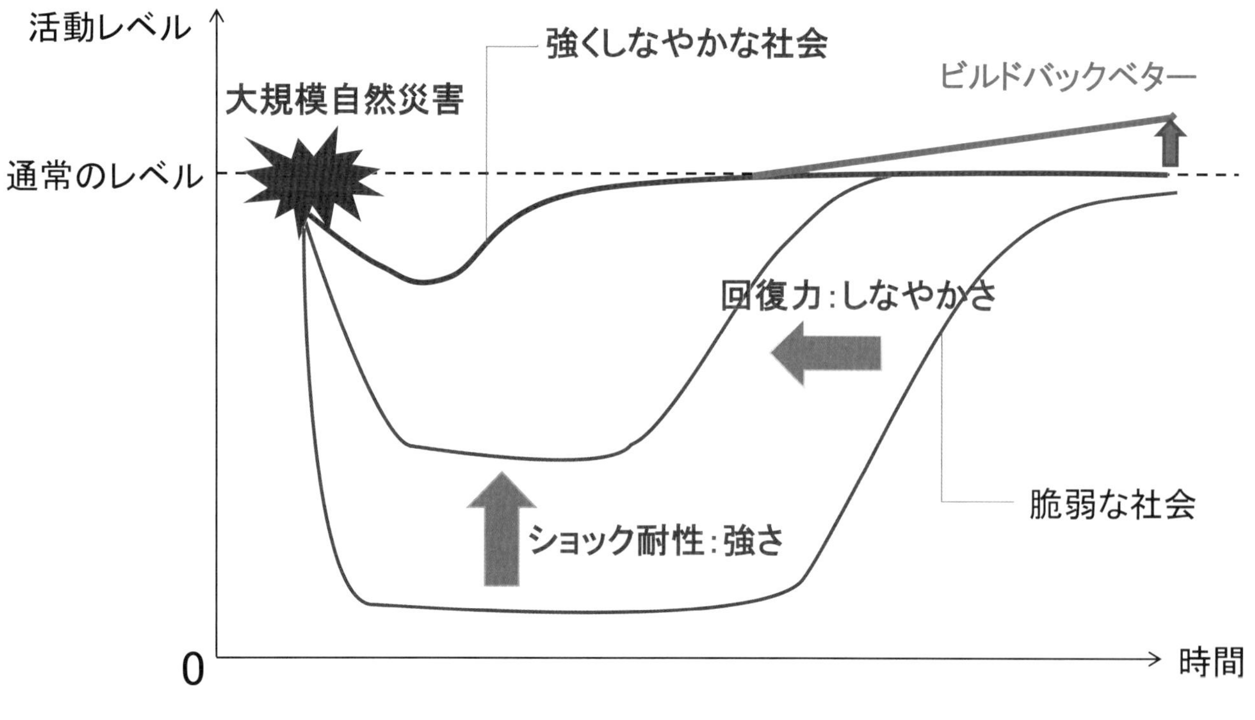

図1　「国土強靭化」で描く強靭な社会のイメージ（資料：「巨大地震Xデー」（藤井聡）を基に、内閣官房国土強靭化推進室が作成）

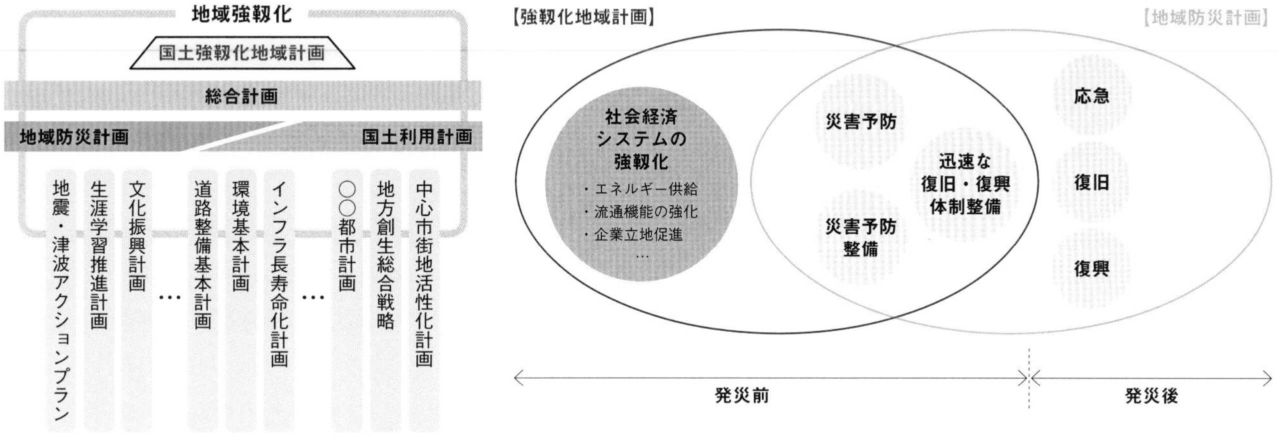

図2　**国土強靭化地域計画と地域防災計画等との関係**（資料：札幌市の資料等を基に内閣官房国土強靭化推進室が作成）

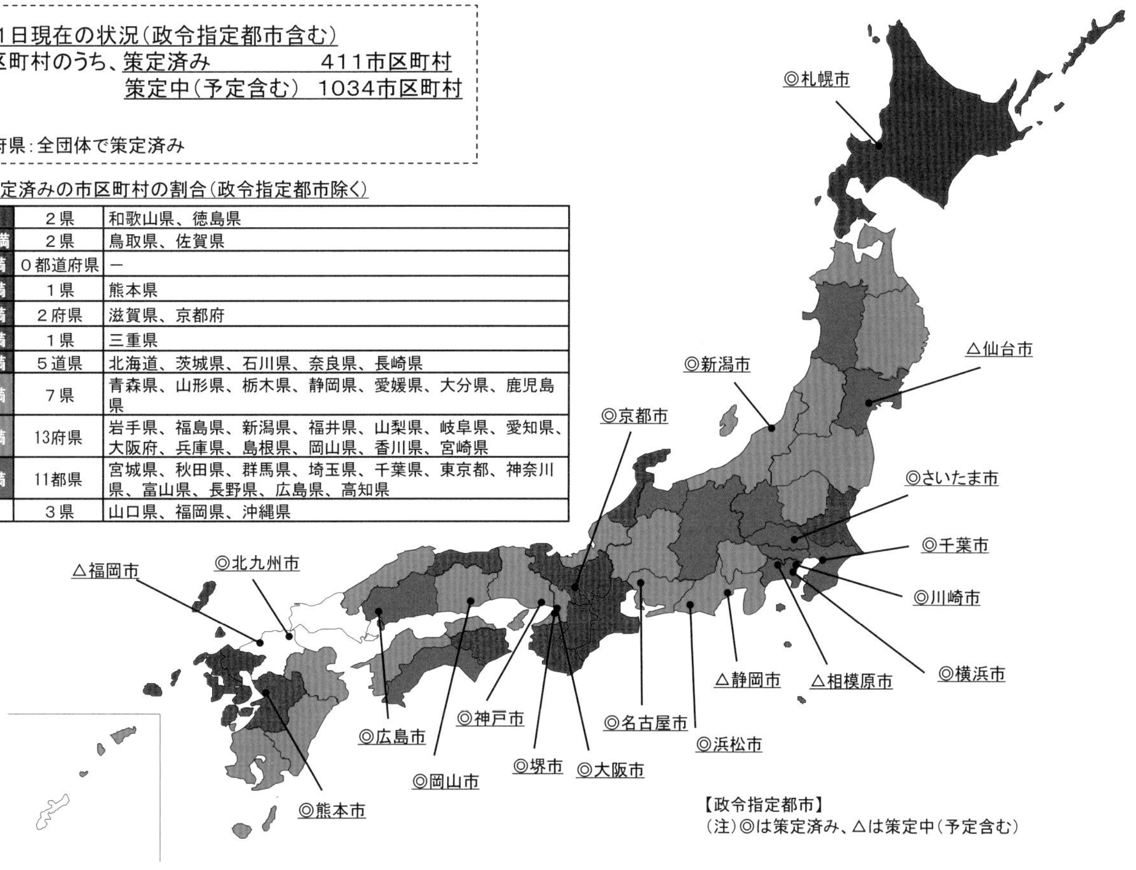

令和2年4月1日現在の状況（政令指定都市含む）
1741市区町村のうち、策定済み　411市区町村
策定中（予定含む）　1034市区町村

＜参考＞都道府県：全団体で策定済み

都道府県別　策定済みの市区町村の割合（政令指定都市除く）

100%	2県	和歌山県、徳島県
90%以上100%未満	2県	鳥取県、佐賀県
70%以上90%未満	0都道府県	―
60%以上70%未満	1県	熊本県
50%以上60%未満	2府県	滋賀県、京都府
40%以上50%未満	1県	三重県
30%以上40%未満	5道県	北海道、茨城県、石川県、奈良県、長崎県
20%以上30%未満	7県	青森県、山形県、栃木県、静岡県、愛媛県、大分県、鹿児島県
10%以上20%未満	13府県	岩手県、福島県、新潟県、福井県、山梨県、岐阜県、愛知県、大阪府、兵庫県、島根県、岡山県、香川県、宮崎県
1%以上10%未満	11都県	宮城県、秋田県、群馬県、埼玉県、千葉県、東京都、神奈川県、富山県、長野県、広島県、高知県
0%	3県	山口県、福岡県、沖縄県

図3　**市区町村の国土強靭化地域計画の策定率マップ**（資料：内閣官房）

4-3 今後進めるべき取り組み

9 地区防災計画の作成と取り組み支援

地区防災計画は、地域に暮らす人々が、自分たちの命や財産を守るために自発的な防災活動計画を策定するものだ。地域コミュニティにおいて積極的な自助・共助による防災・減災活動を促す。商店街や小学校区・自治会の住民、企業等が、地域の実情や特性を踏まえて策定する自発的で身近な防災活動の計画となっている（図1）。

内閣府の「自助、共助、公助の対策に関する意識調査」によると、2011年3月の東日本大震災以降、自助と共助に重点を置いた防災対策を講じるべきであるとの意識が増えている。「自らの命は自らが守る」といった住民意識になってきており、地域の防災・減災活動の観点から見れば地区防災計画を策定する意義は極めて大きい。さらに、地区防災計画を作成したり更新したりするプロセスは、内発的・主体的・自律的な要素も持つ。災害に負けない地域づくりを進めるうえで、大きな役割を担っている（図2）。

2014年に制度を創設して以来、各地区で計画作りが進んでいる。2018年4月時点で3206地区において地区防災計画の策定に向けた活動が行われ、248地区では地区防災計画として地域防災計画に反映されている。

2015年に地区防災計画を作成した愛媛県大洲市三善地区では、名刺タイプの災害・避難カードや災害危険箇所マップの作成などに順次取り組んだ。2018年の西日本豪雨で浸水被害を受けたものの、地区防災計画の策定は大きな成果を上げた。

今後の災害発生時に、地区防災計画を作っておいてよかったという事例の情報を共有することで、計画策定の取り組みがさらに加速し、水害や土砂災害の被害軽減につながる未来を期待する。コミュニティ・タイムラインやマイ・タイムライン等を包括した計画作りも、実効性を高めていくうえで有用となるはずだ（図3）。

図1　自助・共助の地区防災計画の位置付け（資料：内閣府）

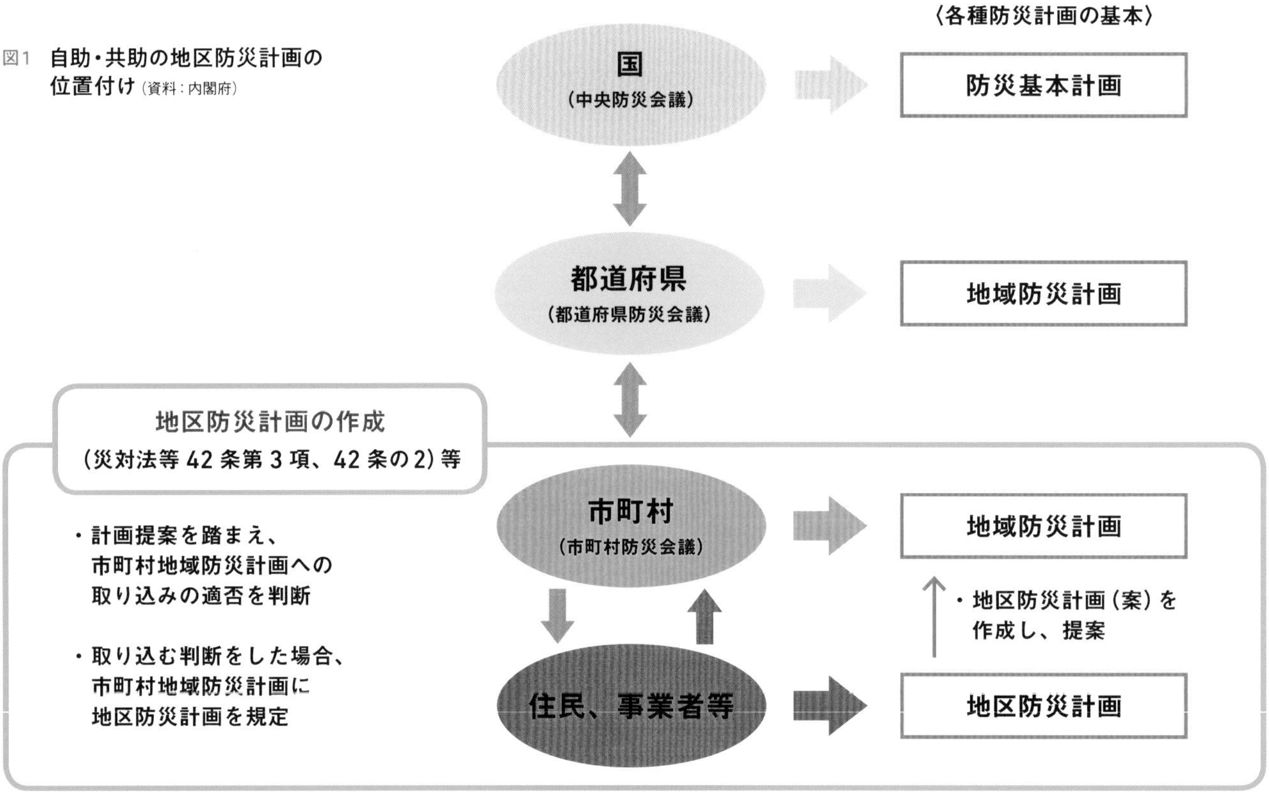

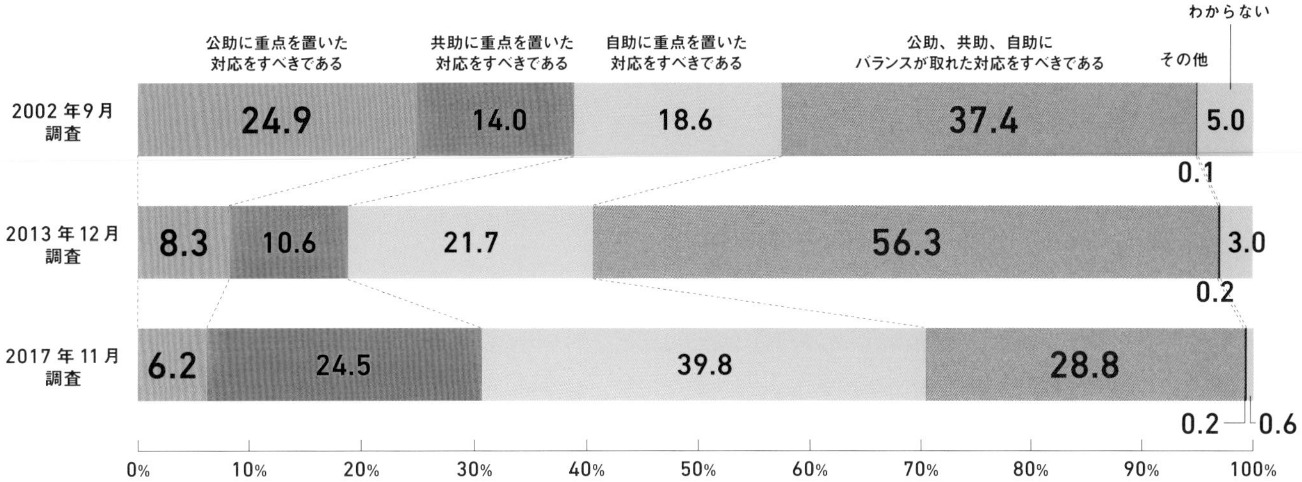

図2　自助・共助・公助の対策に関する意識調査　（資料：内閣府政府広報室「防災に関する世論調査」に基づいて作成）

図3　地区防災計画（愛媛県大洲市三善地区）（資料：内閣府（防災担当）のホームページを基に作成）

4-4 ウィズコロナ時代の対応

1 パンデミックと自然災害

生命や社会に破壊的・広域的・長期的な悪影響をもたらす大規模な危機は6様態あると言われている。それは、地震・津波などの地学的危機、水害・干ばつなどの気象学的危機、新型コロナウイルス等の疫学的パンデミック危機、原子力事故などの事故的危機、戦争・テロなどの事態的危機、そしてハイパーインフレなどの経済的危機だ（図1）。

これらは江戸末期に起きた地震や風水害、第一次世界大戦下で世界を疲弊させたスペイン風邪などのように、複合的・連鎖的な事象として数百年に一度程度の周期で発生し、地獄絵図のような人的・社会的・体制的ダメージをもたらす。科学技術が発展しグローバルな活動が主体となった今日では、人や物が自由に行き来し、しかも過去のパンデミック発生時にはなかったスピードで移動できるようになっている。そのため、人々の生活や産業活動に及ぼす影響の度合いも相乗的に拡大されるのだ。

世界の自然災害について、経済被害・影響人数・死者数を災害種別ごとに見てみると、洪水による被害はいずれも大きい（図2）。ここに、パンデミックが同時発生すれば、被災地以外の地域からのヒト・モノなどの支援が大幅に制約を受ける。加えて、対面でのやり取りも難しくなるので、医療をはじめとする支援システムの崩壊が懸念される。平時とは比べ物にならないほど大きな負荷が社会システムにかかるのだ。

自然災害に脆弱な日本の国土において、その被害を最小限に食い止めるには、最悪の事態を想定し、早期復旧・復興のための対応等に向け、社会全体で備えておかなければならない。

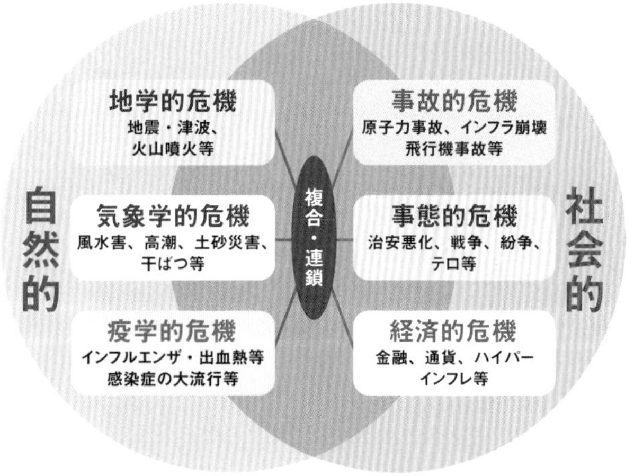

図1　大規模危機の様態

（資料：志方俊之帝京大学教授、澤田康幸東京大学准教授、磯田道史日本国際文化研究センター准教授の書籍・資料を基に作成）

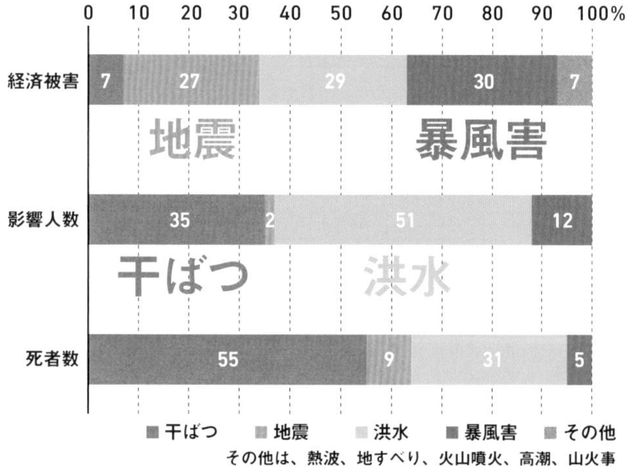

図2　世界の自然災害被害の様相

1900年から2004年までのデータに基づく

（資料：“Drought” by Sheffield and Wood,2011）

2 新型コロナに対する建設業の取り組み

　建設業は、災害時には最前線で地域社会の安全・安心の確保を担う「地域の守り手」であり、その社会的使命を果たしていかなければならない。さらに、ライフライン（電力、ガス、上下水道等）は、国民が必要最低限の生活を行うために不可欠なサービスとして常に提供する必要がある。

　このような事業者の建設現場やオフィスでは、新型コロナウイルスの感染防止を図りながら事業を継続しなければならない。一方で、こうした事業者の仕事場は労働集約的な環境にある場合も少なくない。建設現場はその一つだ。そのため、発注者・元請け企業・協力企業等が連携して「建設業における新型コロナウイルス感染予防対策ガイドライン（国土交通省通達）」等に沿った行動が求められる。

　例えば、建設現場の朝礼時や打合わせ時、食事・休憩時、多人数が集まる狭小空間での作業等において、感染予防や感染リスク低減のための様々な工夫を積極的に取り入れて安全の確保に努めるといったことだ（**写真1、2**）。

　建設業に従事する者は、日常生活や社会活動を支えるために欠かせない存在（エッセンシャル・ワーカー）であると認識し、事業の継続を通じて、国民の命と心身の健康を守らなければならない。この使命を忘れてはならない。

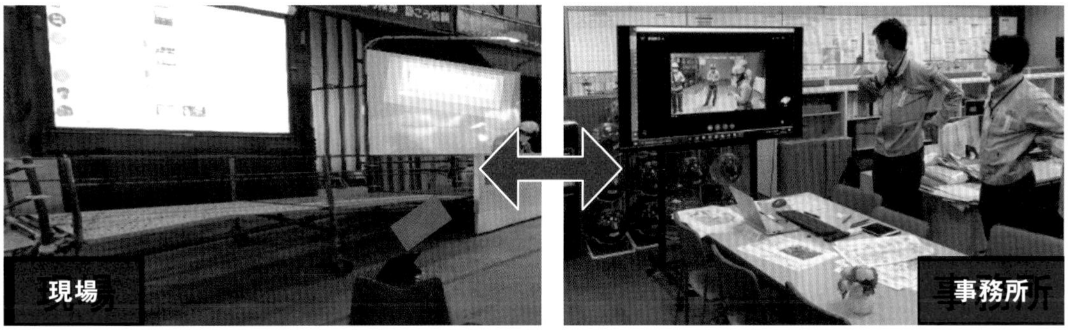

写真1　**遠隔会議の様子**（写真：国土交通省）

写真2　**作業員同士の間隔を空ける**

作業員の配置を工夫して“密”になる作業を回避し、ソーシャルディスタンスを確保している（写真：国土交通省）

4-4 ウィズコロナ時代の対応

3 ウィズコロナ時代の備えと課題

ここでは、ウィズコロナ時代の備えとして、複合災害に対して強靭な社会づくり、新技術やデジタル技術による建設生産システムの構築、新たな生活様式やデジタル社会に適応したインフラ整備・管理など、取り組むべき課題と今後の方向性等について述べる。

複合災害時の避難

2020年7月、線状降水帯による豪雨が九州を襲い、球磨川水系をはじめ各地に甚大な被害をもたらした。それは、新型コロナウイルス禍における災害対応を問う初めての災害であり、試金石であった。避難所におけるパーティションによる三密回避等の感染防止を図った取り組みが奏功し、被災地での感染拡大は防げた（写真1）。

「避難所で感染防止対策が講じられていれば避難するか」という問いに対して、約2割は避難し、約6割は対策の内容によって判断するとのアンケート結果がある。この結果からも分かるように、指定避難所等における感染防止対策は不可欠だ（図1）。

さらに、安全な階への垂直避難を含めた在宅避難、ホテル・旅館等宿泊施設を活用した避難所の開設、親戚・知人宅や車中などの分散避難などについて、住民が自主的な判断と準備ができるよう国や自治体が支援することも求められる。要介護者等の避難困難者を考慮した対応にも十分に留意しておかなければならない。

その際、避難所開設時の過密状態を防止する対策、避難所における必要な物資の備蓄、災害対策本部の

写真1　**避難所における感染防止対策**　2020年7月豪雨での対策例（写真：熊本県人吉市）

設置、ボランティア活動の留意事項等についてとりまとめた「新型コロナウイルス感染症を踏まえた災害対応のポイント【第1版】(内閣府)」は有効だ(図2)。

加えて、災害に備えた実践的な訓練も欠かせない。熊本地震で大きな被害を受けた熊本県益城町では、感染を拡大させないための個人防護策、段ボールベッド、パーティションによる居住エリア、避難者の生活面における感染防止のための配慮、車中避難への対応等についての取り組みと訓練がなされている(写真2)。

デジタル社会への適応

コロナ禍でテレワークやリモート会議といったオンライン化が急速に進んだ。「新型コロナウイルスの感染拡大が働く人の意識に及ぼす調査」(日本生産性本部)によると、感染収束後もテレワークを行いたいと思う割合は6割強に及び、これを機にこれまでの働き方や住まい方の見直しが進む等、社会は新た

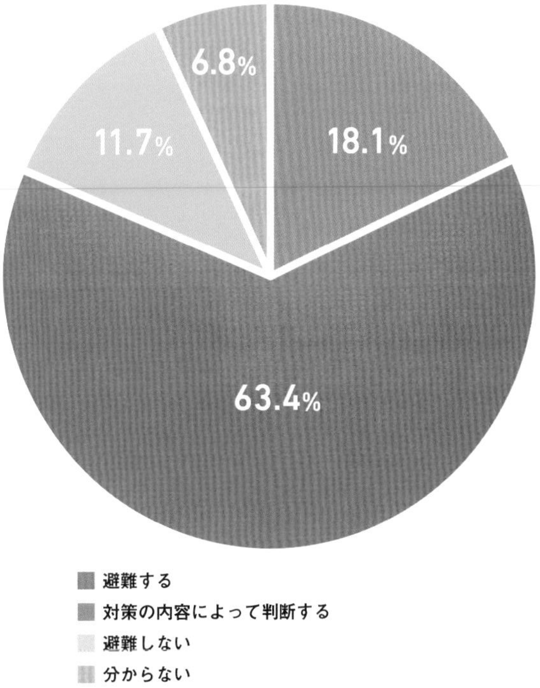

図1
避難所で感染防止対策が行われていれば避難するか
(資料：NPO法人環境防災総合政策研究機構環境・防災研究所)

●体育館のような広い空間において、健康な人が滞在するスペースとしては、以下のような方法が考えられる。感染対策やプライバシー保護の観点からは、パーティションやテントを用いることが望ましい。
●感染リスクの高い高齢者・基礎疾患を有する人・障がい者・妊産婦等が滞在する場合には、避難所内に専用スペースを設けることが望ましいが、体育館内に専用ゾーンを設け、以下と同様の考え方で利用することも考えられる。

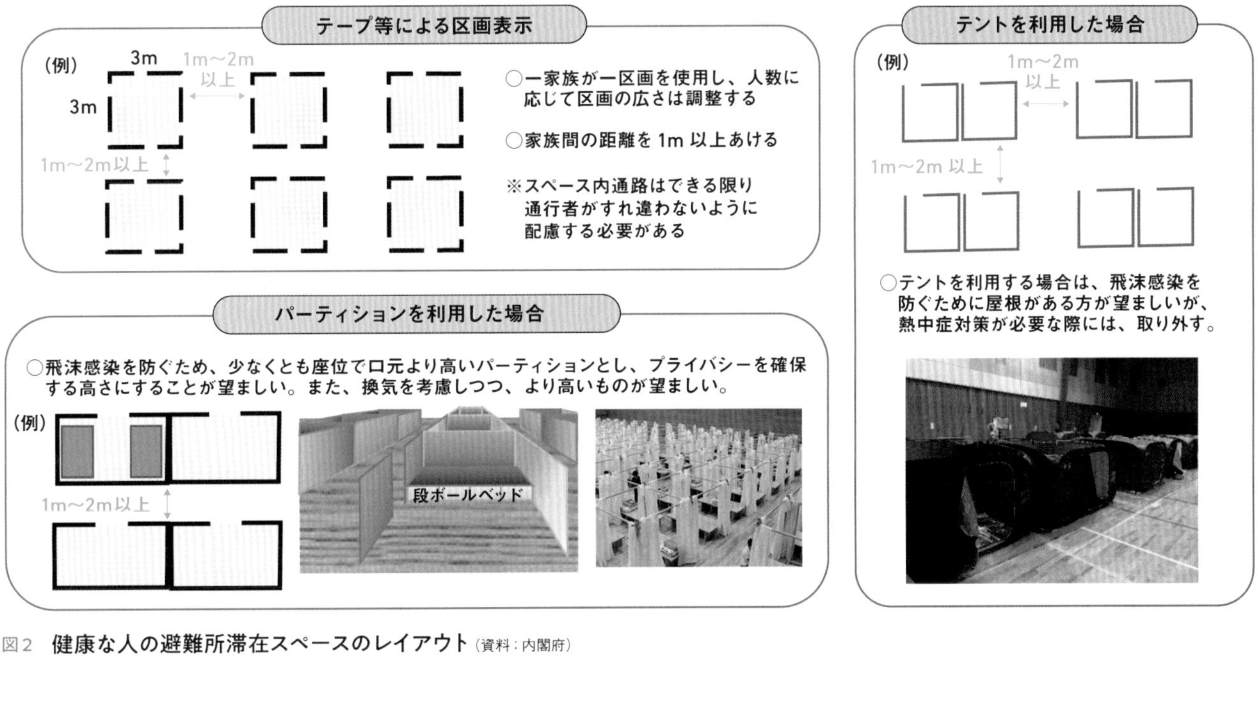

図2　健康な人の避難所滞在スペースのレイアウト(資料：内閣府)

な生活様式に踏み出している（図3）。ウィズコロナ時代にふさわしい新たな生活様式を見据え、効率追求型の社会から生活の質を重視し、レジリエントで幅を持った社会システムへ転換するシナリオを考えておかなければならない。

人々の生活基盤は物理空間から情報空間へと急速に遷移している。これに遅れないように、今後のインフラの整備や維持管理・運用においても、物理空間と情報空間を融合させ、情報・データをリアルタイムかつ高度に活用できる新しい仕組みを作り上げていくことが重要だ。

そのためには、設計・建設から維持管理・更新、さらには防災・減災を含めた利活用の面に至るまで、徹底したデジタル化、すなわち「DX（デジタル・トランスフォーメーション）」を強力に推進していくことが重要だ。

VRやAR等を活用した非接触・リモート型の工事施工や、ロボットやAIを活用した自動化をはじめとする優れた新技術を積極的に活用した新たな働き方への転換と抜本的な生産性向上を実現することで、感染リスクにも対応しつつ防災・減災対策の展開も目指すのだ。

一方で、デジタル社会の到来を前提とした安全・安心なインフラ整備を実現するためには、大量かつ高速なデータ通信に耐え、遠隔地を含めて災害時でも十分に機能し得る情報通信基盤の整備や次世代化の投資が不可欠である。それに併せて、個人データを利活用するデジタル基盤、プライバシー保護のあり方についても議論を深める必要がある。

また、効率性に加えて質の高いインフラ整備につながる新しい生産システムの構築を実現するには、契約、設計、施工、維持管理のあらゆるフェーズで、従来の慣行・基準等を点検し、的確かつタイムリーに見直すことも欠かせない。

写真2　**避難所設営訓練の様子**　熊本県益城町での取り組み（写真：熊本県益城町）

他方、2020年のCO_2排出量はコロナ禍で8%減少となる見込みだ。グリーンや気候変動問題への対応も含めて、持続可能な開発目標（SDGs）と一体となった枠組みの再構築に取り組まなければならない。

社会のあり方とインフラ施策

気候変動の影響によって水災害が激甚化・頻発化している中で、わが国の自然災害リスクは高く、いつでも、どこでも大きな災害を受ける恐れがある。加えて、時空間を限定することなく新型コロナウイルスによる感染リスクは存在し、人口・都市機能が集中する地域であっても、地方都市であっても、社会経済活動に大きな影響をもたらす。

さらに、来る人口減少・少子高齢社会を見据えると、近年の製造業のサプライチェーンやサービス産業の立地、都市と地方の産業構造や就業形態の変化も避け難いだろう。このような状況下での新型コロナウイルス感染症による複合災害は、集中と過密による効率化と複雑化、分散と過疎による非効率化と簡素化といった両面から、社会のあり方を改めて考えるきっかけとなっている（**図4**）。

道路、河川、電力、交通、情報、上下水道といった基幹インフラの健全性は、災害対応に大きな影響を与える。そのため、これらの基幹インフラが健全な機能を維持し、さらに病院、避難所、行政機関の災害対応を支えるための適切な施設整備・維持管理は不可欠である。

健全で強靭なインフラは、差し迫った災害リスクに対して強い経済社会構造を構築するとともに、災害等の発生後に経済の回復を後押しする。そして、地域経済の活性化にも寄与する。リスク回避に重点を置きつつ、これら基幹インフラを含めた社会資本の最適再配置や、安全で強靭な社会づくりに求めら

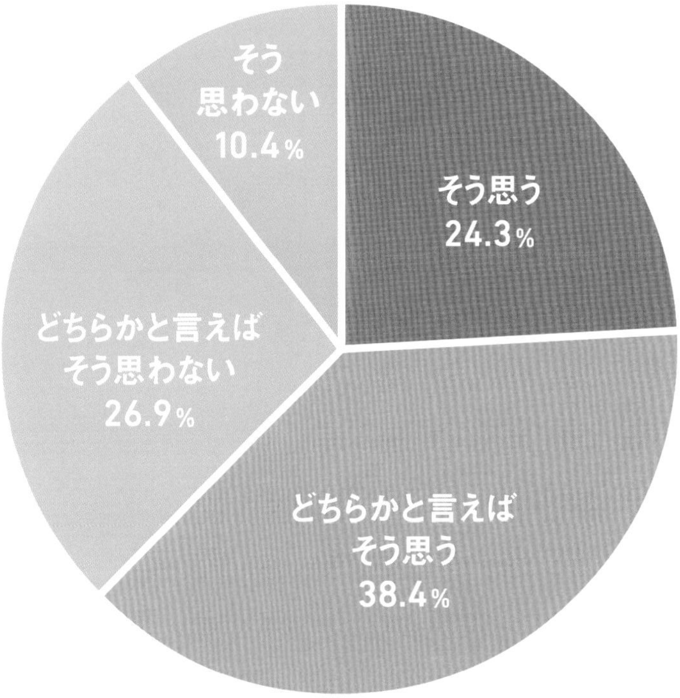

図3　**コロナ禍収束後もテレワークを行いたいか**
2020年6月にまとめられたデータ。回答数は346（資料：日本生産性本部）

れる施策について、短期的・中長期的な視点で幅広く議論することが重要だ。

その中で治水対策に目を向けてみると、これまで国を挙げて水災害に備える「水防災意識社会」の再構築を進めてきた。近年の水災害で甚大な被害を受け、施設能力を超過する洪水が発生するものへと意識を改革してきたのだ。

この取り組みをさらに進め、気候変動の影響や社会状況の変化等を踏まえ、国・都道府県・市町村、企業・住民といった流域全員が協働して、河川区域や集水域のみならず、氾濫域を含めた流域全体で治水対策を実施する「流域治水」への転換を図らなければならない。河川整備、流域での貯留施設等の整備はもとより、浸水リスクを考慮した土地利用規制・誘導等を組み合わせる水災害対策の総力戦が全国で始まっている。

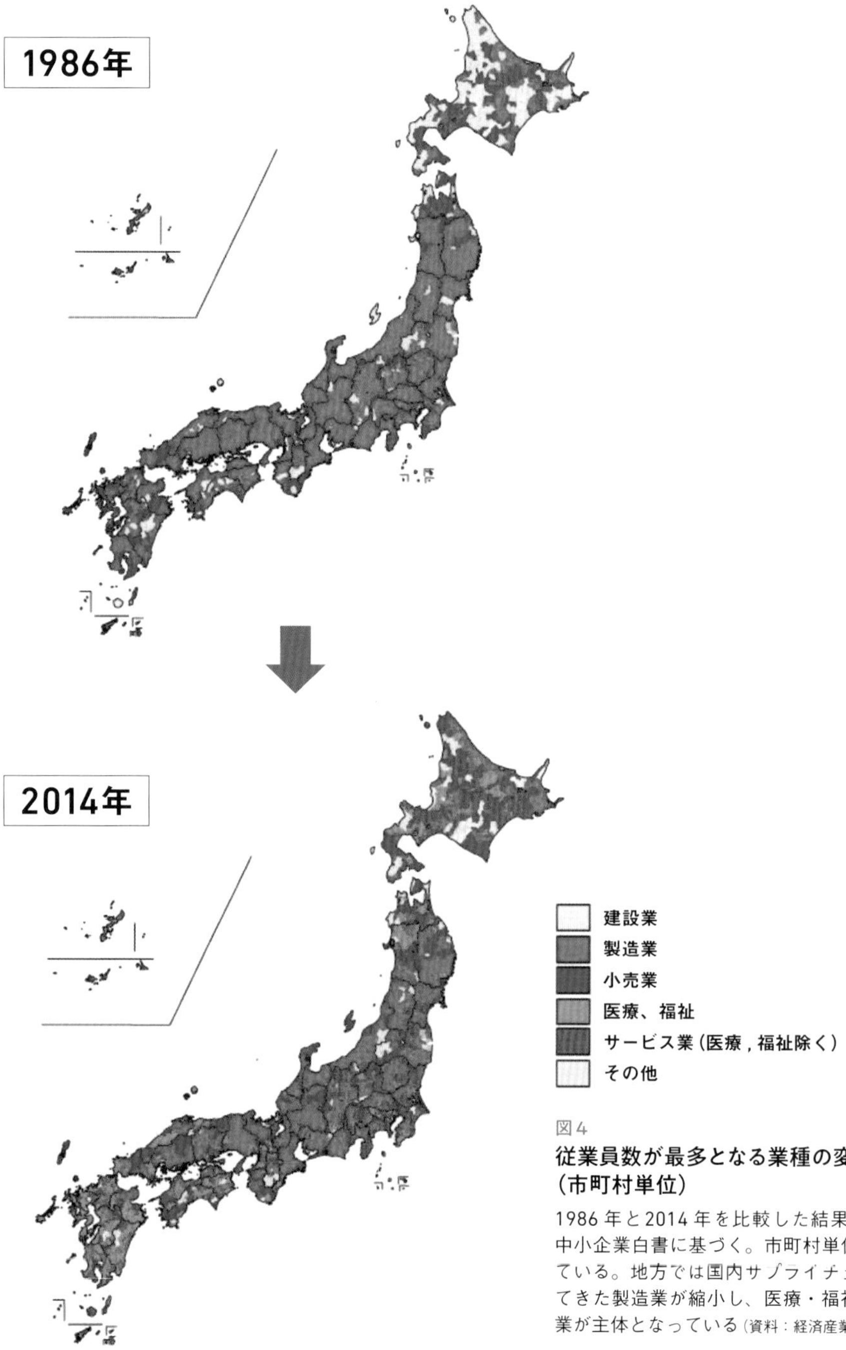

図4
従業員数が最多となる業種の変化（市町村単位）
1986年と2014年を比較した結果。2017年版中小企業白書に基づく。市町村単位で区分けしている。地方では国内サプライチェーンを担ってきた製造業が縮小し、医療・福祉、サービス業が主体となっている（資料：経済産業省）

命と心をつなぐ「一文字 15 箇条」

近年、被災地・被災者の「命と心を繋ぐ一文字15箇条～思いやり、助け合い、頑張り～」が提唱されている。「人水飯便薬（じん・すい・はん・べん・やく）・道電信油家（どう・でん・しん・ゆ・か）・健交援業廃（けん・こう・えん・ぎょう・はい）」という言葉だ。

2011年に発生した豪雪、新燃岳噴火、東日本大震災、紀伊半島豪雨や近年の熊本地震、西日本豪雨・東日本豪雨等の経験知を集約。今後の激甚化が見込まれる水害や南海トラフ巨大地震等の国難災害を想定し、臨機かつ柔軟に、そして被災者、応援者、受援者をつなぐ15文字として整理したものだ。災害発生直前・直後にこの15文字を思い起こしてもらい、災害発生時の的確・適切な災害対応と避難行動等に結びつけようという狙いがある。

「人水飯便薬」が人命系、「道電信油家」がインフラ系、「健交援業廃」が復旧支援系である。ここに、新型コロナウイルスの感染予防の基本的対応である「三密回避」を加えるといい。日ごろからこの15文字プラス1の言葉をそらんじて、いざというときに役に立てたい。

図　いざというときに備えて覚えておきたい言葉

「人水飯便薬・道電信油家・健交援業廃」×「三密回避」
被災地・被災者の「命と心を繋ぐ一文字 15 箇条～思いやり、助け合い、頑張り～」

人水飯便薬（じん・すい・はん・べん・やく）
道電信油家（どう・でん・しん・ゆ・か）
健交援業廃（けん・こう・えん・ぎょう・はい）
× 三密回避

人…家族や友人の安否	道…緊急活動（救助救命、物資輸送など）	健…健康・体調管理・避難所生活
水…必要不可欠な水	電…電気・電力（活動エネルギー源）	交…交通機関・代替交通
飯…食料	信…情報・通信（安全・安心の源）	援…応援・受援・支援・ボランティア
便…トイレ、おむつ	油…燃料（自動車・予備発電機等）	業…産業・就業・生活再建
薬…持病への対応	家…安心・安寧	廃…膨大な廃棄物処理

4-5 取り組み推進のために

1 治水事業予算の確保

災害対策は事前対策と事後対策に分かれる。水害の場合で言えば、将来発生する可能性がある災害に備えて堤防やダム等の整備を行うのが事前対策（予防対策）、決壊した堤防の復旧等を行うのが事後対策である。

図1に示すように、仮に同じ内容の施設整備に投資するのであれば、事前に投資する方が被災から免れるとともに、応急対策等に要する経費も少なくて済み合理的だ。しかし、住民やメディアは被災後の復旧（事後投資）を強く求めるのに対し、事前防災への投資には反発するケースも多い。

デビッド・ヒューゲンブッシュらは、「防災事業の効果は被害の回避という形で現れるので大衆にはほとんど分からない。一方、災害発生後の応急対策や復旧対策への投資には大衆の注目が集まりがちだ。さらに、防災事業の効果は時間をかけて初めて現れる場合も多い。政治家は数年の任期で『選挙の洗礼を受け』、大衆の短期的な関心事項を重視しがちとなる」と述べている。

しばらく大きな災害が起こらない状況が続き、一方で政権が不安定になって目先の問題に関心が集まるようになると、図1に示すような当たり前のことが忘れられがちになる。

近年は2011年の東日本大震災の発生、2018年の西日本豪雨、2019年の東日本台風等、大規模な災害が続いている。事前防災投資に対する国民の理解を得やすい時期だと言える。しかし、図2に示すように防災投資を含む公共事業費はあまり伸びていない。

水害に対する日本の安全度が先進国の中で低い水準にあり、このリスクが海外から日本への投資を大きく損なうことに多くの人が気づいていないことが、この一因として考えられる。図3はミュンヘン保険会社による2006年時点での世界の大都市の自然災害リスクを比べた資料をベースとしたものだ。地震リスク等も含まれているが、いかに東京のリスクが大きいかが分かる。この図を見れば、東京は危険で投資に適さないエリアに見える。

この元の資料の問題点を挙げ、ミュンヘン保険会社に抗議して、以降の年の資料の掲載を止めてもらったという話を、抗議した本人から聞いた。しかし、

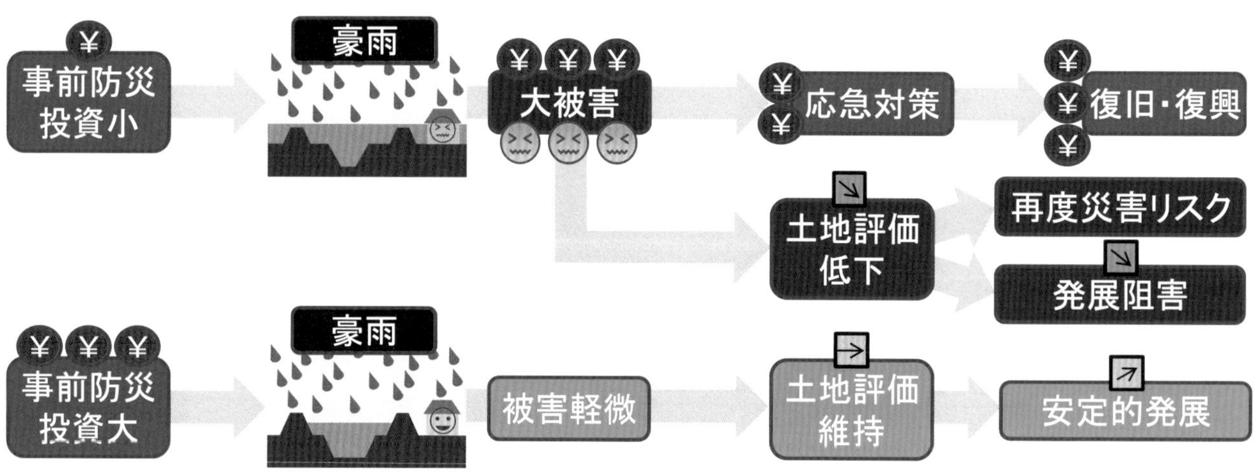

図1　事前防災投資の差が生み出す地域の違い（模式図）

資料が公表されなくなっても、わが国には水害リスクの高い場所が依然として多い。安全な国土構造に変えるために実行すべき施策は山積している。

例えば、気候変動の影響が既に出始め、今後、平均気温が2℃上昇するシナリオの範囲で収まったとしても、日本付近の雨量は10～15%、流量は2～3割、洪水の頻度は2倍程度に増すと見込まれる。事前防災への投資を着実に増やすことは極めて重要だ。

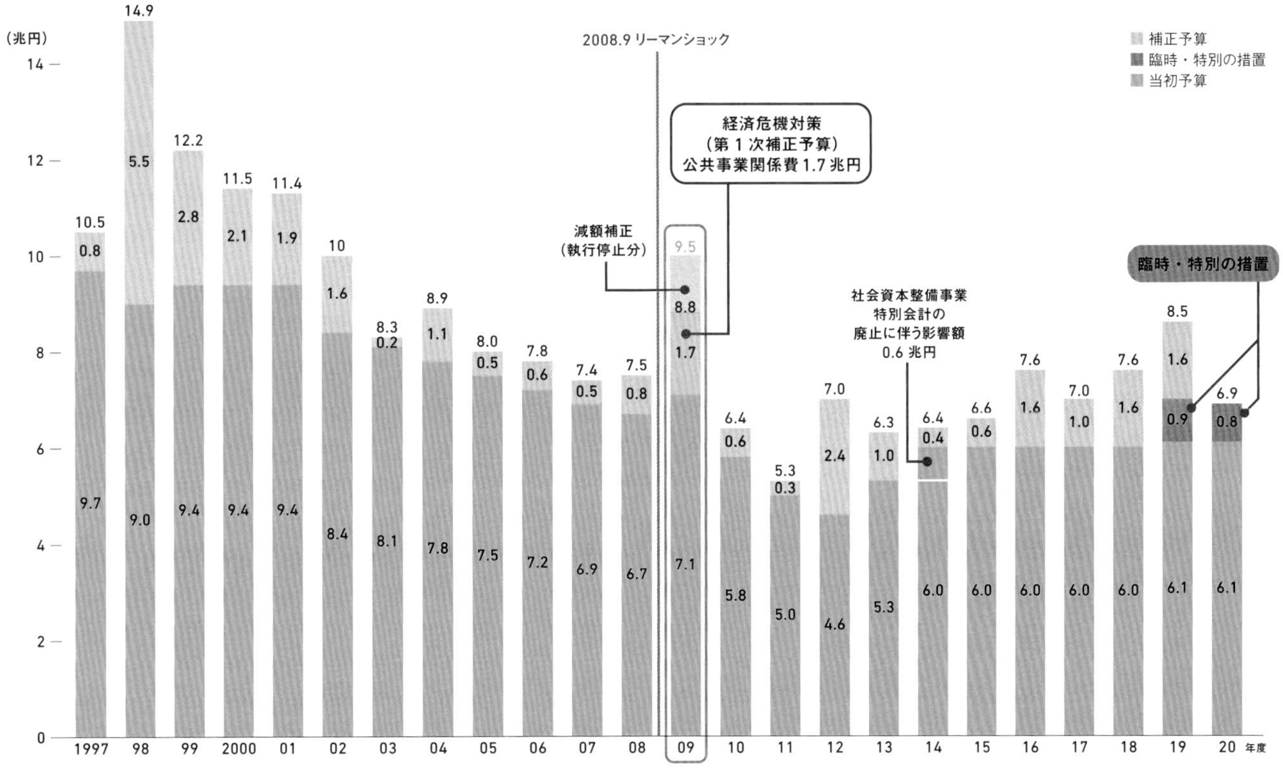

図2　**政府全体の公共事業費の推移**

(資料：国土交通省「これまでの公共投資の動向と今後のインフラ整備について」の第23回国と地方のシステムワーキンググループの資料に基づく)

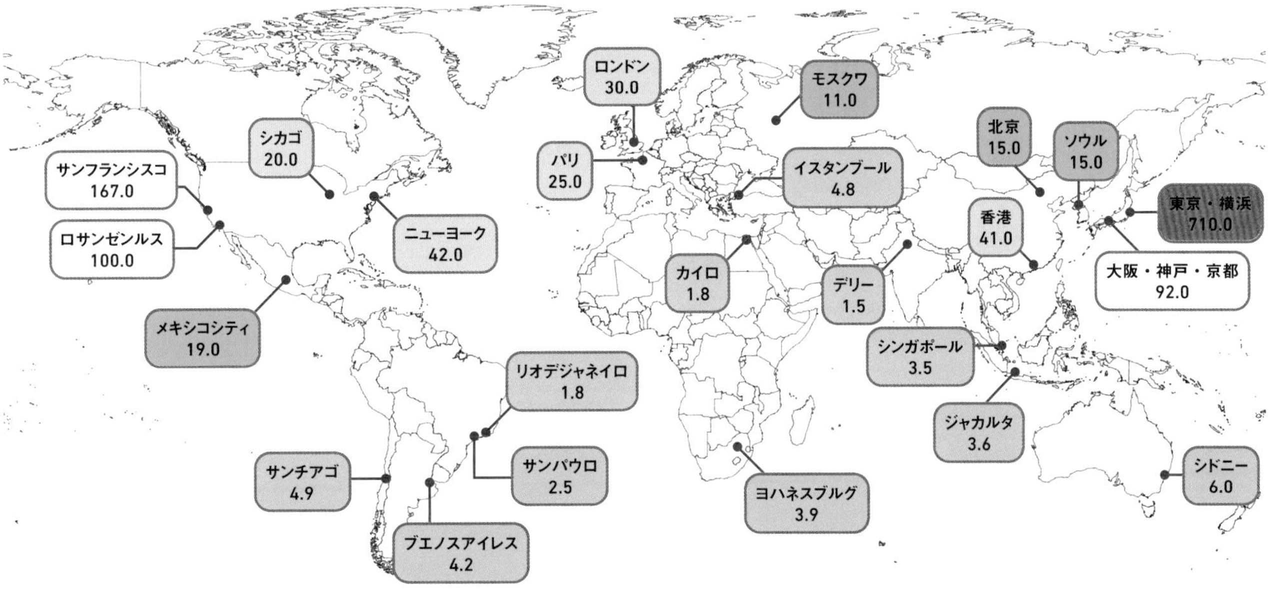

図3　**世界大都市における自然災害リスク指標**

(資料：Stephen Voss「A Risk Index for Megacities」を基にした平成16年版防災白書掲載の表の数値を世界地図にプロット。地図の部分はCopyright 2013-2019 Michael Bostock)

4-5 取り組み推進のために

2 中長期計画の必要性

事前防災への投資予算は、大災害が発生したり景気が悪化したりした場合に増え、しばらく災害が起きなかったり景気が良い状態が続いたりすると減る傾向にある。予算が限られる中で景気対策のためでも防災に対する予算が増えるのは好ましい。だが一方で、計画的ではない予算の増減は、民間事業等とも連携した事業執行を困難にする場合がある。さらに、いつまでにどの程度の防災効果が得られるのかを住民や企業等に示すことも難しくする。

例えば、河川の掘削現場から排出される土砂は、宅地造成や盛土が多い道路事業等と連携すれば効果的に活用できる。予算の増減で事業スケジュールが変動してしまうと、こうした連携は難しくなる。特に、わが国では単年度予算主義を採っているので、複数年度での国庫債務負担行為を伴う事業（国債事業）を除けば、翌年度の予算が確保される保証はない。

担当省庁が予算配分の意向を固めている事業であっても、国会で承認される前に、予算の配分を前提とした民間連携事業に言及すれば、国会軽視というそしりを受けかねない。

米国のように、1つのプロジェクトに配分する中期的な予算額と年限を法律で決めている国もある。この方法であれば、毎年の予算編成案と縦糸・横糸を縫い合わせるような作業は必要になるものの、中期的なプロジェクト予算が法律で担保される。

財務省の職員は単年度予算主義について、憲法86条の「内閣は、毎会計年度の予算を作成し、国会に提出して、その審議を受け議決を経なければならない」という条文を根拠にしていると説明する。だが、毎年の予算の中に中期にわたる事業量が担保された部分があっても憲法違反になるわけではない。国債事業では最大5年分の予算を担保した措置が可能になっている。PFI法に基づく民活事業では長期にわたる予算的なコミットメントを前提とする仕組みも導入されている。

以前は、複数回にわたる全国総合開発計画を作成する際に、公共事業の実施予定も書き込んだ5カ年計画を各地域ブロックで作成していた。現在も、ブロック別の地域の発展方策等を持ち込んだ広域地方計画が10カ年計画として作られている他、社会資本整備に絞った5カ年計画である社会資本整備重点計画も作成されている。

しかし、それらの計画では、具体の事業をいくらの予算でいつまでに整備するかということは、基本的に明記されていない。

道路分野では、道路の供用予定年次を公表して、関連した民間の投資活動を円滑にする取り組みが行われたり、個別のダム事業の計画で完成予定年次を明記する取り組みが行われたりはしている。だが、これらは事業者としての見込みを示したものにすぎず、予算的な裏付けが確保されたものではない。

事前防災への投資と合わせてどのような地域づくりを進めていくのか。予算と年次が定められた中期的な計画を作ることによって、国際競争に打ち勝てる地域や、今後も続く人口減少を吸収するとともに貯留効果にも富んだ地域をつくるような取り組みを戦略的に行えるようになる（図1）。

予算規模を明確に定めた中期計画を定め、民間との連携事業等への中期的なコミットメントを可能にする制度を構築すべきだ。

図1　事業間で連携した投資計画による効果的整備のイメージ

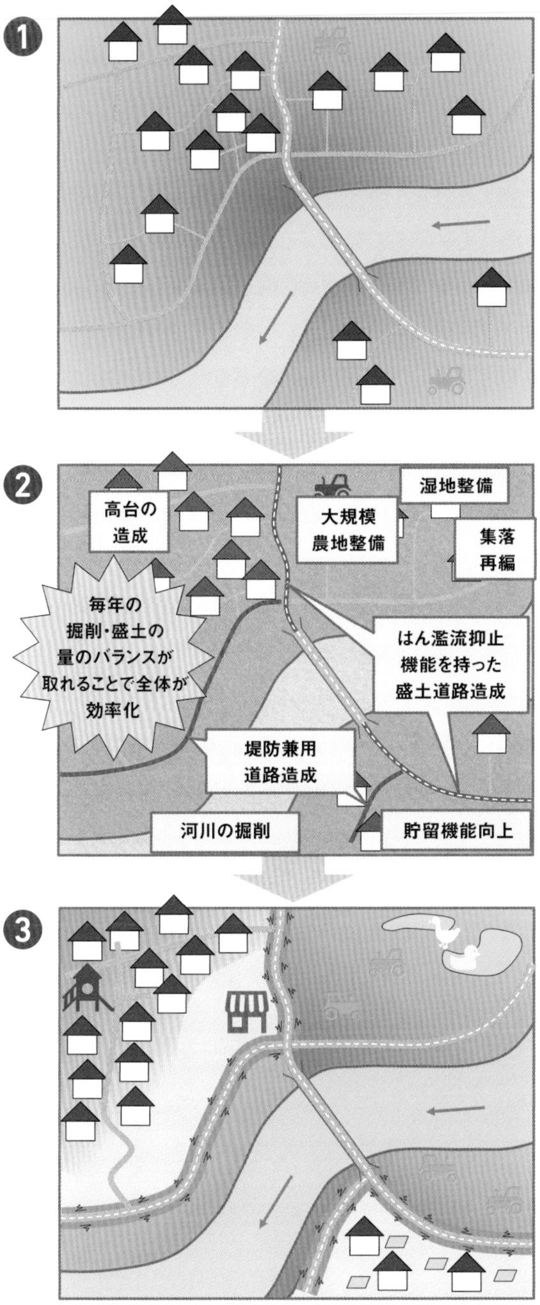

凡例

- 水害リスクが高いエリア
- 水害リスクが低いが存在するエリア
- 水害に対して安全なエリア

官民各種事業を連携

202A年	集落再編開始
202B〜C年	河川掘削域から大規模農地整備域に土砂移動
202D〜E年	大規模農地整備域から高台造成域に土砂移動
202F〜G年	湿地域から高台造成域に土砂移動
202H〜J年	高台エリア整備

結果

- ■ 水害リスクが高いエリア内の住居数 17 ➡ 0
- ■ 貯留可能な雨量 ➡ 大きく増加
- ■ 居住エリアの形態 ➡ コンパクト化
- ■ 豊かな生態系サービスを提供する湿地形成
- ■ 効率的営農に適した大規模農地形成
- ■ 小規模道路再編等によるインフラ維持費削減

4-5 取り組み推進のために

3 被災・避難情報の伝え手の育成と充実

重要な活動資源としての「情報」

人々の暮らしや社会経済活動を持続的、かつ安全・安心・安定して行っていくには、「ヒト」「モノ」「カネ」といった活動資源の適切な組み合わせや好循環が欠かせない。

例えば、「ヒト」が機械設備等の「モノ」を動かし、「カネ」をどのように使うかを決める。「カネ」を生み出すためにも「ヒト」の知恵や「モノ」の生産性の向上が不可欠だ。

そして、自然現象や社会動態に関する「データ」「ノウハウ」「知識」等の「情報」が、「ヒト」や「モノ」をシステムとして結び付け、意思や行動を決める重要な要素となっている。このことは情報通信技術の発展が人々の生活空間を飛躍的に拡大し、社会経済活動に大きく関与していることを見れば明らかだ。

多種多様で大量の「情報」

こうした情報のうち、水害や土砂災害が発生した際の防災・減災や危険回避に関する情報は、「送り手」と「受け手」の間でやりとりすることになる。雨量・水位などの観測・予測情報や様々な気象・警報情報は気象庁、国土交通省といった複数の「送り手」から提供される。その数は40種類以上に及ぶ。

一方、自治体や住民といった情報の「受け手」は、防災行政無線、メディア、SNSなど様々な媒体を通じて情報を入手する。ここで専門的・経験的知識が必要となる場合がある。さらに、自らが置かれている「環境」が安全な場所であるか否か、いつ危険が迫ってくるのか、といった判断も求められる。住民が避難行動を起こす際には、短時間で膨大な情報を理解したうえで、状況も判断しなければならないのだ。

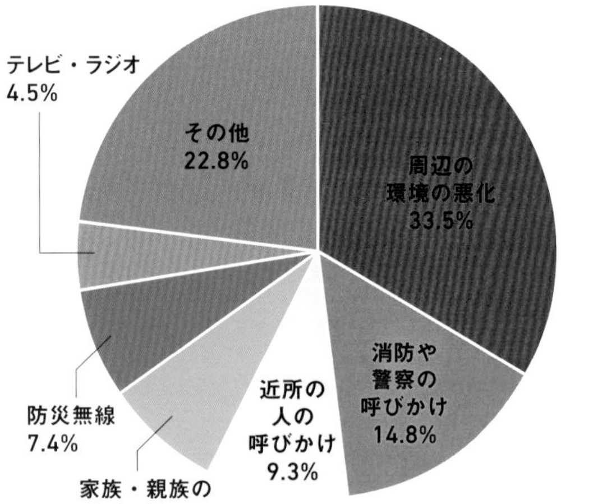

図1　西日本豪雨の際の避難者の避難行動

（資料：NHKの調査結果を基に国土交通省が作成）

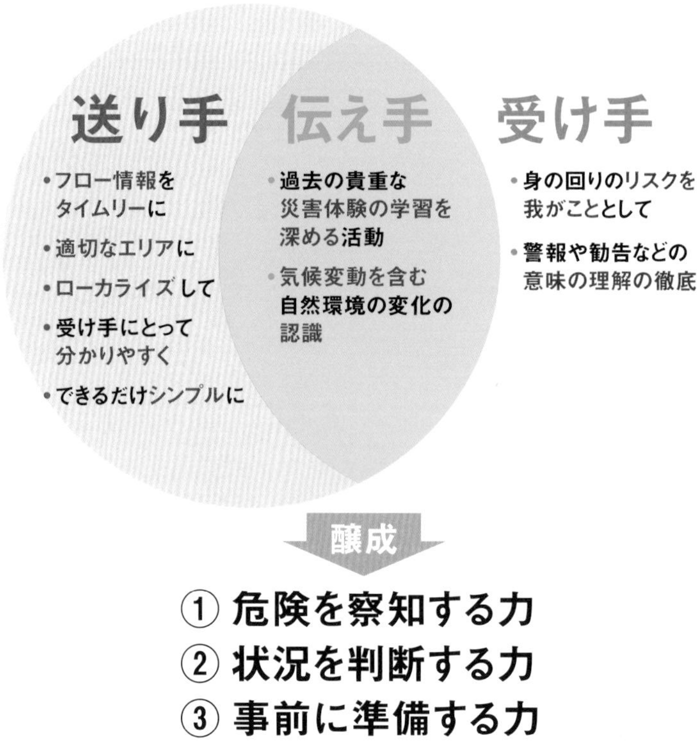

図2　「送り手」「受け手」そして「伝え手」

（資料：「避難情報がなぜ「適切な避難行動」に結びつかないのか」（室崎益輝兵庫県立大学教授）、「" 大避難 " の時代と岐路に立つ防災報道」（島川英介 NHK 鹿児島放送局記者）を基に作成）

情報の「送り手」「受け手」「伝え手」

そのため、「送り手」は危険が迫ってきた際のリアルタイム情報を、適切なエリアの「受け手」に、タイムリーかつ分かりやすく提供しなければならない。また、「受け手」は日頃からこうした情報を自分自身のリスクとして捉え、気象警報や避難勧告を避難行動に結び付けて備えておく必要がある。

さらに、「送り手」と「受け手」が連携して、防災意識と知識を高める努力も必要だ。想定氾濫区域図などリスク情報の意味や過去の災害体験を学習したり、異常気象や環境の変化についての認識を共有したりする取り組みが代表例となる。

2018年7月の西日本豪雨の被災地(広島県、岡山県、愛媛県)での避難行動に関するアンケートでは、「最初に避難するきっかけ」は、浸水や川の氾濫等、自分自身の周辺での「環境悪化」と、消防・警察、近所の人、家族・親族の「呼びかけ」が同程度で、いずれも30%を超えた。テレビ、ラジオ、ネット、SNSなどの様々な手段で直接個人に情報提供することに加え、自治会長や消防団長をはじめとしたコミュニティ等での呼びかけも重要だと分かる。避難行動を促すには、情報の「送り手」と「受け手」に加え、情報を伝え、行動を呼びかける「伝え手」も大きな役割を果たすのだ(図1、2)。

こうした備えを充実させるために、大規模水害氾濫減災協議会(水防法に基づいて設置)等において、地域の取り組みを支援する専門家を共有し、地域の防災力の強化や市町村へのアドバイザーとして活用する動きが出てきている。

さらに国土交通省は、情報共有に関する「住民自らの行動に結びつく水害・土砂災害ハザード・リスク情報共有プロジェクト」を取りまとめ、その結果を公表した(2018年11月29日)。産学官民が連携して叡智を結集し、プロジェクトを推進することで、災害時の避難行動を促すのだ。地域コミュニティを核にして、住民一人ひとりの危険を察知する力、状況を判断する力、事前に準備する力を醸成していかなければならない(図3)。

住民自らの行動に結びつく水害・土砂災害ハザード・リスク情報共有プロジェクト　取組概念図

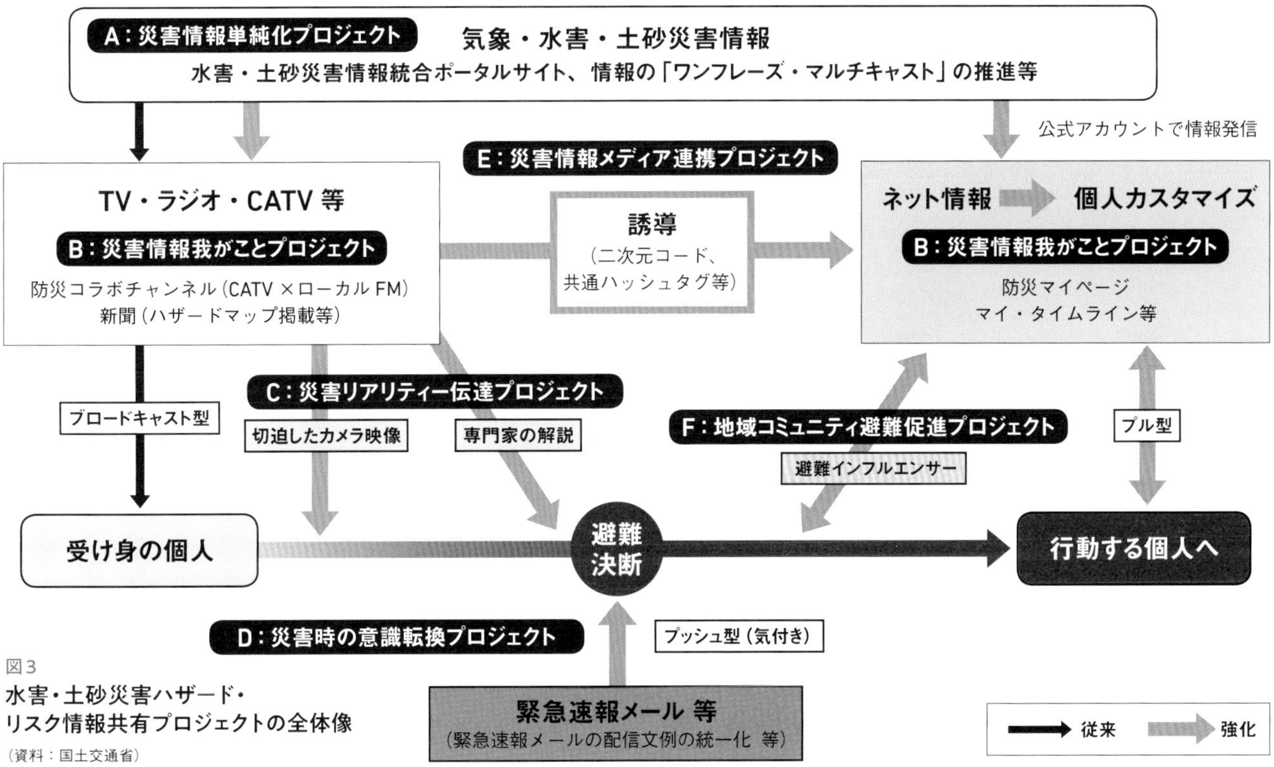

図3
水害・土砂災害ハザード・
リスク情報共有プロジェクトの全体像
(資料：国土交通省)

4-5 取り組み推進のために

4 技術の研究開発推進とその社会実装

Society 5.0における防災・減災の取り組み

Society 5.0とは、サイバー空間（仮想空間）とフィジカル空間（現実空間）を高度に融合させたシステムによって、経済発展と社会的課題の解決を両立する新たな未来社会（Society）を意味する。狩猟社会（Society 1.0）、農耕社会（Society 2.0）、工業社会（Society 3.0）、情報社会（Society 4.0）に続くものだ。わが国が目指すべき未来社会の姿として第5期科学技術基本計画（2016～2020年度）において初めて提唱された。

これまでの情報社会（Society 4.0）では、人がサイバー空間に存在するクラウドサービス（データベース）にインターネット経由でアクセスし、情報やデータを入手、分析してきた。これに対してSociety 5.0では、膨大なビッグデータを人工知能（AI）が解析し、その結果をフィードバックする。そして、これまでになかった新たな価値が産業や社会にもたらされると考えられている。

AI、IoT（モノのインターネット）、シェアリング、第5世代移動通信システム（5G）等の新しい技術を用いて、工業社会（Society 3.0）の「モノ」技術と情報社会（Society 4.0）の「情報」技術とを融合させ、新しい社会を生み出そうとしているのだ。

内閣府や国土交通省によれば、防災・減災分野ではSociety 5.0の実現によって、人工衛星や地上の気象レーダー、ドローンを活用した被災地の観測情報、車から得られる道路の被害情報といった様々なビッグデータをAIで解析するようになる。その結果、今まで困難であった事象の予測や把握が可能になって

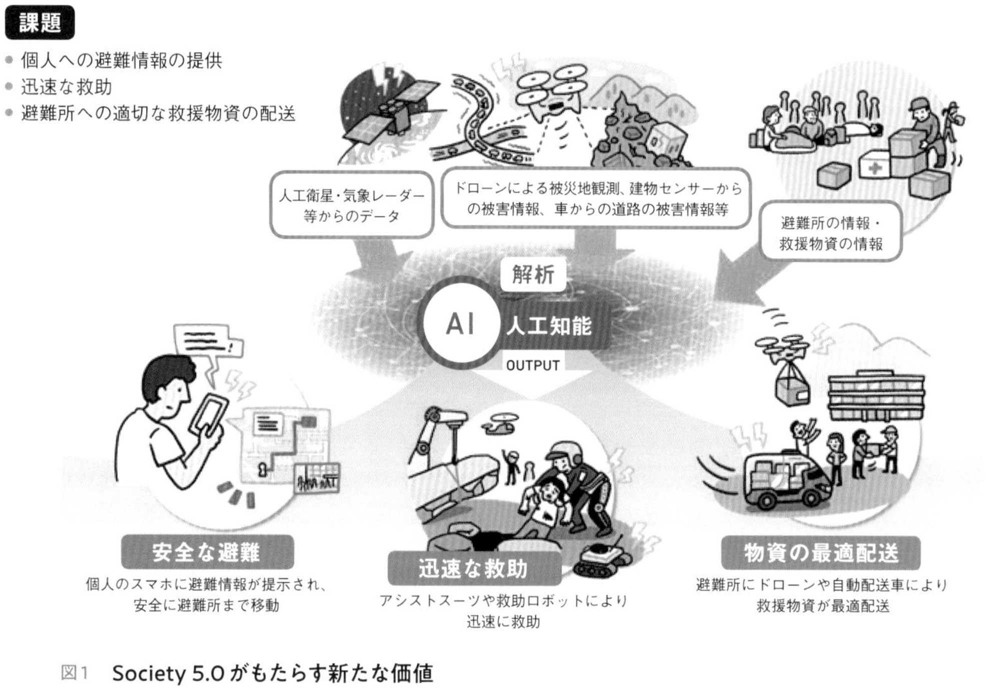

図1　Society 5.0がもたらす新たな価値

防災面での代表事例を示す（資料：内閣府）

くる。「被害状況を踏まえ、個人のスマホ等を通じて一人ひとりへ避難情報が提供され、安全に避難所まで移動する」「ドローンや自動配送車等による救援物資の最適配送を行う」といったことが社会実装される可能性が高まっているのだ（図1）。

国家レジリエンス（防災・減災）の強化

府省の枠や分野を超え，基礎研究から実用化・事業化までを見据えて一気通貫で研究開発する国家プロジェクト「戦略的イノベーション創造プロジェクト（以下SIP）」がある。2018年から2022年の期間で実施する研究では、「国家レジリエンス（防災・減災）の強化」において7つの研究テーマがほぼ同時並行で進められている。AIや最先端の技術を用いて、信頼度の高い洪水の長時間予測や国民一人ひとりの確実な避難を実現し、国や市町村の意思決定の支援を行う取り組みが推進されているのだ（図2）。

避難情報の発令判断支援に向けて

災害発生やその恐れがある際に、住民対応や災害対応の最前線を担う自治体には、膨大な気象警報等から避難勧告等の発令に必要な情報を選択したり、避難のリードタイムを確保できるタイムリーな情報提供をしたりしなければならない。しかも、適切なエリアに避難を促し、住民が自分自身のこととして認識するような情報提供が必要とされている。

そこで、雨量・水位・人流等のリアルタイム情報や、土地利用・浸水想定区域・治水地形といった場の情報等、多様で大量の災害関連情報を集約し、「ハザード」「脆弱性」「リスク」「判断」における4つのAIを組み合わせて危険度を評価するシステムの開発が進んでいる。九州大学を中心に7つの機関が共同研究する「市町村災害対応統合システム」だ（図3）。避難判断に必要な支援情報を自動抽出できる。

本システムが提供する判断支援情報で注目すべき

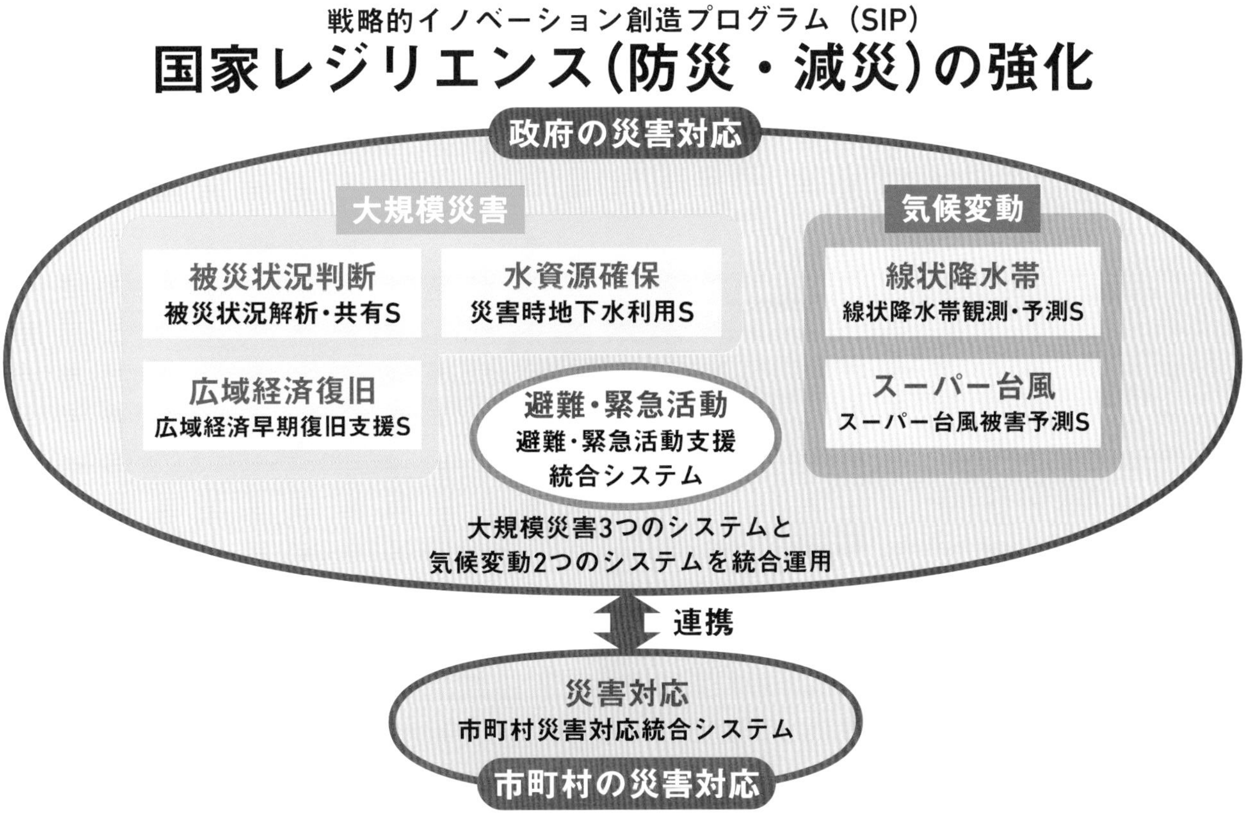

図2　国家レジリエンス（防災・減災）の強化の全体像（資料：内閣府）

は、「ハザード」「脆弱性」等の評価が小さなエリア（250mメッシュ等）での空間解像度であり、エリアの危険度評価が学区や大字といった単位で可能な点だ。時々刻々と変化する危険度を10分単位で6時間先まで評価するため、避難のリードタイムを見込んだ発令が可能になる。

危険度を総合リスクコンターとして、リスクの発生・移動・拡大・縮小・停滞を動的かつビジュアルで表示するため、災害対応モードの切り替え判断に寄与すると見込まれている（図4、5）。

2022年度には、全国の自治体でカスタマイズできるように、現在、ニーズ把握、課題改善、信頼度確認等を目的とした実証実験が精力的に進められている。茨城県常総市、福岡県東峰村、東京都足立区、千葉県香取市、京都府舞鶴市、兵庫県加古川市、岡山県高梁市の7自治体がモデル自治体となった。

今後の社会実装に向け、システムの継続的な運用管理・サポート体制の構築といった制度設計、導入コストや運用コストの妥当性評価等も同時並行で行われている。研究開発の終了からおおむね5年間で、全国1700市町村への実装を目指す。

住民の逃げ遅れと犠牲者をゼロにするための災害対応の基幹的・実践的システムとして大いに期待される。さらに市町村の避難勧告等の判断をさらに迅速かつ的確にするために、洪水の長時間予測も含めた「スーパー台風被害予測システムの開発」が同時に進められている。

長時間前から河川の水位を確率的に予測

2019年の東日本台風では、首都圏を流れる荒川で観測史上2位の洪水が発生した。このとき、荒川の水位（治水基準点「治水橋」の水位）は氾濫危険水位（レベル4）を約8時間にわたって上回り、観測史上1位を記録した。荒川はいつ氾濫してもおかしくない状態であったということだ。

もし荒川が決壊すれば、東京東部の低地帯に位置する江東5区（墨田区・江東区・足立区・葛飾区・江

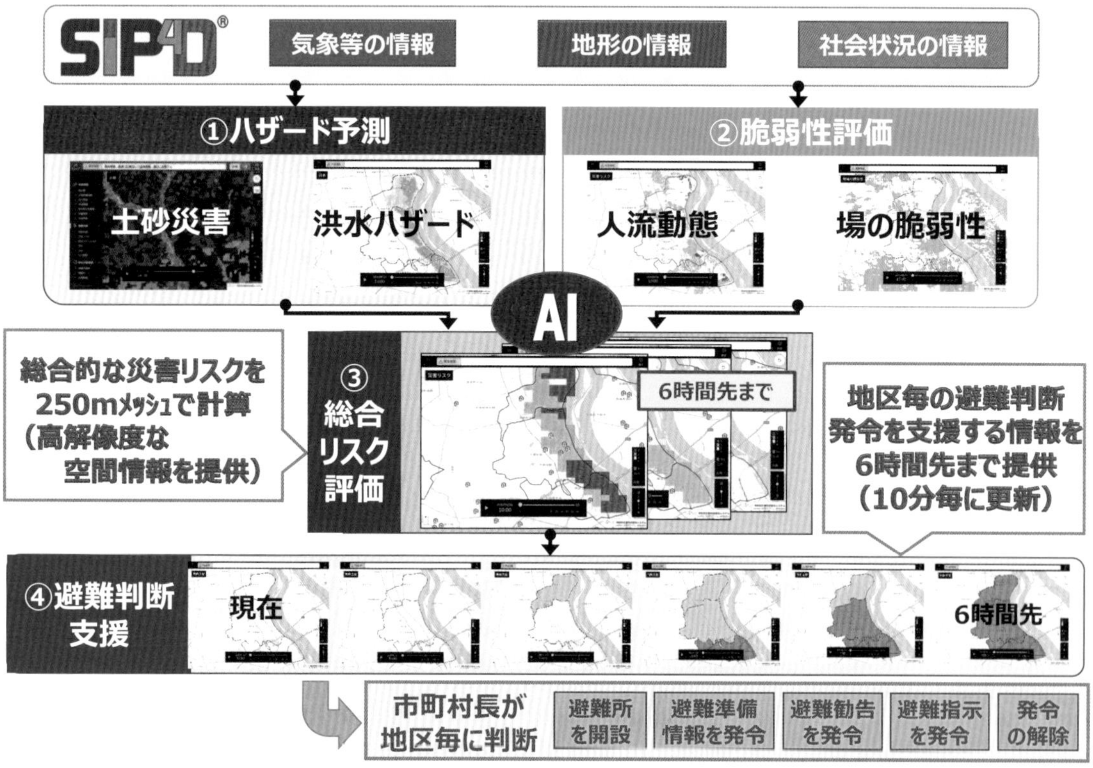

図3　**市町村災害対応統合システムによるハザード・脆弱性評価**
開発イメージを示す（資料：内閣府のSIP「市町村災害対応統合システムの開発」研究チーム）

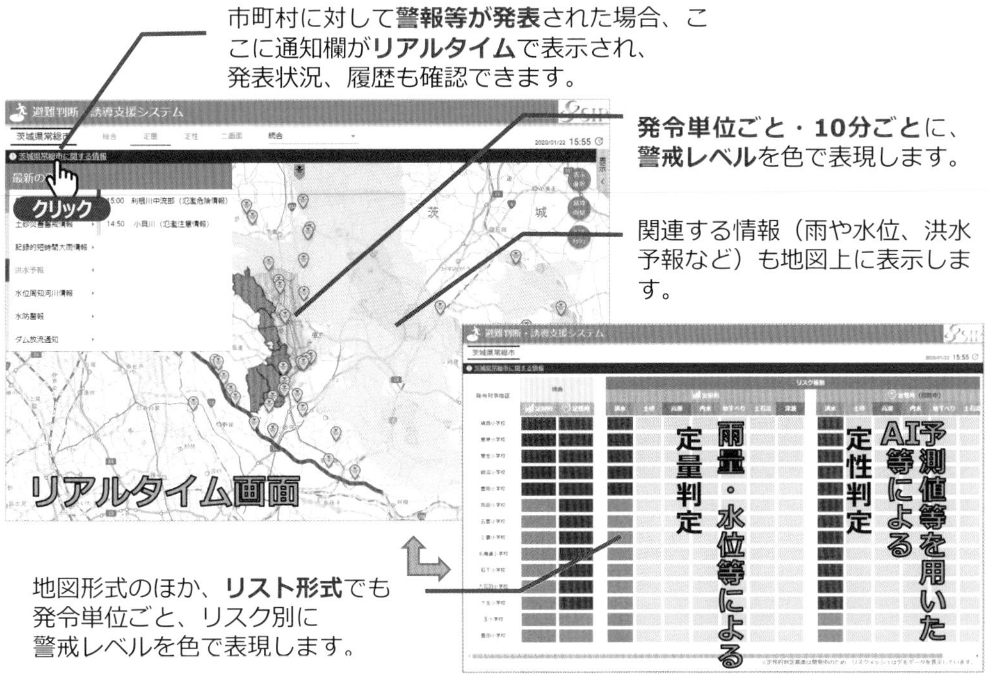

図4　**市町村災害対応統合システムの避難判断・誘導支援システム**

開発イメージを示す（資料：内閣府のSIP「市町村災害対応統合システムの開発」研究チーム）

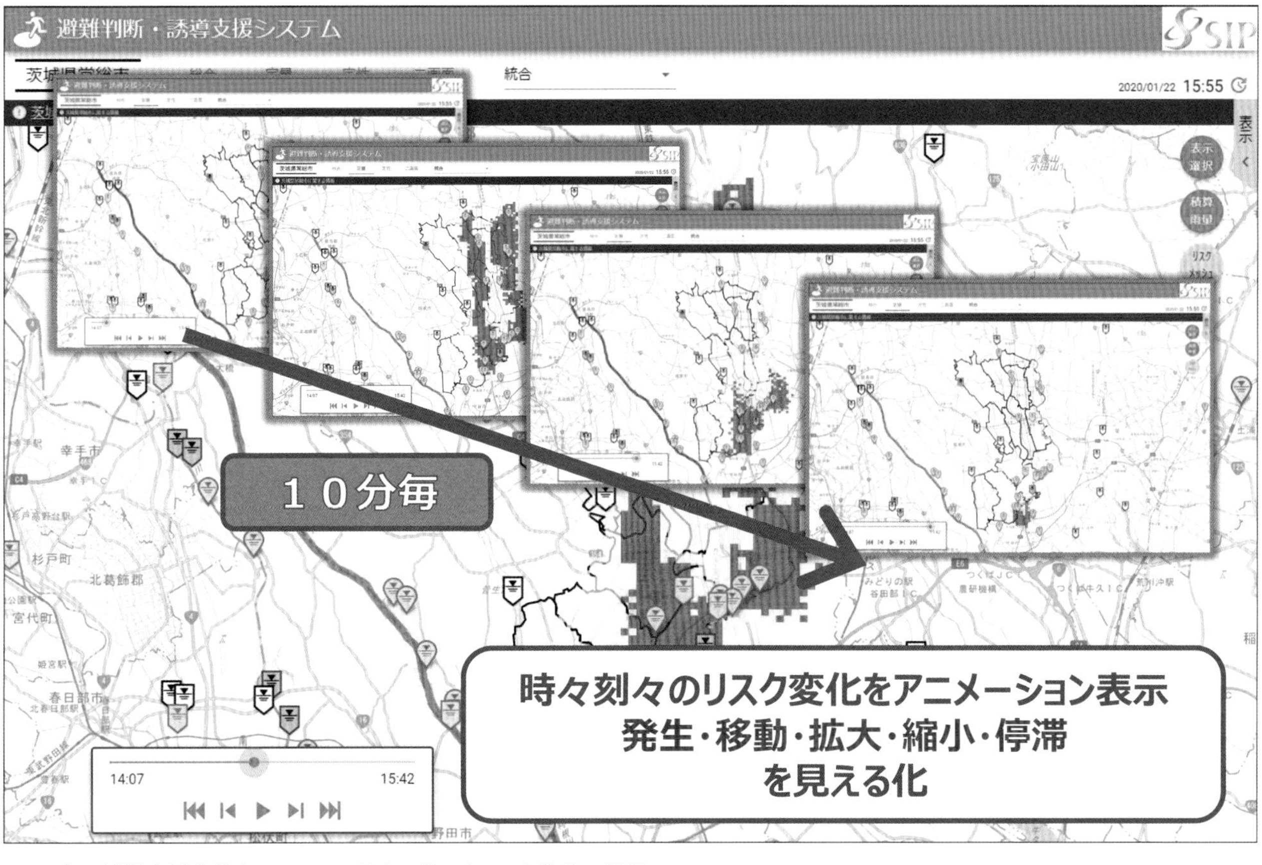

図5　**市町村災害対応統合システムで見える化したリスク情報の推移**

開発イメージを示す（資料：内閣府のSIP「市町村災害対応統合システムの開発」研究チーム）

戸川区）で、最大約250万人の居住地が水没すると想定されている。

そこで、「江東5区大規模水害対策協議会」は大規模水害広域避難計画を策定。共同で72時間前から広域避難に関する情報を発表し、48時間前には広域避難を呼びかけることにしている。広域避難とは他県も含め当該5区以外の安全な区域に予め避難する行為を指す。

しかしながら、東日本台風で荒川の水位が実際に上昇し始めたのは、氾濫危険水位に到達するわずか16時間前だった。各区が（広域ではなく独自に）避難勧告を発したのは氾濫危険水位を超える16～8時間前。この時点では既に鉄道は計画運休を行っており、広域避難の実施は事実上困難だった（図6）。

現在、地方自治体に提供されている水位予測情報は、さらに短い6時間先までだ。広域避難を行うにはリードタイムが絶対的に不足している。本来ならば、氾濫危険水位到達の48時間前（10月11日午前2時）に広域避難の呼びかけを開始すべきだが、治水橋の水位は平常時と何ら変わっていない。この時点での呼びかけは現実的には不可能だ。

そこで、SIP「スーパー台風被害予測システムの開発」では、東京大学、京都大学、河川情報センターなどが共同で、72時間前からの水位上昇を、リアルタイムで確率的に予測するシステムの開発を進めている。6時間先までの水位予測では1本の線（図7中の青い線）で予測水位が示される。

ただし、さらに先の水位をただ一つの値で予測するだけでは、予測水位に基づいて自治体等が逐一行う防災上の様々な判断をミスリードする恐れがある。このため本システムは、アンサンブル予測降雨[注]を用いて、21ケースの水位の予測計算（図7中の複数の赤い線）を行い、台風の予報円のように一定の幅を持った確率的な形で、予測水位の情報を自治体等に提供しようとするものだ。もちろん時間の経過とともに行う予測計算によってその振れ幅は縮まっていく。

最悪の場合（赤い線群の一番上の線）を想定すれば、実際とは異なる可能性もあるが、逃げ遅れゼロを目指し、十分なリードタイムで準備などができる。逆に、水位が最も上昇しない場合（一番下の線）でも、少なくともここまでは実際に水位が上昇するであろ

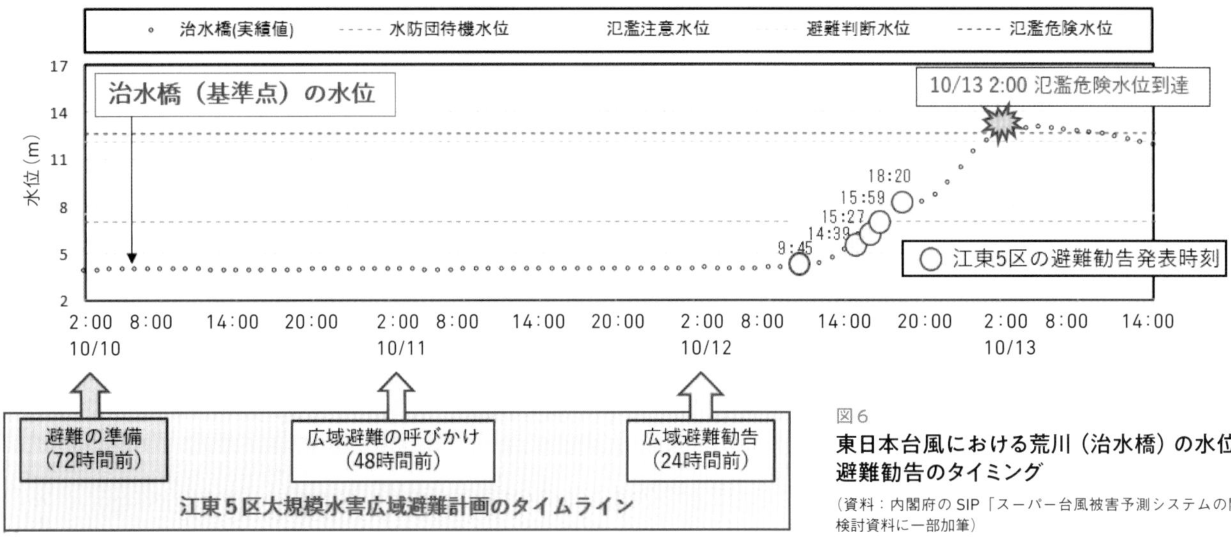

図6
東日本台風における荒川（治水橋）の水位と避難勧告のタイミング
（資料：内閣府のSIP「スーパー台風被害予測システムの開発」検討資料に一部加筆）

（注）アンサンブル予測降雨
一般に数値モデルにより予測した降雨の精度は、予報時間の経過とともに低下していく。これは特に観測値の誤差などに起因する初期値の微小な誤差が、時間の経過とともに拡大してしまうためだ。そこで、同時刻のわずかに異なる複数の初期値からそれぞれ予測計算を行って、複数の予測結果を算出。それらの平均やばらつき等から、出現する可能性の高い降雨の状況（降雨分布や降雨強度など）を予測するとともに、予測の信頼性についての情報（実際に出現する確率など）を得る手法が、気象予報の分野で近年多用されるようになった。これをアンサンブル予測と言い、この手法を用いて予測した降雨をアンサンブル予測降雨と言う

うと分かる。これに対応するレベルまでは防災準備を行わなければならないという判断が下せる。このように本情報は、住民の避難誘導をはじめとする災害時対応において、自治体等が様々な判断を下す際に活用できると考えられる。

このシステムは、将来は荒川だけでなく、ゼロメートル地帯を抱える3大湾（東京湾、伊勢湾、大阪湾）に注ぐ河川への適用も社会実装のターゲットとしている。

5Gの導入促進への取り組み

一方、Society 5.0を支える基盤として不可欠なのが、「高速大容量」「高信頼低遅延」「多数同時接続」という特徴を持つ第5世代移動通信システム（5G）だ。コロナ禍で爆発的に需要が増加しているテレワークやオンライン会議・教育の導入など、リモート化・デジタル化といった社会の急激な変化に追随していくうえで欠かせない。

5Gの導入により、人工衛星やドローンによって捉えた被災箇所の高精細な画像を活用し、いち早く的確な復旧対策を講じられるようになるだろう。また、これまで災害発生直後には、安否確認の電話やメールが殺到してきた。そして、しばしばサーバーがパンクして接続障害が生じた。このような事態も解消されるはずだ。

また、図1で示すような安全・確実な避難誘導や、支援物資の保管場所と、避難所に収容されている支援物資を求める避難者とを多数で同時接続してマッチングするといった実証実験も情報通信研究機構（NICT）等が進めている。さらに、5Gの全国展開とともに、災害現場等での重機の無人化施工など、個別のニーズに応じて一定地域内でスポット的に柔軟に構築できるローカル5Gの活用にも注目が集まっている。

このように、多様で大量の情報が発生する災害時等で、5G通信をベースに前出の市町村災害対応統合システムが社会に実装できれば、より一層、安全・安心な住民避難や円滑な応急対策が可能となるはずだ。そのためには、フィジカルとサイバーをつなぐためのID基盤・デジタルインフラや、その運用・セキュリティ体制の整備等に取り組んでいかなければならない。

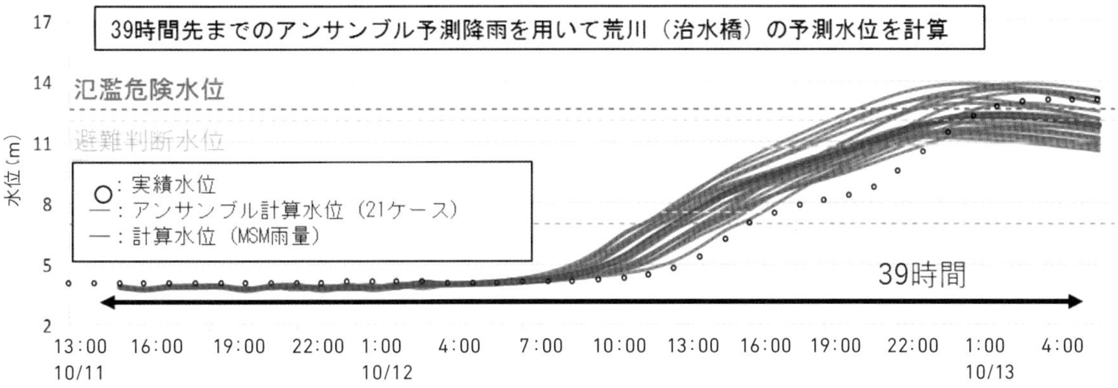

図7　**荒川（治水橋）における長時間水位予測の試算**

2019年10月11日（東日本台風襲来の前日）午後3時における21ケースのアンサンブル予測降雨を用いた、39時間先までの荒川（治水橋）の水位予測計算結果。最悪のケースでは、約30時間先の10月12日午後8時～9時ごろに氾濫危険水位を超えて水位が上昇する可能性が高いと予測された。これまで気象庁が発表してきた予測雨量は51時間先までの1ケース（1日2回発表）で、これを用いた計算水位が青のラインとなる。スーパーコンピュータの演算速度の大幅な向上等により、気象庁は2019年6月から39時間先までの予測を21ケース、1日4回の頻度で発表することにした。21ケースの水位予測は高頻度で計算できるようになっている（資料：内閣府のSIP「スーパー台風被害予測システムの開発」検討資料）

4-5 取り組み推進のために

5 行政部門と研究部門の連携・協働

治水施策の推進において、「技術」が重要な役割を果たしてきた。従来それは、河川工学、水文学、地盤工学、ダム工学を含む土木分野からのものが主であった。最近は、気象学、生物学、情報通信技術、AI研究など他の関連分野の進展も著しい。そして、IoTやビッグデータ、ロボットなど、新たな技術展開の成果を横断的・統合的に活用して、様々な種類の仕事の課題解決、さらにはイノベーションにまでつなげることを指向した技術分野・コンセプトが次々と出現。そこからの提案も活発になっている。

激変する水害に挑むために、土木分野はもちろん、新しく興隆してきている分野の技術も貪欲に取り込み、課題解決を図っていくことが求められる。そのために必須となるのが、研究開発や技術開発を担う研究部門と、治水施策を検討し現場で遂行する行政部門との“キャッチボール”だ。

なぜか。それは、研究開発や技術開発の成果（以後、新技術と総称）は、普通そのままでは治水施策に役立つものにはならず、そうなるための“仕込み”（新技術を実装すなわち現場適用・定着に持っていくプロセス）が不可欠だからだ。

新技術を使おうとする側（行政部門）は、新技術に次のような内容を求める。

- 当該施策目標を実現するものになっている。大事なパーツであっても、一部を達成する手法しか提供されないのでは不十分で、目標を一通り達成するものになっている。
- 実際にすぐに使える（コスト、労力、必要な情報が用意できる等の観点）。
- その新技術による機能発揮や役割遂行に関して必要な信頼性が確保される。そのレベルについて客観的な説明がある。
- 複数の技術の中でその新技術の採用が妥当であることを説明する手立てを用意できる。
- 既存の技術体系と適合性がある、あるいは、そうなるように調整が円滑にできる。

これらの背景には、治水施策が人々の安全・安心に関わる高い公共性を持つこと、治水インフラ整備は規模が大きく、長い年月をかけて積み上げるもので、一つの技術の適用期間が他分野に比べて非常に長いことがある（例えば、ダムや堤防）。

一方、新技術を創り出す側（研究部門）は、次のように指向しやすい。

- 河川や災害の実現象を、より忠実かつ合理的に表現できる手法を開発したい。
- より論理的で体系的な手法を確立したい。
- 従来の技術にはない、際立つ特長があること、不可能を可能にすることを重視する。
- 現場実務への適用に必要なデータの確保は後で行われるとして、優先的には考慮しない。
- 新しい手法の開拓にこそ価値がある。

最初の5項目と後の5項目を対比させると、両者には本質的なギャップがある。「治水施策あるいは水害への対処のために」と共にうたっても、両部門が実際に見ている風景にはズレが生じがちなのだ。

さらに、治水インフラの整備や操作が新技術の対象になる場合、機能発揮の確認を小型電子機器の試作テストのように行うことは難しい。また、河川が元々は自然に形成されたものであることから、情報および知見が不十分なことも多い（典型例としては、堤防中の土質情報がいまだ十分ではないこと等）。このため、新技術が出てきたら、現場適用性と課題を一気に明らかにし、当該技術の適否や課題解決法を考えるという簡潔なアプローチは採りにくい。

こうしたことから、研究部門と行政部門が日常的にキャッチボールをし、新技術を現場で使えるようにする粘り強い取り組みが求められる。実際、このような認識は関係者の間で長らく共有され、例えば次のような具体的な取り組みに反映されてきた。

- 建設省技術研究会（現 国交省国土技術研究会）の

「指定課題」方式において（1964年度報告〜）、国の研究機関の研究者と本省・現場の職員が協働して1つの技術課題に2、3年かけて取り組む。

- リバーカウンセラー（リバードクター）制度（1987年度〜）を活用し、地域の河川に詳しい大学教員から国交省の地方整備局職員が助言を受けながら、現場の技術課題を一緒に解決する。
- 技術活用パイロット事業（1987年度に建設省が開始）において、受発注者双方と学識者が参画して、新技術の評価とその現場実装を行い、新技術活用を活性化させる。
- 土木学会水工学委員会河川部会主催の河川技術シンポジウム（1993年〜）における、産官学からの研究成果の発表と横断的な意見交換・情報共有。
- 土木学会地盤工学委員会堤防研究小委員会（2011年度〜）において、学・民・官の意見交換・情報共有を促進し、技術課題を設定し実堤防をフィールドに研究活動を行う。

こうしたキャッチボールは成果を上げてきた。他方、時代の変化を踏まえ、本来の趣旨から外れてきていないか、もっと良いやり方を開拓できないか等の観点で再評価し、不断にテコ入れを図ることも重要だ。この点で今、特に留意すべきことが2つある。

第一は、技術そして研究者・技術者を取り巻く環境の変化だ。かつてはニーズに応じて開発すべき技術が比較的見えやすく、開発から実装までを俯瞰でき、技術の目利きができるリーダーが要所にいた。若手・中堅の技術者・研究者が、そうしたリーダーから有形無形の刺激を受けながら全体を見る目を養い、技術を継承・発展させていく環境や場が数多くあった。現在は、課題が広がって複雑になる一方、技術や仕事の細分化と高度化が進み、各人が担当分野に集中するようになって効率が上がった半面、上記のような環境や場が生まれにくくなった。

第二は、冒頭に述べたように、土木分野に限らず様々な分野からの新技術提案が活発になってきたことだ。新しい技術分野からの提案となれば、上に述べた技術開発サイドとそれを実務に使うサイドとのギャップは元々大きい。新技術の活用自体が目的でなく、それを新たな刺激として施策発展に生かすことこそが基本であり、このことを見据えたキャッチボールの重要性がより高まっている。

研究と行政との議論の場の改善を不断に図る重要性は、わが国に限ったことではない。例えば、米国の陸軍工兵隊を中心に構成された特別チームは、2005年のハリケーン・カトリーナの災害に際して顕在化したI型防御壁（低い盛土にシートパイルを打ち込んだ構造の堤防）の脆弱性について、そのヒントになる学術的知見を研究部門で得ていたが、それを現場技術課題として提示するまでに至らなかったと分析。今後の改善策として、「研究者・技術者からの働きかけ」と「実務サイドからの働きかけ」の両方を活性化させること、両集団が新しい技術知見・手法の現場適用について協働して実験的に取り組める環境を作ることを提起している。

研究部門と行政部門とのキャッチボールの場を評価し、改善していくために、以下の3点を今まで以上に強く意識するよう心がけたい。

第一は、到達目標（出口）は何か、各取り組みがどのような位置にあるかを俯瞰して共有し、多様な参画者が自身のすべきことを出口と結び付けて考えられるようにすることだ。細分化指向の時代にこの羅針盤を持ち、絶えず新しくしておく重要性は高い。

第二は、真剣な議論を素直に行える状況を整えることだ。良い技術を生み出すためのキャッチボールに遠慮や形式は妨げとなる。

残る一つは両サイドがパートナーとして互いに敬意を払い、相手から良いものを引き出そうとする姿勢を持つことだ。行政部門は、すぐに現場に使えないことを責めるのではなく、研究部門が持つ論理構築力や新しく良いもの作ろうというエネルギーを評価し、研究部門は、行政部門が短期的な視野で制約条件ばかりを気にすることに落胆するのではなく、本物の課題・目標、現場で使える技術の何たるかを教えてもらう絶好の機会と捉えるというように。

こうして生まれる場において、研究者は行政とは異なる視点で目標や課題を見いだす力を伸ばす。そして、次代の現場技術者が育ち、技術発展の土俵が受け継がれ拡充していく。その期待は大きい。

4章参考文献

4-1

1・Harris County Flood Control District「Immediate Report – Final, Hurricane Harvey - Storm and Flood Information」June 4, 2018.
・気象庁「令和元年東日本台風（台風第19号）による大雨、暴風等　令和元年（2019年）10月10日～10月13日（速報）」気象庁HP.
・FEMA「2017 Hurricane Season FEMA After-Action Report」July 12, 2018.（本文中※1）
・国土交通省・内閣府・防災研究者合同調査団「米国ハリケーン・ハービー / イルマに関する現地調査報告書（第2版）」令和2年（2020年）5月.
2・国土技術政策総合研究所 気候変動適応研究本部「河川・海岸分野の気候変動適応策に関する研究―『気候変動下での大規模水災害に対する施策群の設定・選択を支援する基盤技術の開発』の成果をコアとして―」Ⅲ-2 豪雨による水害への対応, 国総研プロジェクト研究報告, 第56号, 2017.
・天野邦彦「気候変動を見据えた新しい治水フレーム」国総研レポート2019, pp.28-29, 2019.
・社会資本整備審議会「水災害分野における気候変動適応策のあり方について～災害リスク情報と危機感を共有し、減災に取り組む社会へ～答申」平成27年（2015年）8月.（本文中※2）
3・日米英蘭四カ国共同報告書「Flood risk management approaches –as being practiced in Japan, Netherlands, United Kingdom, and United States」IWR Report No:2011-R-08, 2011.
（各国の洪水リスクの特性比較表　本文中※3）,
4・中央防災会議 大規模水害対策に関する専門調査会報告「首都圏水没～被害軽減のために取るべき対策とは～」2010.
6・気候変動を踏まえた治水計画に係る技術検討会「気候変動を踏まえた治水計画のあり方 提言」2019年10月, 国土交通省HP.（本文中※4）

4-2

1・利根川百年史編集委員会「利根川百年史」建設省関東地方建設局, 1987.
・宮村 忠「利根川治水の成立過程とその特徴」, Urban Kubota, No.19, 1981.
・大熊 孝「利根川の治水の変遷」水質汚濁研究, 1991.
・社会資本整備審議会 河川分科会 気候変動を踏まえた水災害対策検討小委員会「令和元年台風第19号による被害等」第1回小委員会資料, 2019年11月22日, 国土交通省HP.
5・気候変動を踏まえた都市浸水対策に関する検討会「気候変動を踏まえた下水道による都市浸水対策の推進について 提言」2020年6月, 国土交通省HP.
6・国土交通省水管理・国土保全局砂防部「平成30年7月豪雨による土砂災害概要〈速報版〉」国土交通省HP.
・国土交通省国土技術政策総合研究所「砂防基本計画策定指針（土石流・流木対策編）解説」国土技術政策総合研究所HP.
7・実効性のある避難を確保するための土砂災害対策検討委員会「平成30年7月豪雨における土砂災害の被害実態」資料2, 2018年9月11日, 国土交通省HP.
8・国土交通省水管理・国土保全局下水道部監修「アメッジ（下水道浸水対策ポータルサイト）」https://shinsui-portal.jp.
9・国土交通省鉄道局「鉄道の計画運休の実施についての取りまとめ」2019年10月11日, 国土交通省HP.
・廣井 悠「令和元年台風15号の襲来に伴う鉄道の計画運休が示唆すること」2019年9月10日, https://news.yahoo.co.jp/byline/hiroiu/20190910-00142030/.
・廣井 悠「鉄道の計画運休を社会はどう受け止めたか（令和元年台風15号）」2019年10月6日, https://news.yahoo.co.jp/byline/hiroiu/20191006-00145555/.
10・中央防災会議「大規模水害対策に関する専門調査会報告　首都圏水没～被害軽減のために取るべき対策とは～」2010年4月.
・国土交通省関東地方整備局利根川上流河川事務所「令和元年度利根川中流4県境広域避難協議会資料」2019年11月, 国土交通省関東地方整備局HP.

4-3

1・気候変動を踏まえた治水計画に係る技術検討会「降雨量変化倍率の設定」第5回資料2, 2019年7月31日, 国土交通省HP.
・社会資本整備審議会「気候変動を踏まえた水災害対策のあり方について 答申」2020年7月.
2・須賀堯三、橋本宏、石川忠晴、藤田光一、葛西敏彦、加藤善明「越水堤防調査最終報告書」土木研究所資料, 第2074号, 1984.
・国土交通省水管理・国土保全局「令和元年台風第19号の被災を踏まえた河川堤防に関する技術検討会」第1回, 資料2-1, 資料3-1, 2020, 国土交通省HP.
・建設省土木研究所 河川部河川研究室・機械施工部土質研究室「加古川堤防質的強化対策調査報告書」土木研究所資料, 第2621号, 1988.
・国土交通省 土木・建築にかかる設計の基本検討委員会「土木・建築にかかる設計の基本」2002.（本文中※5）
・Interagency Performance Evaluation Task Force（IPET）「Draft Final Report, Performance Evaluation of the New Orleans and Southeast Louisiana Hurricane Protection System」Vol. V, 1 June 2006.
・社団法人 土木学会「『耐越水堤防整備の技術的な実現性の見解』について」耐越水堤防整備の技術的な実現性検討委員会報告書, 2008年（平成20年）10月.
3・既存ダムの洪水調節機能強化に向けた検討会議「既存ダムの洪水調節機能の強化に向けた基本方針」2019年12月12日, 首相官邸HP.
・国土交通省水管理・国土保全局「事前放流ガイドライン」2020年4月, 首相官邸HP.
4・都市浸水対策に関する検討会「平成30年7月豪雨を踏まえた都市浸水対策の推進について 提言」2018年12月, 国土交通省HP.
・気候変動を踏まえた都市浸水対策に関する検討会「気候変動を踏まえた下水道による都市浸水対策の推進について 提言」2020年6月, 国土交通省HP.
5・社会資本整備審議会 都市計画部会 安全・安心まちづくり小委員会「中間とりまとめ～安全・安心まちづくりビジョン～」2009.6.
・水災害対策とまちづくりの連携のあり方検討会「防災性向上に向けたまちづくりの取り組み状況について」第1回資料3-2, 2020年1月, 国土交通省HP.
・館林市「立地適正化計画」2019年4月.
・畫井克弥「滋賀県が進める『しがの流域治水』の取り組み」建設マネジメント技術, 2019年3月号.
・社会資本整備審議会 都市計画部会 都市計画基本問題小委員会「防災・減災等のための都市計画法・都市再生特別措置法等の改正内容（案）について」第16回資料2, 2020年1月, 国土交通省HP.
6・國友 優「土砂・洪水氾濫対策に向けた技術的な検討状況」2019年度河川技術に関するシンポジウム, 2019年6月12日.
7・社会資本整備審議会 大規模広域豪雨を踏まえた水災害対策検討小委員会「平成30年7月豪雨における被害等の概要」第1回資料2, 平成30年9月28日, 国土交通省HP.
・国土交通省水管理・国土保全局 マイ・タイムライン実践ポイントブック検討会「地域の水害リスクの周知と『マイ・タイムライン』について」第1回資料2-1, 2019年8月29日, 国土交通省HP.
・社会資本整備審議会 気候変動を踏まえた水災害対策検討小委員会「国土交通省等における水災害対策の取組状況」第1回配布資料3, 2019年11月12日, 国土交通省HP.
・国土交通省水管理・国土保全局「住民自らの行動に結びつく水害・土砂災害ハザード・リスク情報共有プロジェクト プロジェクトレポート」2018年12月.
・国土交通省水管理・国土保全局「住民自らの行動に結びつく水害・土砂災害ハザード・リスク情報共有プロジェクト 情報共有プロジェクト取組状況」第4回全体会議資料2, 2019年12月20日, 国土交通省HP.
8・内閣官房国土強靱化推進室「国土強靱化地域計画について」国土強靱化に関する担当者会議資料, 2019年8月5日.
・藤井 聡「地方からはじめる『国土強靱化』」https://www.pref.yamanashi.jp/seisaku/kokudokyoujinka/documents/kouenkai3.pdf.
・内閣官房「市区町村の国土強靱化地域計画の策定率マップ」地域強靱化計画（国土強靱化地域計画）, 内閣官房HP.
9・内閣府「みんなでつくる地区防災計画～『自助』『共助』による地域の防災～」啓発パンフレット, 内閣府HP.
・内閣府「平成30年版防災白書」「令和元年版防災白書」.
・TEAM防災ジャパン「地区防災計画フォーラム2019レポート」内閣府政策統括官（防災担当）運営・防災推進協議会協力.
・東京大学加藤孝明研究室「地域社会の実際と地区防災計画に期待される役割を考える公開研究会（第7回）『地域社会の実際と地区防災計画に期待される役割を考える（概要版）』」2015年8月23日, http://kato-sss.iis.u-tokyo.ac.jp/pdf/150823 地区防災計画研究会.pdf.

4-4

・澤田康幸「エコノミクストレンド」日本経済新聞, 2011年8月1日.
・磯田道史「天災から日本史を読みなおす」中公新書, 2014年.
・志方俊之「災害危機管理と訓練（（一財）河川情報センター災害危機官営研修テキスト）」2018年11月15日.
・沖 大幹「世界の水問題 解決へ向けた水の知（講演資料）」2011年7月15日.
・Sheffield and Wood「Drought」Earthscan, 2011.
・経済産業省「新型コロナウイルスの影響を踏まえた経済産業政策の在り方について」2020年6月17日, 経済産業省HP.
・国土審議会 計画推進部会 国土の長期展望専門委員会「新型コロナウイルス感染症の感染拡大に伴う社会・国土の変化について」第6回資料1, 2020年6月, 国土交通省HP.
・国土審議会 計画推進部会 国土の長期展望専門委員会「新型コロナウイルス感染症の感染拡大に伴う現時点での社会・国土の変化について」第7回参考資料1, 2020年7月, 国土交通省HP.
・内閣府「令和2年第9回経済財政諮問会議資料」2020年6月22日, 内閣府HP.
・国土交通省「防災・減災対策本部（第2回）会議資料」2020年6月22日, 国土交通省HP.
・新型コロナウイルス感染症対策本部「新型コロナウイルス感染症対策の基本的対処方針」2020年3月28日（5月25日変更）内閣官房HP.
・国土交通省「新型コロナウイルスによる直轄工事の一時中止が解消へ」2020年6月9日, 国土交通省HP.
・国土交通省「建設業における新型コロナウイルス感染予防対策ガイドライン」2020年5月14日（2020年8月25日改訂版）.
・新型コロナ感染症と災害避難研究会編著「新型コロナウイルス感染症流行時の災害と避難環境を考える手引き（地方自治体編）」第二版, 2020.
・内閣府「新型コロナウイルス感染症を踏まえた災害対応のポイント【第1版】」内閣府HP.
・熊本県益城町「新型コロナウイルス感染症対応　避難所運営訓練結果報告書」2020年5月.
・公益財団法人日本生産性本部「新型コロナウイルスの感染拡大が働く人の意識に及ぼす調査」第1回働く人の意識調査資料1, 2020年5月.
・社会資本整備審議会「気候変動を踏まえた水災害対策のあり方について～あらゆる関係者が流域全体で行う持続可能な『流域治水』への転換～答申」2020年7月.
・土木学会パンデミック特別検討会「COVID-19災禍を踏まえた社会とインフラの転換に関する声明―新しい技術と価値観による垂直展開―」2020年7月14日, 土木学会HP.
・経済産業省「2017年版中小企業白書」.

4-5

1・Hugenbusch & Neumann「Cost-Benefit Analysis of Disaster Risk Reduction」2016.
・Stephen Voss（Munich Re:）「A Risk Index for Megacities」5 Sept. 2006.
3・国土交通省「大規模広域豪雨を踏まえた水災害対策のあり方について　対応すべき課題・実施すべき対策に関する参考資料」2018年12月, 国土交通省HP.
・国土交通省 住民自らの行動に結びつく水害・土砂災害ハザード・リスク情報共有プロジェクト「プロジェクトレポート」2018年11月, 国土交通省HP.
4・内閣府「Society 5.0」https://www8.cao.go.jp/cstp/society5_0/.
・文部科学省「令和2年版科学技術白書」2020年6月16日.
・社会資本整備審議会「気候変動を踏まえた水災害対策のあり方について～あらゆる関係者が流域全体で行う持続可能な『流域治水』への転換～答申」2020年7月.
・内閣府政策統括官（科学技術・イノベーション担当）「SIP（第2期）研究開発の概要」2018年8月, 内閣府HP.
・国立研究開発法人防災科学技術研究所「国家レジリエンス（防災・減災）の強化」http://www.nied-sip2.bosai.go.jp/.
・（一財）河川情報センター「市町村における適切なタイミング・範囲での避難情報の発令判断支援に向けた検討　-SIP（第2期）『市町村災害対応統合システム開発』の取組と進捗-」河川情報シンポジウム, 2019年12月6日.
・NHK放送文化研究所編「NHK気象・災害ハンドブック」日本放送出版協会, 2005年11月.
・気象庁「数値予報モデルの種類」https://www.jma.go.jp/jma/kishou/know/whitep/1-3-4.html.
・気象庁予報部数値予報課「気象・地震等の情報を扱う事業者等を対象とした講習会（第6回）テキスト」2019年3月13日, 気象庁HP.
・総務省総合通信基盤局電波部移動通信課「5Gの普及展開に向けた取組」2020年1月, 総務省HP.
・経済産業省「新型コロナウィルスの影響を踏まえた経済産業政策の在り方について」2020年6月17日, 経済産業省HP.
5・Interagency Performance Evaluation Task Force（IPET）「Draft Final Report, Performance Evaluation of the New Orleans and Southeast Louisiana Hurricane Protection System」Vol. Ⅰ, 1 June 2006.

5章

実現に向け
総力を挙げよ

5-1 実現のための体制づくり

1 「自助・共助・公助」の機能向上を

防災を考えるうえで、「自助・共助・公助」の3者がバランス良く役割を果たすことが欠かせない。激甚化、広域化する水害に備え、自助、共助、公助それぞれをさらに強化し、さらに連携を深めることで、総力を挙げた防災・減災を実現する（図1）。そのための体制づくりが急務だ。

自治体支援の強化がポイント

災害対策基本法では、「市町村は防災対策の第一次的責務を負う」との考えに基づき、住民に一番近い行政機関である市町村長に災害対応の第一線の責任者として、①地域防災計画の作成、②災害対策本部の等の設置、③避難勧告・指示、④他機関への応援要請など、広範な責務と権限を与えている。

しかし、人口減少や高齢化の進展などを背景に、市町村の職員数は年々減少している。特に、災害時の中核となる土木関係の職員数は、ここ10年間で2割以上減少した。近年、災害は頻発しているものの、個々の市町村単位で見れば甚大な災害を経験する機

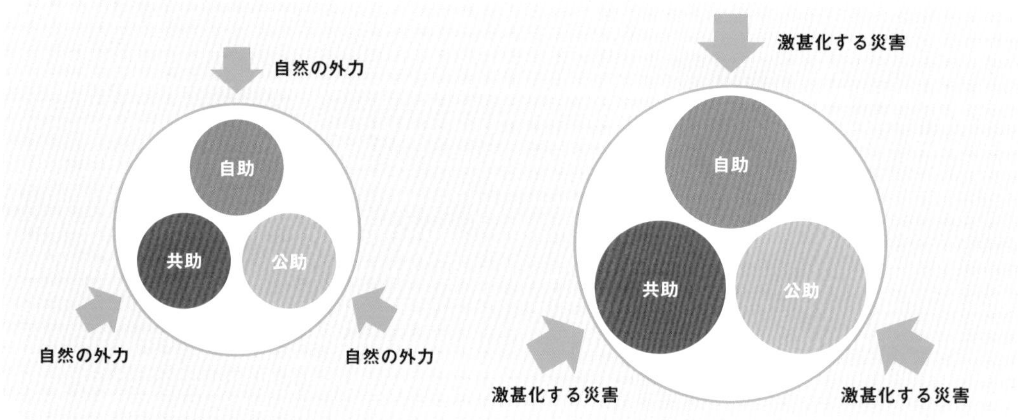

図1　自助、共助、公助のバランス

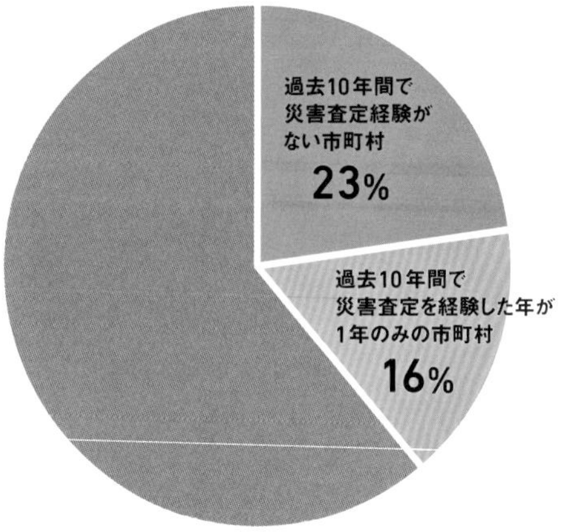

図2　市町村の災害査定経験（資料：国土交通省）

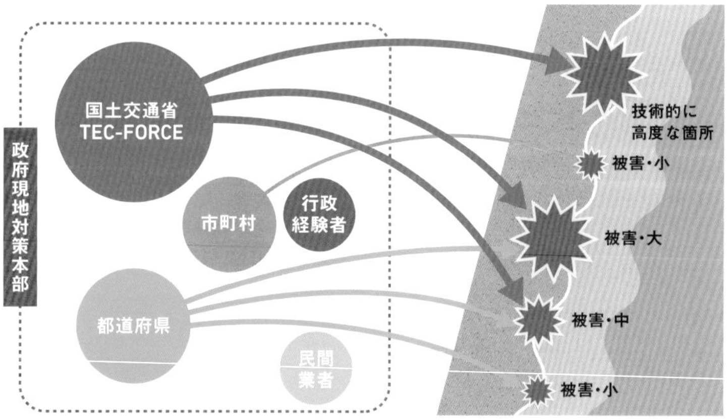

図3　大規模災害時の対応（資料：国土交通省）

会は限られている。約4割の市町村では、過去10年間に自然災害を被った後の復旧事業を実施した経験がほとんどない。災害対応の経験が蓄積されていないのだ（図2）。

そのため、いざ大規模な災害が発生した場合、市町村は人的被害、避難者への対応に人手を割かれ、関係する行政機関等も全勢力を被災地に動員して対処することになる（図3、写真1～6）。警察は広域緊急援助隊を編成して被災者の救出・救助、消防は緊急消防援助隊が消火、被災者の救出・救助、救急措置を行う。自衛隊は人命、財産の保護のために各部隊を被災地に派遣する。さらには医療機関はDMAT（ディーマット）（災害派遣医療チームDisaster Medical Assistance Team）を編成し、被災者に救急処置等を施す。

国土交通省ではTEC-FORCE（テックフォース）（緊急災害対策派遣隊）を被災地に派遣し、直ちに被災状況調査を行う。そして、その結果を基に迅速な災害復旧について被災自治体に助言し、保有する災害対策用機械等を用いて被災自治体を支援する。

行政機関だけでなく、建設産業、運輸産業も、民間団体や企業であるものの、災害対策基本法の指定公共機関として災害時には公助の支援を行っている（写真7、8）。

大規模な災害の発生時には、地域の関係機関同士の連携が一層重要になる。 政府の現地災害対策本部の調整の下、国、都道府県、市町村、行政経験者、民間業者等がお互いに連携しつつ被災地の災害対応を実践する。平時から連携の仕組みを構築しておくことが欠かせない。

「普段できないことは本番でもできない」。これは災害時に顕著に現れる。関係者が想定を共有し事前準備を進めるうえでは、「タイムライン」が重要な役割を果たす。

写真1　**首相がTEC-FORCE隊員を激励**

安倍晋三内閣総理大臣（当時）が2016年4月23日に熊本地震の現地でTEC-FORCEの隊員を激励した（写真：国土交通省）

写真2　**被災現場で多様な組織が連携**

2014年8月の広島土砂災害の被災現場で自衛隊・警察・消防・国土交通省TEC-FORCEが捜索活動に向け、入念に打ち合わせをしている（写真：国土交通省）

写真3　**人命救助に当たる自衛隊**

2016年9月の台風10号による北海道の被災地での自衛隊の人命救助（写真：防衛省統合幕僚監部）

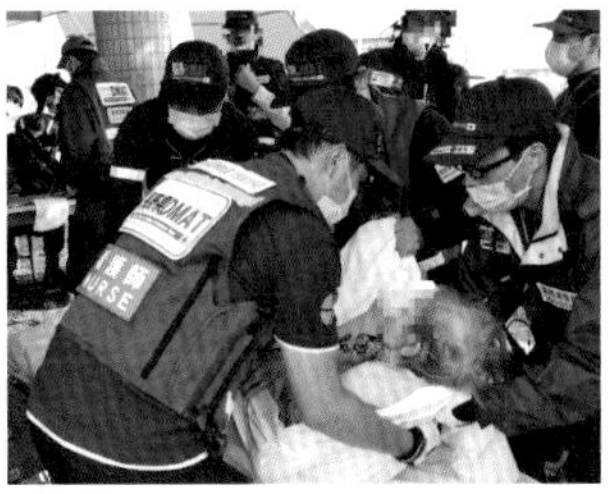

写真4　**DMATの活躍**

2019年台風19号でのDMATの活動（写真：JA長野厚生連北信総合病院）

写真5　**消防による救援活動**

2016年の台風10号による大雨等における緊急消防援助隊の活動。岩手県岩泉町安家地区にて（写真：仙台市消防局）

写真6　**警察による救助活動**

2016年の熊本地震で救出救助活動を行う警察の広域緊急援助隊（写真：熊本県警）

写真7　**地域の建設業も活躍**

2019年の東日本台風で応急復旧工事に活躍する地域の建設会社。栃木県の秋山川にて（写真：栃木県建設業協会）

写真8　**緊急支援物資の搬入状況**

2016年の熊本地震での活動。熊本県民総合運動公園・陸上競技場にて（写真：全日本トラック協会）

5-1 実現のための体制づくり

2 TEC-FORCE（テックフォース、緊急災害対策派遣隊）の活動

災害復旧に精通し自治体と密接に連携

大規模災害時には、初動期の人命救助・避難者対応、応急物資の輸送等に必要な交通網が寸断される。東日本大震災の際には、その影響が顕著に現れた。道路をはじめとするインフラの応急復旧を迅速に行うことが、消防、警察、自衛隊等の救援活動や、その後の復旧、復興のスピードを上げる決め手となっている。

TEC-FORCE（テックフォース）は、国土交通省が2008年4月に創設した組織だ。大規模な自然災害等に際して、被災自治体が行うインフラの被災状況の迅速な把握、被害拡大の防止、被災地の早期復旧等に対する技術的な支援を円滑かつ迅速に実施するために設けた。全国の国土交通省の地方整備局や研究機関等の職員のうち、現在、約1万2700名が事前に隊員として任命されている。大規模な自然災害が発生した際には、国土交通大臣の指揮命令の下、活動を行う（写真1～3）。

TEC-FORCEの派遣母体となる国土交通省の地方整備局は、災害対策を主要な業務の一つにする組織だ。県、自治体のインフラ整備に常日頃から助言、支援を行っている。大規模災害や広域災害が発生し、自治体の手に負えない状況に陥った場合に、TEC-FORCEが直ちに派遣される。被災状況調査、迅速な災害復旧についての助言、保有する災害対策用機械（排水ポンプ車、衛星通信車等）による支援等を行う。

東日本大震災での活動

2011年3月に発生した東日本大震災の翌日の3月12日には、全国の地方整備局等から約400人の隊員をTEC-FORCEとして現地に派遣。その年の11月下旬までの間に、延べ1万8000人余りの隊員が被災地に入って活動した。1日当たりの最大人員は500人を超えた。また、災害対策用機械（排水ポンプ車、衛星通信車等）は発災後1カ月で、延べ5760台を派遣した。仙台空港をはじめ、津波で浸水した地区で昼夜を問わず排水作業を継続。仙台空港では、被災から約1カ月後の4月13日に、民間機の運航を再開した（写真4）。

首長を含む幹部職員が亡くなった自治体もあり、緊急時の対応は困難を極めた。それでも、TEC-FORCEはリエゾン（liaison：仲介・橋渡しという意

写真1
捜索活動を打ち合わせ
2019年4月に大分県中津市での土砂災害を受け、関係機関と捜索活動に関する全体打ち合わせをする様子
（写真：国土交通省）

写真2　**ポンプ車を集めて24時間排水**
2018年の西日本豪雨に伴い、全国の排水ポンプ車23台を集結し、24時間体制で排水しているところ。岡山県倉敷市真備町で撮影
（写真：国土交通省）

写真3
2020年7月豪雨におけるリエゾンの活動
TEC-FORCEの一連の活動に対して、熊本県は感謝の言葉を寄せた
（写真：国土交通省九州地方整備局）

味のフランス語）による自治体支援や、通信が途絶した自治体の衛星通信車による支援、陸や空からの道路・堤防の被災状況の調査等を行った。

平時の業務でインフラ整備に関する技術、制度等に精通し、地方自治体とのコミュニケーションを図っていたことが、大規模災害時に役立った。

近年の豪雨災害への派遣

TEC-FORCEは2008年度の創設以来、2019年まで106の災害に対し、延べ約11万5000人を超える隊員を派遣してきた（図1）。2016、2018、2019の各年度には、大規模な災害が発生。派遣規模、派遣先の自治体の数が増加している。さらに、5府県同時に発生する事態も起こるなど、被災地の広域化に対して、整備局間の派遣調整による対応を進化させている。

限られた情報の中での隊員等の配分調整、発災初期における被害の全容把握、土砂や流木、がれき等の撤去における民有地への立入許可等の迅速な対応の難しさ等、課題も分かってきた。

TEC-FORCEの進化

TEC-FORCEの派遣母体となっている、国土交通省の各地方整備局等の職員数は、公務員の定員削減の影響で減っている。国交省の職員数は発足当時は約3万人だったものの、直近では2万3000人にまで落ち込んでいる。2020年度にようやく100人強が増員されたものの、今後も広域的な災害の発生が懸念される状況を踏まえると、必要な要員の確保を行い、様々な初動対応に不可欠な道路等の復旧を早期に実現できるよう体制強化を図る必要がある。

災害時の自治体支援活動の領域は、地域の生活や仕事の再建にも広がっている。自治体支援のさらなる円滑化・迅速化を図るには、受け入れ側の自治体や、特有の調査技術を持つコンサルタント、救助救命機関との連携役となるTEC-DOCTORのような専門技術を持つ民間の活用のほか、人材育成が必要だ。そのうえで、情報収集力やマネジメントの強化を図っていかなければならない。このような調整力を強化するための裏付けとなる法的な制度整備も進めていかなければならない。

写真4　**仙台空港で排水作業**

2011年の東日本大震災の津波で被災した仙台空港でのTEC-FORCEによる排水作業。作業は昼夜を通して行われた。2011年3月15日には救急救助・緊急輸送用のヘリの運用が開始され、翌16日には自衛隊等の救援機に限定した1500m滑走路の運用を開始。3月29日からは夜間を含め3000mの滑走路を使用できるようにした（写真：国土交通省）

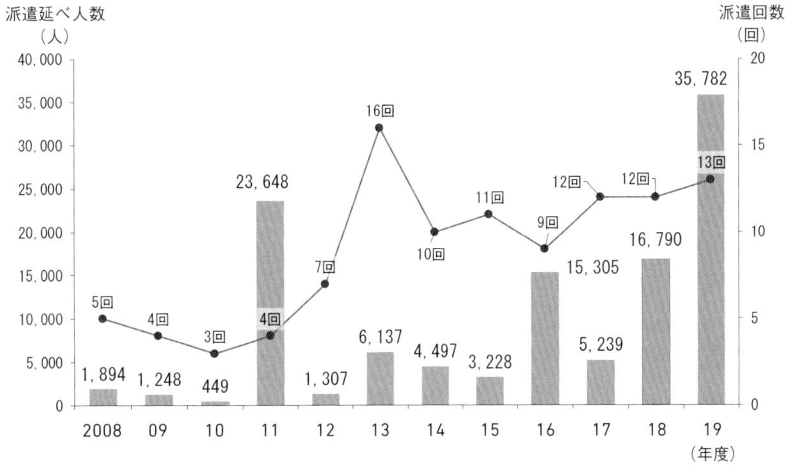

図1　**TEC-FORCEの派遣実績**

2020年3月31日時点の数字。TEC-FORCEは2008年度の発足以来、2015年度までに東日本大震災をはじめ106災害に対して、延べ約11万5000人を超える地方整備局などの職員を派遣。被災地支援を行った（資料：国土交通省）

5-1 実現のための体制づくり

3 民間団体、企業による支援（建設産業）

災害基本法の指定機関である建設業

水害、土砂災害、地震、津波、高潮など、自然災害にほぼ毎年見舞われている災害列島日本。被災地の一刻も早い復旧・復興を実現する際に大きな助けとなるのが建設産業の力だ。

災害対策基本法の第6条では、指定公共機関および指定地方公共機関が、それぞれの業務を通じて防災に寄与しなければならない旨がうたわれている。災害時の建設産業の活動をより効果的にするため、2015年4月に災害予防・応急・復旧等において重要な役割を果たす指定機関として、建設業関係団体では日本建設業連合会が初めて指定された。さらに同年10月には全国建設業協会も指定され、防災に貢献する活動を進めやすくなった。

近年の災害時における建設産業の活動

2011年の東日本大震災では、海岸に沿って走る国道6号・45号は津波によって寸断されて通行不能となった。このため、太平洋沿岸の被災地への救援ルートとして内陸部から沿岸部へ向かう国道や県道の速やかな啓開（がれきの除去、仮設橋梁の架橋等を行い、車両等が通行できるようにすること）が大命題となった。

このときに活躍したのが、必要な重機と人を保有している被災各県の建設業だった。震災後に活動を行った建設会社のうち、6割が発災から4時間以内に活動を開始していた。その結果、発災から4日後には内陸部から沿岸部へのルートを確保、7日後には沿岸部の国道6号・45号の通行も可能となった。こうして、救援部隊の通行と救援物資の運搬ができるようになったのだ。この活動を「くしの歯作戦」と呼んでいる（図1）。

災害時の緊急対応を強化する必要性

全国で災害が頻発する中、迅速かつ円滑な復旧・復興のため、スピード感ある対応が可能な仕組みづくりが急務となっている。そして、緊急性に応じた迅速かつ円滑な入札・契約方法の選択、建設業者団体等との災害復旧工事の実施に伴う事前協定の締結等、制度面での整備が必要となった。

一方、わが国の防災力を担う建設産業では、建設業者数が年々減少している。「災害対応空白地帯」という言葉をご存じだろうか。全国の市区町村のうち、建設業者が全く存在しない場所を、そう呼んでいる（図2）。

近年の公共事業費の削減や受注競争の激化などに伴い、全国の建設業は疲弊している。経営の継続が困難になる事業者の増加に伴って、建設業者数は減少している。

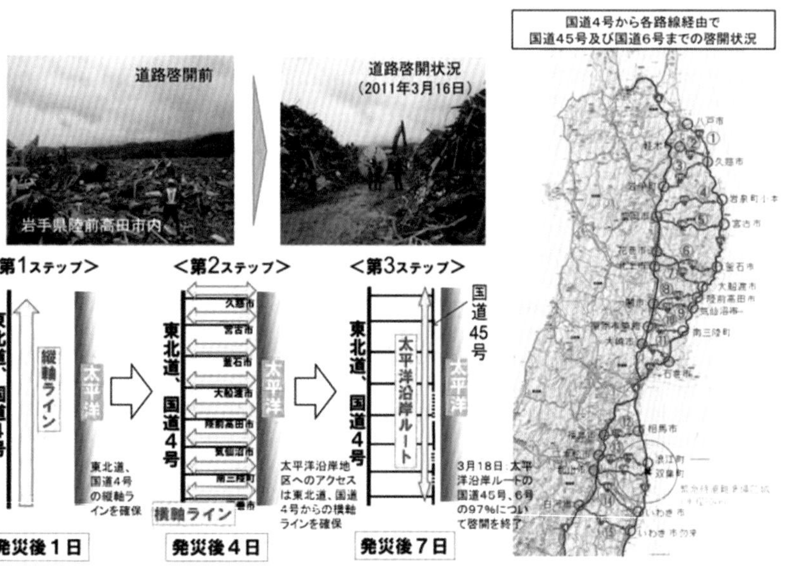

図1　東日本大震災における「くしの歯作戦」

東日本大震災の発災後、直ちに地元建設業の支援による道路啓開作業を開始。4日目には沿岸への横軸ラインが確保（第2ステップ）され、7日目には沿岸の国道45号の通行が確保された（第3ステップ）。早期の道路啓開が、迅速な救援・救助を可能にした（資料：国土交通省）

担い手の確保・育成のための取り組み

現在までの約20年余りの間にわが国の建設投資額はほぼ半減した。建設業就業者も現在500万人と、ピーク時から約3割減少している。さらに、建設技能労働者約340万人のうち、今後10年間で約110万人が高齢化等により離職すると見込まれている。技能労働者については、若年労働者が少なく、今後も減少傾向が続くと危惧されている。

建設産業は防災・減災だけではなく、社会資本の整備、老朽化対策、メンテナンスの担い手として、わが国に欠かせない。建設産業が今後も大きな役割を果たすためには、人材確保を強力に加速・充実させなければならない。

2018年に労働基準法の改正を含む「働き方改革関連法」が成立した。これを踏まえ、公共工事等においても、長時間労働の是正や処遇の改善といった働き方改革を促進することと、併せて生産性の向上を図ることによって、担い手の確保を着実に進める必要がある。

当然、測量や設計といった建設工事の川上部門を支える、建設コンサルタント会社、測量会社、地質調査会社などにも同様の取り組みが要る。

これらの状況を踏まえ、2019年に議員立法で「公共工事の品質確保の促進に関する法律の一部を改正する法律案」が提出されて成立した（図3）。これによって、災害対応の強化と建設産業の担い手確保・育成の枠組みが整備された。今後はこの仕組みを生かし、強靭化、広域化する災害への備えにつなげていかなければならない。

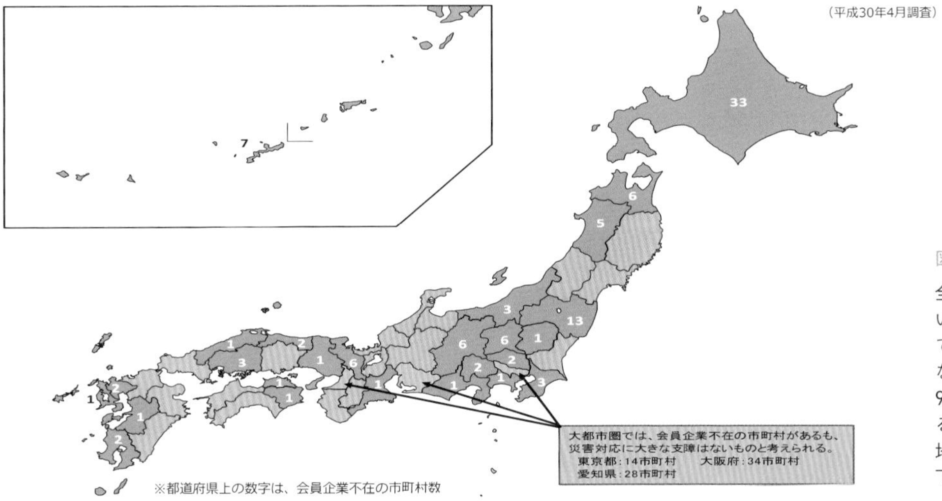

図2　**災害対応空白地帯**

全国建設業協会が、会員企業が全くいない市区町村を「災害対応空白地帯」として表したもの。将来、会員企業が不在となって災害対応に懸念が生じる地域も90市町村存在する。万一災害が発生すると、緊急対応が困難になる恐れがある。地域の建設業の衰退は、地域の防災力低下につながる（資料：全国建設業協会）

背景・必然性

1. 災害への対応

全国的に災害が頻発する中、災害からの迅速で円滑な復旧・復興のため、災害時の緊急対応の充実強化が急務

2. 働き方改革関連法の成立

「働き方改革関連法」の成立により、公共工事においても長時間労働の是正や処遇改善といった働き方改革の促進が急務

3. 生産性向上の必要性

建設業・公共工事の持続可能性を確保するため、働き方改革の促進と併せ、生産性向上が急務

4. 調査・設計の重要性

公共工事に関する調査等の品質が公共工事の品質確保を図るうえで重要な役割

法律の概要

1. 災害への対応

災害対応の担い手の育成・確保、災害復旧工事等の迅速かつ円滑な実施のための体制整備
① 緊急性に応じて適切な入札契約方法を選択
② 建設業者団体等との災害協定の締結、災害時における発注者の連携

2. 働き方改革関連法の成立

適正な請負代金・工期による請負契約の締結
公共工事に従事する者の賃金、労働時間その他労働条件、安全衛生その他の労働環境の適正な整備への配慮

3. 生産性向上の必要性

情報通信技術の活用等を通じた生産性の向上

4. 調査・設計の重要性

公共事業に関する調査等（測量、地質調査その他の調査（点検および診断を含む）および設計）について広く本法律の対象として位置づけ

図3　**改正品確法の概要**（資料：国土交通省の資料に基づいて作成）

最近の災害における建設産業の活躍

頻発する九州地方の豪雨災害

九州地方は、2017年7月に発生した九州北部豪雨、2020年7月3日から9日にかけて発生した令和2年（2020年）7月豪雨など、梅雨前線が同じような場所に停滞し、線状降水帯が形成されることによって発生する豪雨による災害が頻発している。このような災害に対し、一刻も早く地域の復旧、そして一日も早い復興がなされなければならない。こうした未曽有の災害では、建設産業に従事する人々が全力を挙げて対処してきた（写真1）。

九州北部豪雨の緊急工事に携わった大分県建設業協会日田支部の原田安泰支部長は専門紙のインタビューに答え、「平素から道路工事などで地域の方にはご迷惑をかけているかもしれないが、（建設業は）このようなときこそ地域に貢献しなければならないと考えている、同時にわれわれが地域の住民のためにこれだけやっているということも理解してほしい」と述べている（日刊建設工業新聞2017年7月12日）。

また、2020年の7月豪雨では、特に甚大な被害が出た熊本県球磨川流域において、被災発生時から、熊本県建設業協会の会員企業が、国、県、市町村の要請に応じて、断続的な豪雨や酷暑の中、応急対応に奔走した。人吉支部の松村陽一郎支部長は、「インフラ整備を通して地域の生命と財産を守ることは地域建設企業の使命だ」と述べている（建設通信新聞2020年8月4日）。

九州北部豪雨では多くの人々が住居を失い、市・村の指定する避難場所に緊急的に収容された。一日も早い被災者の救済を目指して、発災約2週間後から応急仮設住宅の建設が始まった。早い箇所では約1カ月で完成した。ここでも建設産業の人々の活躍があった。加えて、応急復旧に必要となる支援物資の提供など、建設業界側から災害ボランティアの支援も行った（写真2）。

災害が生じた直後に行う、緊急復旧工事に対して、その後、繰り返しの被災を防止するために行う復旧工事を、本復旧工事と呼ぶ。本復旧に当たっては、建設会社が工事を担うが、一般の建設工事と同様、その準備段階で、現場の測量、地質等の調査、被災した堤防、護岸や道路等の設計業務が欠かせない。早期の復旧を目指すため、それらの業務を極めて短時間でこなさなければならない。測量設計業、地質調査業など建設関連産業の活躍があってこそ迅速かつ着実な本復旧工事ができるのだ。

写真1
2020年の7月豪雨災害への対応
昼夜を通して球磨川の破堤に対する緊急復旧を行う地域の建設会社
（写真：熊本県建設業協会）

写真2
支援物資の仕分け作業
2017年7月の九州北部豪雨での取り組み
（写真：福岡県建設業協会）

災害を経て進化した建設産業の防災体制

2019年10月の千曲川穂保地区緊急工事

2019年10月に発生した長野県を流れる千曲川の破堤氾濫では、国土交通省北陸地方整備局と災害時協定を結んでいた大手建設会社で構成する日本建設業連合会北陸支部が、同地方整備局からの要請を受け、わずか3週間という短期間で決壊箇所の二重締め切り堤を完成させ、被災地の復旧の大きな助けとなった（写真1、2）。

この短期間の工事完成に貢献したのが、「緊急復旧工事の契約制度」だ（図1）。

（千曲川穂保地区緊急工事の経緯）

- **10月13日午前5時30分**
  堤防決壊（堤防が欠損した延長：130m）
  午前8時12分
  北陸地方整備局から日建連北陸支部に対し災害協定に基づく支援要請
- **10月14日　午前11時**
  北陸地方整備局と日建連北陸支部で施工条件の確認
- **10月16日**
  現地入り、工事用道路等から着手
- **10月30日**
  鋼矢板仮締め切り堤防完成（延長：396m）

写真1　**千曲川穂保地区の被災状況**
（写真：北條組［長野県須坂市］）

写真2　**千曲川穂保地区の仮締め切り堤防**
（写真：鹿島建設）

緊急復旧工事の契約制度の充実

国土交通省が発注する工事においては、競争性や公正性の確保の観点等から、会計法令上の原則である一般競争方式を基本的に適用している。そのため、通常は契約までに約2カ月の手続き期間が必要となっている。しかし、近年頻発する災害時では、その復旧工事の発注において、随意契約や指名競争といった入札契約方式を適用することで早期の復旧ができるよう制度を改めた。

2018年の西日本豪雨における災害復旧工事では、国直轄工事で約230件（2018年11月末時点）の工事で随意契約を活用し、早期の復旧に貢献した。2020年1月に改定された、品確法運用指針には、迅速性が求められる災害復旧や復興において、随意契約や指名競争方式等の適用の考え方や手続きに当たっての留意点や工夫等を記載している。地方公共団体が発注する災害復旧工事への普及、浸透が加速されるはずだ。

工事内容	緊急度	入札契約方式	契約相手の選定方法
応急復旧 本復旧	極めて高い	随意契約	下記のような観点から最適な契約相手を選定 ①被災箇所における維持修繕工事の実施実績 ②災害時における協定締結状況 ③施工の確実性（本店等の所在地、企業の被害状況、近隣での施工状況、実績等）
本復旧		指名競争	有資格業者を対象に、下記のような観点から、指名および受注の状況を勘案し、特定の者に偏しないように指名を実施 ①本社（本店）、支店、営業所の所在地 ②同種、類似工事の施工実績 ③手持ち工事の状況
本復旧	通常の方式によって迅速な対応が可能な場合	通常の方式（一般競争・総合評価落札方式他）	

図1　**災害時の入札契約方式の適用の考え方**
工事の緊急度や実施する企業の体制等を勘案し、適用する入札契約方式を検討する（資料：国土交通省）

5-1 実現のための体制づくり

4 民間団体、企業による支援（運輸産業）

災害時の人と物資の搬送・輸送を支える

「命綱」に語源を持つ「ライフライン」。エネルギー、水、通信、輸送など生活に必須な設備等を示すこの言葉は、1995年の阪神・淡路大震災以降、多用されるようになったと言われている。トラックやバス、タクシー等といった人や物資の輸送も、暮らしと経済を支えるライフラインで、自然災害などの際には緊急支援物資を輸送するという重要な役割を担っている。

そのため、日本のトラック運送会社で構成されている全日本トラック協会が、2014年8月に災害対策基本法に基づく指定公共機関として指定を受けた意味は大きい。

プッシュ型支援による緊急物資輸送

東日本大震災では、災害時の緊急物資輸送を担う公共団体が甚大な被害を受け、被災地が広域に及んだ。緊急物資輸送の自治体ごとの個別対応には限界があった。国からの要請に基づく緊急物資輸送により、食料品や飲料水、毛布等多様な物資が、被災地の2302 地点に運ばれた。この教訓を生かし、大規模災害発生時に国が行うプッシュ型支援による緊急物資輸送の体制が整備された、2016年の熊本地震において初めて実施されている（写真1）。

熊本地震では、集積拠点に支援物資が集中したために荷さばきが追いつかなくなった。その結果、避難所等に支援物資が届かない事態が発生した。平時の集積拠点が被災して利用できなくなる事態も考慮すると、集積拠点には荷さばきに詳しい専門家を配置する必要がある。民間の物流事業者との連携を平時から図り、要員の確保を図っておくような体制強化が進められている。

また、災害の激甚化、広域化による緊急輸送先の拠点数の増加に的確に対応するために、物流状況全体の情報を集約する仕組みづくりも進められている。

災害発生時に生活の足となるバス、タクシー

2019年の東日本台風では、利根川の出水により、茨城県境町で約2200人が町外へ広域避難を行った際、移動手段のない要配慮者に対して町が協定締結先の県バス協会の車と公用車とを合わせて、大小11台のバス等を利用できるようにした（写真2）。境町では2017年度から既に、2015年9月の関東・東北豪雨災害の検証に基づいた広域避難の検討を行っており、バスを利用した広域避難訓練も計画されていた。広域避難時に課題となる交通集中の緩和対策としても、バスによる大量輸送が期待されている。

また、東日本大震災の復興時には、交通の便が悪い仮設住宅地・残存集落等において、既存バスルートの変更や乗合タクシーの導入によって生活交通を確保した。

写真1　**熊本地震時に緊急支援物資を運ぶトラック**
（写真：全日本トラック協会）

写真2　**バスによる広域避難**
2019年の東日本台風時の様子。茨城県境町で撮影（写真：茨城県境町）

5-1 実現のための体制づくり

5 水害から地域を守る「水防団」

水防団は水害時の共助の中核

洪水時あるいは洪水の恐れがあるときに、地域住民が中心となって自らの地域を守るために行うのが水防活動だ。土のう積みなどの水防工法で川があふれるのを防いだり、住民に注意を呼びかけたり、避難誘導をしたりすることによって、人命や財産への被害を防止あるいは軽減する。

わが国における水防の歴史は古く、江戸時代にさかのぼるとされる。1947年のカスリーン台風による利根川の破堤災害を契機として水防法が制定され、水防活動が共助の中核として位置付けられた。水防法では、市町村、都道府県および国、そして住民の役割が明確に示されている。住民にも水防義務が規定されているのだ。水防活動では、主に地域住民で構成される水防団員が活躍する。この点で、水防は究極の共助の形と言える（写真1）。

本来、水害を予防するためには、計画的かつ早期に河川改修を行うことが重要だ。しかし、これには莫大な費用と長い年月が必要となる。わが国の河川にはまだまだ整備が必要な所が多く、依然として安全度の低い地域も多い。このような地域では、水防活動への期待は大きい。河川改修と水防は車の両輪のように、お互いを補い合う関係にある。

水防は水害を未然に防ぐことを究極の目標としている。人目にはつきにくいものの、地域の安全のために重要な役割を担っている。

地域になくてはならない水防団だが、残念ながら団員が年々減少している。加えて、高齢化も進んでいる。特に地方部においては、水防団員になり得る若者の勤務地が、自宅のある地域から遠隔地になってしまったこと等も重なり、地域防災力の維持が難しくなっている。

災害が頻発する中、災害ボランティア活動への参加者が増えるなど、共助への関心が高まっている。このため、毎年梅雨入りの前に水防団の士気の高揚と水防技術・水防意識の向上を目的として、総合水防演習が各地で開催されている。水防団に加え、国・都道府県・市町村の防災関係機関、地域住民、民間の協力団体など、多様な主体が参画し、洪水等による水害に備えた実践的な訓練を行う。

新型コロナウイルスが蔓延していても、出水があれば、工夫しながら水防活動を行わなければならない。中部地域では、出水期前に最新のIT（情報技術）を活用し、感染症の拡大を防止しつつ、情報共有・意思決定をする大規模な水害オペレーション訓練が行われた（図1）。従来から水防訓練等を通して緊密な関係を構築してきたことで、ウェブを用いた訓練も円滑に進んだ。新しい技術を積極的に取り入れることで、大規模な災害への対応力を向上できた。

今後、水防団に必要な人員を確保するには、女性や若者の確保が鍵となる。そのため、実際に水防活動に触れてもらい、まずは水防団活動自体を知ってもらう地道な活動が一段と重要になっている。

写真1
懸命な水防活動
2006年7月の梅雨前線豪雨で増水する長野県生坂（いくさか）村を流れる犀川（さいかわ）。水防工法の一つ「シート張り工」で懸命に河岸決壊を食い止めようとしている水防団員（写真：国土交通省）

図1 **ウェブを用いた大規模水害オペレーション訓練**
（写真：国土交通省中部地方整備局）

5-1 実現のための体制づくり

6 災害に屈しない地域を目指す自助の動き

災害に屈しない社会構造に変える覚悟

2018年の台風21・24号の接近に当たり、鉄道の計画運休が首都圏で初めて実施された。2019年には房総半島台風の接近で2年続けての実施となった。

事前に計画運休の案内が行われていたため、大きなトラブルは報告されていない。この経験を通して、利用者の利便性は平常時と比べて制限されるものの、利用者自身の安全確保や社会の安全を確保する計画運休の役割について、社会全体の理解が進むきっかけとなった。さらに、新型コロナウイルス感染症の拡大に伴い、社会経済活動の長期的、広域的な制限を経験し、テレワーク、時差出勤といった働き方や社会構造そのものを抜本的に変革することが求められている。

大規模災害が発生した場合に、人口や社会経済機能が集中する都市部が壊滅的な被害を受けて、国全体が機能不全に陥る事態を回避しなければならない。今までの利便性、効率性を重視し、大都市へ機能を集中させる社会構造から、災害が発生しても経済社会への被害が致命的なものにならず、迅速に回復することのできるような地域づくりを進めることが求められている。

また、災害への備えを自らの行動として理解することは、利便性の制限を受け入れるためにも必要だ。4−3 7に記載した「マイ・タイムライン」の普及は、そのための重要な役割を果たすものと期待されている。

被災地域の生活再建に向けた取り組み

近年発生した、豪雨・暴風は、広域において、電力や水道などのライフライン、収穫期を迎えた農業をはじめ、地域の産業等に甚大な被害をもたらした。

災害の初動期は、人命の救助と応急復旧、プッシュ型の物資支援等の取り組みが全力で行われ、効果を発揮している例が多い。しかし、最近増えてきている大規模災害では、初動期の後も長期にわたり、多くの人が避難生活を強いられ、不安な日々を過ごしているケースが少なくない。さらに、丹精込めて育てた作物が泥水にまみれたり、店舗や工場、機械設備が浸水によって大きな被害を受けたりして、多くの農林漁業者、中小規模の事業者が、事業再開への気力を失いかねない状況に陥っているケースがある。

このような長期にわたる経済活動や日常生活の制約が地域の耐力を超えないように、2019年の房総半島台風や東日本台風をきっかけに、事前に再建対策のパッケージを準備しておく取り組みが始まっている（図1）。これは今後、加速させる必要がある。

1. 基本方針

▷被災地のニーズや地域ごとの特性を踏まえつつ、被災者の生活・生業の再建に向け、緊急に対応すべき施策をとりまとめ、予備費等の措置を講じていく。今後も、被災者の安心感を確保し、被災自治体が安心して復旧・復興に取り組めるように、切れ目なく、財政措置等を講じていく。

▷被災自治体等とともに、被災者の目線に立ち、一日も早く被災地の応急復旧、生活の再建、生業の再建等に全力を尽くしていく。

2. 緊急対策

①生活の再建
- 廃棄物・土砂の撤去
- 被災者ニーズに応じた住宅再建等
- 停電・断水の解消等
- 地域住民の交通手段の確保
- 切れ目のない被災者支援
- 被災者向けの特別の金融支援等

②生業の再建
- 中小・小規模事業者の支援等〜寄り添い型支援〜
- 農林漁業者の支援〜一日も早い営業再開〜
- 観光需要喚起に向けた対策
- 被災地域の特別な雇用対策

③災害応急復旧
- 河川・道路等の復旧、二次被害の防止
- 災害復旧事業の迅速化

④災害救助等
- 仮設住宅等の応急救助等
- 自衛隊等の活動

図1　被災者の生活と生業の再建に向けた対策パッケージ（資料：内閣府）

5 章参考文献

[1] ・国土交通省 防災に関する市町村支援方策に関する有識者懇談会「防災に関する市町村支援方策のあり方について 提言」2017 年 3 月.
[2] ・国土交通省「TEC-FORCE（緊急災害対策派遣隊）」国土交通省 HP.
[3] ・国土交通省「国土交通白書」2019 年 8 月.
・（一社）全国建設業協会「地域建設業将来展望（全建 70 周年展望）」2018 年 5 月，全国建設業協会 HP.
・国土交通省「公共工事の品質確保の促進に関する法律の一部を改正する法律概要」2019 年 6 月，国土交通省 HP.
（コラム）
・（一社）全国建設業協会「九州北部豪雨における災害対応」全建ジャーナル，全国建設業協会発行，2017 年 8 月.
・「九州北部豪雨　大分県建設業協会日田支部・原田安泰支部長に聞く」日刊建設工業新聞，2017 年 7 月 12 日.
・「九州北部豪雨　被災地に槌音響く　緊急対策工、仮設住宅着手」建設通信新聞，2017 年 7 月 21 日.
・「2020 年 7 月豪雨災害から 1 カ月」建設通信新聞，2020 年 8 月 4 日.
（コラム）
・鹿島建設「千曲川堤防緊急復旧工事」KAJIMA ダイジェスト，2020 年 2 月，鹿島建設 HP.
・公共工事の品質確保の促進に関する関係省庁連絡会議事務局（国土交通省）「災害時における入札契約制度の選定」発注関係事務の運用に関する指針（解説資料），Ⅲ -2，2020 年 3 月 31 日，国土交通省 HP.
[4] ・公益社団法人全日本トラック協会交通・環境部「全日本トラック協会における緊急輸送の取り組みについて」地域防災，日本防火・防災協会発行，2019 年 10 月.
・中央防災会議 令和元年台風第 19 号等による災害からの避難に関するワーキンググループ「ワーキンググループで検討する論点（案）」第 1 回資料 6，2019 年 12 月，内閣府 HP.
・茨城県境町「境町広域避難訓練パンフレット」2019 年 10 月，茨城県境町 HP.
[5] ・国土交通省水防活動活性化調査会「水防活動の活性化に係る取組の現状と課題」第 1 回会議資料，2018 年 3 月，国土交通省 HP.
[6] ・内閣府令和 2 年 7 月豪雨被災者生活・生業再建支援チーム「被災者の生活と生業（なりわい）の再建に向けた対策パッケージ」2019 年 11 月，内閣府 HP.

著者（気候変動による水害研究会メンバー、五十音順）

足立 敏之（あだち・としゆき）
【総合企画　主たる執筆：序文】
参議院議員
1954年京都府生まれ。79年京都大学大学院工学研究科交通土木工学専攻修士課程修了後、建設省（当時）入省。近畿地方整備局企画部長、河川局河川計画課長、四国地方整備局長、中部地方整備局長、水管理・国土保全局長、技監などを経て2014年国土交通省退官。2016年の第24回参議院議員選挙で当選し、現職。主な役職は参議院自由民主党国会対策副委員長、同国土交通委員会理事、同災害対策特別委員会理事など。著書（共著）に「激甚化する水害～地球温暖化の脅威に挑む～」、「荒廃する日本～これでいいのかジャパン・インフラ～」（日経 BP社）。技術士（建設部門）

池内 幸司（いけうち・こうじ）
【主たる執筆：2章】
東京大学大学院工学系研究科 教授（社会基盤学専攻）／
東京大学地球観測データ統融合連携研究機構 機構長
1957年兵庫県生まれ。82年東京大学大学院工学系研究科土木工学専攻修士課程修了後、建設省（当時）入省。内閣府（防災担当）参事官、河川局河川計画課長、近畿地方整備局長、水管理・国土保全局長、技監などを経て2016年国土交通省退官。同年より東京大学大学院教授。京都大学客員教授、神戸大学客員教授、横浜国立大学 IAS客員教授、筑波大学客員教授、日本大学客員教授なども歴任。博士（工学）（東京大学）、技術士（総合技術監理部門、建設部門）

岡積 敏雄（おかづみ・としお）
【主たる執筆：1章（1-3）】
参議院議員足立敏之事務所 政策担当秘書
1960年鹿児島県生まれ。86年北海道大学大学院工学研究科土木工学専攻修士課程修了後、建設省（当時）入省。総合政策局海外プロジェクト推進課国際建設管理官、水資源部水資源計画課長兼内閣官房水循環政策本部事務局参事官、大臣官房技術参事官（総合政策局、土地・建設産業局担当）などを経て2019年国土交通省退官。同年より現職。京都大学博士（工学）、技術士（総合技術監理部門、建設部門）

越智 繁雄（おち・しげお）
【主たる執筆：4章（4-2、4-3、4-4、4-5）】
一般財団法人 河川情報センター 研究顧問／
大成建設 執行役員
1958年山口県生まれ。83年九州大学大学院工学研究科土木工学専攻修士課程修了後、建設省（当時）入省。関東地方整備局長、国土地理院長などを経て2016年国土交通省退官。2019年より現職。日本災害情報学会理事。著書（共著）に『災害・防災図鑑　すべての災害から命を守る』（文溪堂）、『「国難」となる巨大災害に備える～東日本大震災から得た教訓と知見～』（ぎょうせい）、「激甚化する水害～地球温暖化の脅威に挑む～」（日経 BP社）など

小俣 篤（おまた・あつし）
【主たる執筆：3章（3-2）】
公益財団法人 河川財団 参事
1961年東京都生まれ。1984年東京工業大学土木工学科を卒業後、建設省（当時）に入省。近畿地方整備局河川部長、同企画部長、北陸地方整備局長、国土技術政策総合研究所長などを経て2019年国土交通省退官。同年より現職。中央大学研究機構客員教授

金尾 健司（かなお・けんじ）
【主たる執筆：1章】
独立行政法人 水資源機構 理事長
1958年京都府生まれ。83年東京大学大学院工学系研究科土木工学専攻修士課程修了後、建設省（当時）入省。関東地方整備局河川部長、同企画部長、九州地方整備局長、水管理・国土保全局長などを経て2016年国土交通省退官。2018年より現職。筑波大学客員教授、京都大学客員教授なども歴任。著書（共著）に「激甚化する水害～地球温暖化の脅威に挑む～」（日経 BP社）。技術士（建設部門）

小池 剛（こいけ・つよし）
【主たる執筆：5章】
一般社団法人 日本建設業連合会 専務理事
1957年長野県生まれ。81年京都大学大学院工学研究科土木工学専攻修士課程修了後、建設省（当時）入省。四国地方整備局河川部長、同企画部長、東北地方整備局長、国土地理院長などを経て2015年国土交通省退官。2019年から現職。著書（共著）に「激甚化する水害 ～ 地球温暖化の脅威に挑む ～」、「荒廃する日本 ～これでいいのかジャパン・インフラ～」（日経 BP社）。技術士（建設部門）

高橋 忍（たかはし・しのぶ）
【主たる執筆：4章（4-3）】
一般財団法人 民間都市開発推進機構 常務理事
1956年北海道生まれ。79年東京大学工学部都市工学科卒業後、建設省（当時）入省。栃木県土木部長、都市再生機構地方都市業務部長、都市局街路交通施設課長、中国地方整備局副局長などを経て2014年国土交通省退官。同年より現職。日本大学客員教授なども歴任。著書（共著）に「荒廃する日本 ～これでいいのかジャパン・インフラ～」（日経 BP社）

西山 幸治（にしやま・こうじ）
【主たる執筆：3章（3-1、3-2）4章（4-2、4-3）】
一般社団法人 砂防フロンティア整備推進機構 理事
1958年大阪府生まれ。82年京都大学農学部林学科卒業後、建設省（当時）入省。福井県土木部長、水管理・国土保全局砂防部長などを経て2017年国土交通省退官。2019年より現職。技術士（建設部門）

野田 徹（のだ・とおる）
【主たる執筆：3章】
一般財団法人 国土技術研究センター 理事／
清水建設 常任顧問
1957年福岡県生まれ。81年北海道大学工学部土木工学科卒業後、建設省（当時）入省。中部地方整備局企画部長、北陸地方整備局長などを経て2015年国土交通省退官。2019より現職。著書（共著）に「激甚化する水害 ～ 地球温暖化の脅威に挑む ～」、「荒廃する日本 ～これでいいのかジャパン・インフラ～」（日経 BP社）。技術士（建設部門）

藤田 光一（ふじた・こういち）
【主たる執筆：4章（4-1、4-3、4-5）】
公益財団法人 河川財団 河川総合研究所所長／
中央大学研究開発機構 客員教授
1958年東京都生まれ。83年東京工業大学大学院理工学研究科土木工学専攻修士課程修了後、建設省（当時）入省。土木研究所河川部河川研究室長、国土技術政策総合研究所河川研究部長、同所長などを経て2018年国土交通省退官。同年より現職。東京大学特定客員研究大講座教授なども歴任。博士（工学）（東京工業大学1993年）

森岡 泰裕（もりおか・やすひろ）
【主たる執筆：3章（3-1、3-2）4章（4-2、4-3）】
地方共同法人 日本下水道事業団 理事長
1960年滋賀県生まれ。85年京都大学大学院工学研究科衛生工学専攻修士課程修了後、建設省（当時）入省。日本下水道事業団理事、水管理・国土保全局下水道部長などを経て2019年国土交通省退官。2020年より現職。技術士（上下水道部門）

森北 佳昭（もりきた・よしあき）
【主たる執筆：4章】
一般財団法人 水源地環境センター 理事長
1955年奈良県生まれ。81年京都大学大学院工学研究科土木工学専攻修士課程修了後、建設省（当時）入省。九州地方整備局河川部長、同企画部長、関東地方整備局長、水管理・国土保全局長などを経て2014年国土交通省退官。2015年より現職。京都大学大学院客員教授なども歴任。著書（共著）に「激甚化する水害 ～ 地球温暖化の脅威に挑む ～」、「荒廃する日本 ～これでいいのかジャパン・インフラ～」（日経 BP社）。技術士（建設部門）

安田 吾郎（やすだ・ごろう）
【主たる執筆：2章（コラム）、4章（4-2、4-3、4-5）】
一般財団法人 水源地環境センター 業務執行理事
1960年東京都生まれ。1985年に東京大学土木工学科を卒業後、建設省（当時）に入省。1994年に英国ヨーク大学経済学及び社会政策分析学修士課程修士修了。関東地方整備局企画部長、東北地方整備局副局長などを経て2018年国土交通省退官。同年より現職。著書（共著）に「ダムと緑のダム」（日経 BP社）、「土木設計競技ガイドライン」（土木学会）など。技術士（総合技術監理部門、建設部門）

水害列島日本の挑戦
ウィズコロナの時代の地球温暖化への処方箋

2020年11月24日　初版 第1刷発行
2021年 2 月26日　初版 第3刷発行

著者：気候変動による水害研究会
編者：日経コンストラクション
発行者：吉田 琢也
編集スタッフ：浅野 祐一

発行：日経 BP
発売：日経 BPマーケティング
〒105-8308　東京都港区虎ノ門4-3-12
装丁・デザイン：村上 総（Kamigraph Design）
印刷・製本：図書印刷株式会社

ISBN 978-4-296-10753-7